U0325284

工程建设监理概论

（第4版）

主　编　郭阳明　赵恩亮

副主编　王海朝　李东阳　刘加木

北京理工大学出版社

BEIJING INSTITUTE OF TECHNOLOGY PRESS

内 容 提 要

　　本书按照高等院校人才培养目标以及专业教学改革的需要，根据工程建设监理新标准规范进行编写。全书共分为九章，主要内容包括工程建设监理制度、工程监理企业与注册监理工程师、工程建设监理招标投标与合同管理、工程建设监理组织、监理规划与监理实施细则、工程建设目标控制、工程建设风险管理、工程建设信息管理、工程建设安全文明施工及职业健康管理。

　　本书可作为高等院校土木工程类相关专业的教材，也可作为建筑工程施工现场相关技术和管理人员的工作参考书。

图书在版编目（CIP）数据

　　工程建设监理概论 / 郭阳明, 赵恩亮主编. -- 4版
. -- 北京：北京理工大学出版社, 2022.5
　　ISBN 978-7-5763-0755-9

　　Ⅰ. ①工… 　Ⅱ. ①郭… ②赵… 　Ⅲ. ①建筑工程一施
工监理－高等学校－教材 　Ⅳ. ①TU712

　　中国版本图书馆CIP数据核字（2021）第261008号

出版发行 / 北京理工大学出版社有限责任公司
社　　　址 / 北京市海淀区中关村南大街5号
邮　　　编 / 100081
电　　　话 / （010）68914775（总编室）
　　　　　　（010）82562903（教材售后服务热线）
　　　　　　（010）68944723（其他图书服务热线）
网　　　址 / http://www.bitpress.com.cn
经　　　销 / 全国各地新华书店
印　　　刷 / 北京紫瑞利印刷有限公司
开　　　本 / 787毫米 ×1092毫米　1/16
印　　　张 / 17.5
字　　　数 / 411千字
版　　　次 / 2022年5月第4版　2022年5月第1次印刷
定　　　价 / 88.00元

责任编辑 / 钟　博
文案编辑 / 钟　博
责任校对 / 周瑞红
责任印制 / 边心超

工程建设监理是指监理单位受项目法人的委托，依据国家批准的工程项目建设文件，有关工程建设的法律、法规和工程建设监理合同及其他工程建设合同，对工程建设实施的监督管理。随着我国社会经济的飞速发展，工程建设监理这一新兴行业在建设项目中逐渐被认知和应用，监理工程师在促进、保证工程质量的作业中发挥了重要的作用。由于近年来各种建设行为、建设法律制度逐渐完善，工程建设监理行业也得到了长足的发展。为此，编者根据各院校使用者的建议，结合近年来高等教育教学改革的动态、新工程建设监理规范和工程应用实际对本书进行了第4次修订。本次修订的主要内容包括：

（1）与第3版相比，本次修订对一些第3版中未给出详细介绍的内容进行了补充，对一些实用性不强的理论知识进行了删减。

（2）根据工程建设监理新规范对教材内容进行了修改与充实，强化了教材的实用性和可操作性，以培养面向生产第一线的应用型人才为目的，注重提高学生的实践动手能力。

本书在修订过程中，参阅了国内同行的多部著作，部分高等院校的老师提出了很多宝贵的意见供我们参考，在此表示衷心的感谢！对于参与本书第3版编写，但未参与本次修订的老师、专家和学者，本次修订的所有编写人员向你们表示敬意，感谢你们对高等教育教学改革作出的不懈努力，希望你们对本书保持持续关注并多提宝贵意见。

本书由九江职业技术学院郭阳明、吉林省经济管理干部学院赵恩亮担任主编，吉林省经济管理干部学院王海朝、李东阳和刘加木担任副主编。具体编写分工为：郭阳明编写第五章和第六章；赵恩亮编写第四章和第七章；王海朝编写第八章；李东阳编写第一章；刘加木编写第二章；郭阳明和王海朝共同编写第三章；赵恩亮和李东阳共同编写第九章。

虽经反复讨论修改，但限于编者的学识及专业水平和实践经验，修订后的教材仍难免存在疏漏或不妥之处，恳请广大读者指正。

编　者

第3版前言

建立和推行工程建设监理制度是我国基本建设领域的一项重大改革，是发展社会主义市场经济的必然结果。工程建设监理是指监理单位受项目法人的委托，依据国家批准的工程项目建设文件，有关工程建设的法律、法规和工程建设监理合同及其他工程建设合同，对工程建设实施的监督管理。随着我国社会经济的飞速发展，工程建设监理这一新兴行业在建设项目中逐渐被认知和应用，监理工程师在促进、保证工程质量的作业中发挥了重要的作用。

由于近年来各种建设行为、建设法律制度逐渐完善，工程建设监理事业也得到了长足的发展。为此，我们根据各院校使用者的建议，结合近年来高等教育教学改革的动态以及最新工程建设监理规范和工程应用实际对本书进行了修订。本次修订的主要内容包括：

（1）与第2版相比，本次修订突出了实用性，对一些具有较高价值的，但在第2版中未给予详细介绍的内容进行了补充，对一些实用性不强的理论知识进行了删减。

（2）根据工程建设监理最新规范对教材内容进行了修改与充实，强化了教材的实用性和可操作性，使修订后的教材能更好地满足高等院校教学工作的需要。修订时坚持以理论知识够用为度，以培养面向生产第一线的应用型人才为目的，强调提高学生的实践动手能力。

（3）本次修订根据教学大纲，对教材整体结构进行了调整，分解了相关章节。如将第二章"工程建设监理企业"和第三章"监理工程师"，合并为第二章"工程监理企业与注册监理工程师"，对讲解内容进行修改与精简；将第六章"工程建设合同管理"调整到第三章，并新增建设工程监理招投标的内容等。

本书由郭阳明、郑敏丽、陈一兵担任主编，由张红菊、王薇薇担任副主编，廖洋、朱爱华参与编写。具体编写分工为：郭阳明编写第一章、第九章，郑敏丽编写第六章，陈一兵编写第四章、第七章，张红菊编写第八章，王薇薇编写第三章，廖洋编写第五章，朱爱华编写第二章。

本书在修订过程中，参阅了国内同行的多部著作，部分高等院校的老师提出了很多宝贵的意见供我们参考，在此表示衷心的感谢！对于参与本书第2版编写，但未参与本书修订的老师、专家和学者，本次修订的所有编写人员向你们表示敬意，感谢你们对高等教育教学改革作出的不懈努力，希望你们对本书保持持续关注并多提宝贵意见，

虽经反复讨论修改，但限于编者的学识及专业水平和实践经验，修订后的图书仍难免存在疏漏或不妥之处，恳请广大读者指正。

编　者

随着我国建设事业的发展，建设工程监理在工程建设过程中发挥了越来越重要的作用，也日益受到社会的广泛关注和普遍认可。同时，由于建筑工程施工领域大量新材料、新技术、新工艺、新设备的广泛使用，建筑工程施工质量验收规范也陆续修订并颁布实施，故我们结合当前建设工程监理工作实际，对本教材进行了修订。本次修订坚持以理论知识够用为度，以培养面向生产第一线的应用型人才为目的，强化了教材的实用性和可操作性，旨在进一步提升学生的实践能力和动手能力，从而更好地满足高等院校教学工作的需要。

本次修订情况如下：

（1）与原版教材相比，本次修订在内容上进行了扩充，新增了工程建设风险管理和工程建设文明施工管理及职业健康管理等内容，修订后的教材包括工程建设监理制度、工程建设监理企业、监理工程师、工程建设目标控制、工程建设风险管理、工程建设合同管理、工程建设信息管理、工程建设安全文明施工管理及职业健康管理、工程建设监理组织及监理规划九章内容。

（2）本次修订根据教学大纲，对教材整体结构进行了调整，分解了相关章节，更符合教学要求。如将原教材第六章调到第四章，并将内容改为七节，分别讲述了工程建设不同阶段的三大目标控制，更加系统、详细地介绍了工程建设项目不同阶段的特点、目标控制的任务、控制原理、控制措施、监理工作等内容，新增了目标控制内容、工程建设施工质量事故分析与处理及工程质量控制的统计分析方法。

（3）为使学生了解监理工程师执业资格制度相关知识，了解社会对监理人员资质的要求，更好地适应日后的监理工作，本次修订新增了监理工程师的执业特点、监理工程师的法律地位及监理工程师执业资格考试组织管理等内容。

（4）根据国家最新相关监理规范，结合新技术、新方法的应用，删除教材中部分陈旧内容，更新了相关知识，以适应社会的发展、科学的进步，确保教材内容的先进性、实用性。

本教材在修订过程中，参阅了国内同行的多部著作，部分高等院校老师提出了很多宝贵意见供我们参考，在此表示衷心的感谢！对于参与本教材第1版编写，但未参加本次修订的老师、专家和学者，本版教材所有编写人员向你们表示敬意，感谢你们对高等教育教学改革所作出的不懈努力，希望你们对本教材保持持续关注并多提宝贵意见。

限于编者学识及专业水平和实践经验，修订后的教材仍难免存在疏漏或不妥之处，恳请广大读者指正。

编　者

第 1 版前言

建设工程监理是指具有相应资质的监理单位受工程项目建设单位的委托，依据国家有关工程建设的法律、法规，依据经建设主管部门批准的工程项目建设文件、建设工程委托监理合同及其他工程合同，对工程建设实施的专业化监督管理活动。

工程建设监理制度于1988年在我国开始实施，于1997年被列入《中华人民共和国建筑法》，其间经历了试点阶段、稳定发展阶段、全面推行与实施阶段。到如今，我国在工程建设领域推行建设工程监理制已有20多年，建设工程监理制已经得到了全社会的普遍认可。实施工程建设监理制符合我国社会主义市场经济发展的要求，对于提高建设工程质量、加快工程建设进度、降低工程造价、提高经济效益具有十分重要的意义。

"工程建设监理概论"是高等院校土建学科工程监理专业课程。本书以适应社会需求为目标，以培养技术能力为主线编写而成，在内容选择上考虑土建工程专业的深度和广度，以"必需、够用"为度，以"讲清概念、强化应用"为重点，深入浅出，注重实用。通过本书的学习，学生可了解工程建设监理的基本概念、理论、方法；熟悉和掌握与工程建设合同管理有关的法律知识，并可依据合同对工程建设进行监督、管理、协调，具备运用合同手段解决实际问题的能力。

本书共分七章，第一章介绍了工程建设监理的基础理论知识；第二章介绍了监理工程师的基本要求、法律责任以及监理工程师资格考试的相关知识；第三章介绍了监理单位的组织形式、资质管理、服务内容及与工程建设各方的关系，以及工程建设监理费用的计算和委托监理合同的内容；第四章重点介绍了工程建设监理组织的结构形式，以及建立项目监理机构的步骤和机构中各类人员的岗位职责；第五章介绍了工程建设监理规划的编写；第六章介绍了工程建设投资、进度、质量控制的原理、内容、程序和方法；第七章介绍了工程建设项目合同管理和信息管理的内容、特点及管理方法等。

本书内容翔实，系统全面。为方便教学，各章前设置【学习重点】和【培养目标】，为学生学习和教师教学作了引导；各章后设置【本章小结】和【思考与练习】，从更深层次给学生以思考、复习的提示，由此构建了"引导—学习—总结—练习"的教学模式。

本书由郭阳明主编，李付亮、杨少斌、潘琳、高映萱任副主编，本书既可作为高等院校土建学科工程建设监理专业教材，也可作为工程建设相关专业工程技术人员的参考用书。本书在编写过程中，参阅了国内同行的多部著作，部分高等院校教师给予了很大支持，在此表示衷心的感谢！

本书的编写虽经推敲核证，但限于编者的专业水平和实践经验，仍难免存在疏漏或不妥之处，恳请广大读者指正。

编　者

目录

Contents

第一章 工程建设监理制度

教学目标与考核重点

教学内容	第一节　工程建设监理概述 第二节　工程建设程序和工程建设管理制度 第三节　建设工程监理相关法律、法规与收费标准	学时	4
教学目标	(1)了解工程建设监理的含义、性质、作用与原则；熟悉工程建设监理的法律地位和责任；掌握工程建设监理的基本方法和步骤。 (2)熟悉建设工程法律法规体系，《中华人民共和国建筑法》《建设工程监理规范》(GB/T 50319—2013)《建设工程监理与相关服务收费标准》的主要内容；掌握工程建设程序、工程建设主要管理制度		
关键词	工程建设监理项目建议书　可行性研究阶段　建设工程法律法规体系　建设工程监理规范		
重点	工程建设监理的基本方法和步骤，工程建设主要管理制度		
能力目标	(1)能进行工程建设监理业务的承接。 (2)能严格按照工程建设监理的基本方法和步骤进行工程项目监理		
素质目标	(1)工作中处理问题时，即要充分坚持原则，又要充分体现出解决问题方式的灵活性。采用多种多样的方式、方法，坚持多沟通、多协商，与不同层次的人交换意识达成共识。 (2)具有与时俱进的精神，爱岗敬业、奉献社会的道德风尚，做好监理工作		

导入案例

　　甲监理公司是某市实力最雄厚的监理企业，承揽并完成了很多大、中型工程项目的监理任务，积累了丰富的经验，与多家建设单位建立了一定的业务关系。某业主投资建设一栋28层综合办公大楼，委托甲监理公司实施监理工作并签订了书面合同。合同的有关条款约定：业主不派工地常驻代表，全权委托总监理工程师处理一切事务。在监理过程中，甲监理公司为了更好地完成监理任务，将部分监理业务转让给乙监理公司；在施工过程中，业主和承包人发生争议，总监理工程师以业主的身份，与承包人进行协商；为了保证材料质量，甲监理公司要求施工单位使用与其有利害关系的材料供应商的材料。

　　【讨论】

　　指出背景材料中的不妥之处，并说明理由。

　　【分析】

　　背景材料中的不妥之处：

　　(1)业主不派工地常驻代表，全权委托总监理工程师处理一切事务不妥。

原因：监理的服务性决定"工程监理单位的服务对象是建设单位，但不能完全取代建设单位的管理活动"。

（2）甲监理公司为了更好地完成监理任务，将部分监理业务转让给乙监理公司不妥。

原因：《中华人民共和国建筑法》（以下简称《建筑法》）规定："工程监理单位转让监理业务的，责令改正，没收违法所得，可以责令停业整顿，降低资质等级；情节严重的，吊销资质证书。"

（3）在施工过程中，业主和承包人发生争议，总监理工程师以业主的身份，与承包人进行协商不妥。

原因：按照独立性的要求，在建设工程监理过程中，项目监理机构必须按照自己的工作计划和程序，根据自己的判断，采用科学的方法和手段，独立开展工作。

（4）甲监理公司要求施工单位使用与其有利害关系的材料供应商的材料不妥。

原因：《建筑法》第三十四条规定，工程监理单位与被监理工程的承包单位以及建筑材料、建筑构配件和设备供应单位不得有隶属关系或者其他利害关系。

第一节　工程建设监理概述

一、工程建设监理的概念

工程建设监理是指工程监理单位受建设单位委托，根据法律法规、工程建设标准、勘察设计文件及合同，在施工阶段对建设工程质量、造价、进度进行控制，对合同、信息进行管理，对工程建设相关方的关系进行协调，并履行建设工程安全生产管理法定职责的服务活动。

建设单位（业主、项目法人）是建设工程监理任务的委托方，工程监理单位是监理任务的受托方。工程监理单位在建设单位的委托授权范围内从事专业化服务活动。与国际上一般的工程项目管理咨询服务不同，建设工程监理是一项具有中国特色的工程建设管理制度，目前的工程监理不仅定位于工程施工阶段，而且法律法规将工程质量、安全生产管理方面的责任赋予工程监理单位。

工程建设监理的含义需要从以下几个方面理解。

1. 工程建设监理的行为主体

《建筑法》明确规定，实行监理的建筑工程，由建设单位委托具有相应资质条件的工程建设监理企业监理。工程建设监理只能由具有相应资质的工程建设监理企业来开展，工程建设监理的行为主体是工程建设监理企业，这是我国工程建设监理制度的一项重要规定。

工程建设监理不同于住房城乡建设主管部门的监督管理。后者的行为主体是政府部门，它具有明显的强制性，是行政性的监督管理，它的任务、职责和内容不同于工程建设监理。

同样，总承包单位对分包单位的监督管理也不能视为工程建设监理。

2. **工程建设监理实施前提**

《建筑法》第三十一条明确规定，实行监理的建筑工程，由建设单位委托具有相应资质条件的工程监理单位监理。建设单位与其委托的工程监理单位应当订立书面委托监理合同。也就是说，工程建设监理的实施需要建设单位的委托和授权。工程监理单位只有与建设单位以书面形式订立建设工程监理合同，明确监理工作的范围、内容、服务期限和酬金，以及双方的义务、违约责任后，才能在规定的范围内实施监理。工程监理单位在委托监理的工程中拥有一定管理权限，是建设单位授权的结果。

3. **工程建设监理的依据**

工程建设监理的依据包括工程建设文件，有关的法律、法规、规章和标准、规范，工程建设委托监理合同和有关的工程建设合同。

(1)工程建设文件。工程建设文件包括批准的可行性研究报告、建设项目选址意见书、建设用地规划许可证、工程建设规划许可证、批准的施工图设计文件、施工许可证等。

(2)有关的法律、法规、规章和标准、规范。有关的法律、法规、规章和标准、规范包括《建筑法》《中华人民共和国民法典》(以下简称《民法典》)《中华人民共和国招标投标法》(以下简称《招标投标法》)《建设工程质量管理条例》等法律法规、部门规章及地方性法规等，也包括《工程建设标准强制性条文》及有关的工程技术标准、规范、规程等。

(3)工程建设委托监理合同和有关的工程建设合同。工程建设监理企业应当根据两类合同，即工程建设监理企业与建设单位签订的工程建设委托监理合同和建设单位与承建单位签订的有关工程建设合同对承建单位进行监理。

工程建设监理企业依据哪些有关的工程建设合同进行监理，视委托监理合同的范围来决定。全过程监理合同的范围应当包括咨询合同、勘察合同、设计合同、施工合同及设备采购合同等；决策阶段监理主要依据的是咨询合同；设计阶段监理主要依据的是设计合同；施工阶段监理主要依据的是施工合同。

4. **工程建设监理的实施范围**

目前，工程建设监理定位于工程施工阶段，工程监理单位受建设单位委托，按照建设工程监理合同约定，在工程勘察、设计、保修等阶段提供的服务活动均为相关服务。工程监理单位可以拓展自身的经营范围，为建设单位提供包括建设工程项目策划决策和建设实施全过程的项目管理任务。

【例1-1】 (2017年真题[①])建设单位委托工程监理单位的工作内容，不属于"相关服务"内容的是(　　)。

A. 决策　　　　B. 勘察　　　　C. 设计　　　　D. 保修

【答案】 A

二、工程建设监理的性质、作用与原则

(一)工程建设监理的性质

工程建设监理具有服务性、科学性、公正性、独立性。

---

① 本书所指真题均为注册监理工程师执业资格考试历年真题。

1. 服务性

工程建设监理是一种高智能、有偿的技术服务活动。它是监理人员利用自己的工程建设知识、技能和经验为建设单位提供的管理服务。它既不同于承建商的直接生产活动，也不同于建设单位的直接投资活动，它不向建设单位提供承包工程造价，不参与承包单位的利益分成，它获得的是技术服务性的报酬。

工程建设监理的服务客体是建设单位的工程项目，服务对象是建设单位。这种服务性的活动是严格按照监理合同和其他有关工程建设的合同来实施的，是受法律约束和保护的。

2. 科学性

工程建设监理应当具有科学性。工程建设监理的科学性体现为其工作的内涵是为工程管理与工程技术提供知识的服务。工程建设监理的任务决定了它应当采用科学的思想、理论、方法和手段；监理的社会化、专业化特点要求监理企业按照高智能原则组建；工程建设监理的服务性质决定了它应当提供科技含量高的管理服务；工程建设监理维护社会公众利益和国家利益的使命决定了它必须提供科学性服务。

工程建设监理的科学性主要表现：工程建设监理企业应当由组织管理能力强、工程建设经验丰富的人员担任领导；应当有一支由有足够数量的、有丰富管理经验和应变能力的监理工程师组成的骨干队伍；要有一套健全的管理制度；要有现代化的管理方法；要掌握先进的管理理论；要积累足够的技术、经济资料和数据；要有科学的工作态度和严谨的工作作风；要实事求是、创造性地开展工作。

3. 公正性

监理企业不仅是为建设单位提供技术服务的一方，还应当成为建设单位与承建单位之间的公正的第三方。在任何时候，监理方都应依据国家法律、法规、技术标准、规范、规程和合同文件站在公正的立场上进行判断、证明，行使自己的处理权，要维护建设单位且不损害被监理企业的合法权益。

4. 独立性

从事工程建设监理活动的监理企业是直接参与工程项目建设的"三方当事人"之一，它与项目建设单位、承建单位之间的关系是一种平等主体关系。《建筑法》明确指出，工程监理单位应当根据建设单位的委托，客观、公正地执行监理任务。《建设工程监理规范》(GB/T 50319—2013)要求工程建设监理企业按照"公正、独立、自主"的原则开展监理工作。

按照独立性要求，工程监理企业应当严格地按照有关法律、法规、规章、工程建设文件、工程建设技术标准、工程建设委托监理合同和有关的工程建设合同的规定实施监理；在委托监理的工程中，与承建单位不得有隶属关系和其他利益关系；在开展工程建设监理的过程中，必须建立自己的组织，按照自己的工作计划、程序、流程、方法、手段，根据自己的判断，独立地开展工作。

【例 1-2】（2019 年真题）工程监理单位在建设单位授权范围内采用规划、控制、协调等方法，控制工程造价和进度，并履行建设工程安全生产管理的监理职责，协助建设单位在计划目标内完成工程建设任务。这体现了工程管理的（　　）。

A. 服务性　　　　B. 阶段性　　　　C. 必要性　　　　D. 强制性

【答案】　A

（二）工程建设监理的作用

1. 有利于提高工程建设投资决策科学化水平

在建设单位委托工程建设监理企业实施全方位全过程监理的条件下，在建设单位有了初步的项目投资意向之后，工程建设监理企业可协助建设单位选择适当的工程咨询机构，管理工程咨询合同的实施，并对咨询结果（如项目建议书、可行性研究报告）进行评估，提出有价值的修改意见和建议；或者直接从事工程咨询工作，为建设单位提供建设方案。这样，不仅可使项目投资符合国家经济发展规划、产业政策、投资方向，而且可使项目投资更加符合市场需求。工程建设监理企业参与或承担项目决策阶段的监理工作，有利于提高项目投资决策的科学化水平，避免项目投资决策失误，也可为实现工程建设投资综合效益最大化打下良好的基础。

2. 有利于规范工程建设参与各方的建设行为

工程建设参与各方的建设行为都应当符合法律、法规、规章和市场准则。要做到这一点，仅仅依靠自律机制是远远不够的，还需要建立有效的约束机制。

在工程建设实施过程中，工程建设监理企业可依据委托监理合同和有关的工程建设合同对承建单位的建设行为进行监督管理。由于这种约束机制贯穿工程建设的全过程，采用事前控制、事中控制和事后控制相结合的方式，可以有效地规范各承建单位的建设行为，最大限度地避免不当建设行为的发生。即使出现不当建设行为，也可以及时加以制止，最大限度地减少其不良后果。应当说，这是约束机制的根本目的。另外，由于建设单位不了解工程建设有关的法律、法规、规章、管理程序和市场行为准则，有可能发生不当的建设行为。因此，工程监理企业可以向建设单位提出适当的建议，从而避免建设单位发生不当的建设行为，这对规范建设单位的建设行为也可起到一定的约束作用。

当然，要发挥上述约束作用，工程建设监理企业首先必须规范自身的行为，并接受政府的监督管理。

3. 有利于保证工程建设的质量和使用安全

工程建设监理企业对承建单位建设行为的监督管理，实际上是从产品需求者的角度对工程建设生产过程的管理，这与产品生产者自身的管理有很大不同。而工程建设监理企业又不同于工程建设的实际需求者，其监理人员都是既懂工程技术又懂经济管理的专业人士，他们有能力及时发现工程建设实施过程中出现的问题，发现工程材料、设备及阶段产品存在的问题，从而避免留下工程质量隐患。因此，实行工程建设监理制度之后，在加强承建单位自身对工程质量管理的基础上，由工程建设监理企业介入工程建设生产过程管理，对保证工程建设质量和使用安全有着重要作用。

4. 有利于实现工程建设投资效益最大化

工程建设投资效益最大化有以下三种不同表现：

（1）在满足工程建设预定功能和质量标准的前提下，建设投资额最少。

（2）在满足工程建设预定功能和质量标准的前提下，工程建设寿命周期费用（或全寿命费用）最少。

（3）工程建设本身的投资效益与环境、社会效益的综合效益最大化。

（三）工程建设监理的原则

监理企业受业主委托对工程项目实施监理时，应遵循公正、独立、自主及权责一致、严格监理、热情服务、综合效益、预防为主、实事求是的原则。

1. 公正、独立、自主的原则

在工程建设监理中，监理工程师必须尊重科学、尊重事实，组织各方协同配合，维护有关各方的合法权益，为使这一职能顺利实施，必须坚持公正、独立、自主的原则。业主与承包商虽然都是独立运行的经济主体，但他们追求的经济目标有差异，各自的行为也有差别，监理工程师应在合同约定的权、责、利关系基础上，协调双方的一致性，即只有按合同的约定建成项目，业主才能实现投资的目的，承包商也才能实现自己生产的产品的价值，取得工程款和实现盈利。

2. 权责一致的原则

监理工程师为履行其职责而从事的监理活动，是根据建设监理法规并受业主的委托与授权而进行的。监理工程师承担的职责应与业主授予的权限相一致。也就是说，业主向监理工程师的授权，应以能保证其正常履行监理的职责为原则。

监理活动的客体是承包商的活动，但监理工程师与承包商之间并无经济合同关系。监理工程师之所以能行使监理职权，是依赖业主的授权。这种授权除体现在业主与监理企业之间签订的工程建设监理委托合同中，还应作为业主与承包商之间工程承包合同的条件。因此，监理工程师在明确业主提出的监理目标和监理工作内容要求后，应与业主协商并明确相应的授权，达成共识后，反映在监理委托合同及承包合同中。据此，监理工程师才能开展监理活动。

总监理工程师代表监理企业全面履行工程建设监理委托合同，承担合同中确定的监理方向业主方承担的义务和责任。因此，在监理合同实施的过程中，监理企业应给予总监理工程师充分的授权，体现权责一致的原则。

3. 严格监理、热情服务的原则

监理工程师在处理与承包商的关系以及业主与承包商之间的利益关系时，一方面应坚持严格按合同办事，严格监理的要求；另一方面应立场公正，为业主提供热情的服务。

4. 综合效益的原则

社会建设监理活动既要考虑业主的经济效益，又必须考虑与社会效益和环境效益的有机统一，符合"公众"的利益。工程建设监理虽经业主的委托和授权才得以进行，但监理工程师应严格遵守国家的建设管理法律、法规、标准等，以高度负责的态度和责任感，既对业主负责，谋求最大的经济效益，又要对国家和社会负责，取得最佳的综合效益。只有在符合宏观经济效益、社会效益和环境效益的条件下，业主投资项目的微观经济效益才能得以实现。

5. 预防为主的原则

工程建设监理活动的产生与发展的前提条件，是拥有一批具有工程技术与管理知识和实践经验，精通法律和经济的专门高素质人才，形成专门化、社会化的高职能工程建设监理企业，为业主提供服务。由于工程项目具有"一次性""单件性"等特点，工程项目建设过程存在很多风险，因此，监理工程师必须具有预见性，并把重点放在"预控"上，防患于未然。在制定监理规划、编制监理细则和实施监理控制过程中，对工程项目投资控制、进度控制和质量控制中可能发生的失控问题要有预见性和超前的考虑，制定相应的对策和预控措施予以防范。另外，还应考虑多个不同的措施与方案，做到"事前有预测，情况变了有对策"，避免被动。

6. 实事求是的原则

在监理工作中，监理工程师应尊重事实，以理服人。监理工程师的任何指令、判断都应有事实依据，有证明、检验、试验资料。监理工程师不应以权压人，而应晓之以理，做到以"理"服人。所谓"理"，即具有说服力的事实依据。

三、工程建设监理的基本方法和步骤

(一)工程建设监理的基本方法

工程建设监理的基本方法是系统性的，它由不可分割的若干个子系统组成。它们相互联系，相互支持，共同运行，形成一个完整的方法体系，这就是目标规划、动态控制、组织协调、信息管理和合同管理。

1. 目标规划

这里所说的目标规划是以实现目标控制为目的的规划和计划，它是围绕工程项目的投资、进度和质量目标进行研究确定、分解综合、安排计划、风险管理、制定措施等各项工作的集合。目标规划是目标控制的基础和前提，只有做好目标规划的各项工作才能有效地实施目标控制。目标规划得越好，目标控制的基础就越牢，目标控制的前提条件也就越充分。

目标规划工作包括正确地确定工程项目的投资、进度、质量目标或对已经初步确定的目标进行论证；按照目标控制的需要将各目标进行分解，使每个目标都形成一个既能分解又能综合地满足控制要求的目标划分系统，以便实施控制；把工程项目实施的过程、目标和活动编制成计划，用动态的计划系统来协调和规范工程项目的实施，为实现预期目标构筑一座桥梁，使项目协调有序地达到预期目标；对计划目标的实现进行风险分析和管理，以便采取针对性的有效措施，实施主动控制；制定各项目标的综合控制措施，确保工程项目目标的实现。

2. 动态控制

动态控制是开展工程建设监理活动时采用的基本方法。动态控制工作贯穿工程项目的整个监理过程。

所谓动态控制，就是在完成工程项目的过程中，通过对过程、目标和活动的跟踪，全面、及时、准确地掌握工程建设信息，将实际目标值和工程建设状况与计划目标值和工程建设状况进行对比，如果偏离了计划和标准的要求，就采取措施加以纠正，以便达到计划总目标的实现。这是一个不断循环的过程，直至项目建成交付使用。

顾名思义，动态控制是一个动态的过程。动态的过程在不同的空间展开，控制就要针对不同的空间来实施。工程项目的实施分不同的阶段，控制也就分成不同阶段的控制。工程项目的实现总要受到外部环境和内部因素的各种干扰，因此，必须采取应变性的控制措施。计划的不变是相对的，计划总是在调整中运行，控制就要不断地适应计划的变化，从而达到有效的控制。监理工程师只有把握住工程项目运动的脉搏才能做好目标控制工作。动态控制是在目标规划的基础上针对各级分目标实施的控制。整个动态控制过程都是按事先安排的计划来进行的。

3. 组织协调

组织协调与目标控制是密不可分的。协调的目的就是实现项目目标。在监理过程中，当设计概算超过投资估算时，监理工程师要与设计单位进行协调，使设计概算与投资限额之间达成一致，既要满足建设单位对项目的功能和使用要求，又要力求使费用不超过限定的投资额度；当施工进度影响项目动工时间时，监理工程师就要与施工单位进行协调，或改变投入，或修改计划，或调整目标，直到制定出一个较理想的解决问题的方案为止；当发现承包单位的管理人员不称职，给工程质量造成影响时，监理工程师要与承包单位进行协调，以便更换人员，确保工程质量。

组织协调包括项目监理组织内部人与人、机构与机构之间的协调。如项目总监理工程师与各专业监理工程师之间、各专业监理工程师相互之间的人际关系及纵向监理部门与横向监理部门之间关系的协调。组织协调还存在于项目监理组织与外部环境组织之间，其中主要是与项目建设单位、设计单位、施工单位、材料和设备供应单位以及与政府有关部门、社会团体、咨询单位、科学研究及工程毗邻单位之间的协调。

为了开展好工程建设监理工作，要求项目监理组织内的所有监理人员都能主动地在自己负责的范围内进行协调，并采用科学有效的方法。为了搞好组织协调工作，需要对经常性事项的协调加以程序化，事先确定协调内容、协调方式和具体的协调流程；需要经常通过监理组织系统和项目组织系统，利用权责体系，采取指令等方式进行协调，需要设置专门机构或由专人进行协调，需要召开各种类型的会议进行协调。只有这样，项目系统内各子系统、各专业、各工种、各项资源，以及时间、空间等方面才能实现有机配合，使工程项目成为一体化运行的整体。

4. 信息管理

工程建设监理离不开工程信息。在实施监理过程中，监理工程师要对所需要的信息进行收集、整理、处理、存储、传递、应用等一系列工作，这些工作构成了信息管理。

信息管理对工程建设监理是十分重要的。监理工程师在开展监理工作中要不断预测或发现问题，要不断地进行规划、决策、执行和检查，而做好其中的每项工作都离不开相应的信息。规划需要规划信息，决策需要决策信息，执行需要执行信息，检查需要检查信息。监理工程师在监理过程中的主要任务是进行目标控制，而控制的基础就是信息。任何控制只有在信息的支持下才能有效进行。

项目监理组织的各部门为完成各项监理任务需要哪些信息，完全取决于这些部门实际工作的需要。因此，对信息的要求是与各部门监理任务和工作直接联系的。不同的项目，由于情况不同，所需要的信息也就有所不同。

5. 合同管理

监理企业在工程建设监理过程中的合同管理，主要是根据监理合同的要求对工程承包合同的签订、履行、变更和解除进行监督、检查，对合同双方的争议进行调解和处理，以保证合同的依法签订和全面履行。

合同管理对于监理企业完成监理任务是非常重要的。根据国外经验，合同管理产生的经济效益往往大于技术优化所产生的经济效益。一项工程合同，应当对参与建设项目的各方建设行为起到控制作用，同时具体指导这项工程如何操作完成。所以，从这个意义上讲，合同管理起着控制整个项目实施的作用。

监理工程师在合同管理中应当着重于以下几个方面的工作：

(1)合同分析。它是对合同各类条款分门别类地进行研究和解释，并找出合同的缺陷和弱点，以发现和提出需要解决的问题。同时，更为重要的是，对引起合同变化的事件进行分析研究，以便采取相应措施。合同分析对于促进合同各方履行义务和正确行使合同的授权、监督工程的实施、解决合同争议、预防索赔和处理索赔等项工作都是必要的。

（2）建立合同目录、编码和档案。合同目录和编码是采用图表方式进行合同管理的工具，它为合同管理自动化提供了便利条件，使计算机辅助合同管理成为可能。合同档案的建立可以把合同条款分门别类地加以存放，为查询、检索合同条款及分解和综合合同条款提供了方便。合同资料的管理应当起到为合同管理提供整体性服务的作用。

（3）对合同履行的监督、检查。通过检查发现合同执行中存在的问题，并根据法律、法规和合同的规定加以解决，以提高合同的履约率，使工程项目能够顺利建成。合同监督还包括经常性地对合同条款进行解释，常念"合同经"，以促使承包方能够严格地按照合同要求实现工程进度、工程质量和费用要求目标。按合同的有关条款绘制工作流程图、质量检查和协调关系图等，有助于有效地进行合同监督。合同监督需要经常检查合同双方往来的文件、信函、记录、业主指示等，以确认它们是否符合合同的要求和对合同的影响，以便采取相应对策。根据合同监督、检查所获得的信息进行统计分析，以发现费用金额、履约率、违约原因、纠纷数量、变更情况等问题，向有关监理部门反映情况，为目标控制和信息管理服务。

（4）索赔。索赔是合同管理中的重要工作，又是关系合同双方切身利益的问题，同时牵扯监理企业的目标控制工作，是参与项目建设的各方都关注的事情。监理企业应当首先协助业主制定并采取防止索赔的措施，以便最大限度地减少无理索赔的数量和索赔影响。其次要处理好索赔事件。对于索赔，监理工程师应当以公正的态度对待，同时，按照事先规定的索赔程序做好处理索赔的工作。

合同管理直接关系着投资、进度、质量控制，是工程建设监理方法系统中不可分割的组成部分。

（二）工程建设监理的步骤

工程建设监理企业从接受监理任务到圆满完成监理工作，主要有以下几个步骤。

1. **取得监理任务**

工程建设监理企业获得监理任务主要有以下途径：

(1)业主点名委托。

(2)通过协商、议标委托。

(3)通过招标、投标，择优委托。

此时，监理企业应编写监理大纲等有关文件，参加投标。

2. **签订监理委托合同**

按照国家统一文本签订监理委托合同，明确委托内容及各自的权利、义务。

3. **成立项目监理组织**

工程建设监理企业在与业主签订监理委托合同后，根据工程项目的规模、性质及业主对监理的要求，委派称职的人员担任项目的总监理工程师，代表监理企业全面负责该项目的监理工作。总监理工程师对内向监理企业负责，对外向业主负责。

在总监理工程师的具体领导下，组建项目的监理班子，并根据签订的监理委托合同，制定监理规划和具体的实施计划(监理实施细则)，开展监理工作。

一般情况下，监理企业在承接项目监理任务时，在参与项目监理的投标、拟订监理方案(大纲)及与业主商签监理委托合同时，应选派称职的人员主持该项工作。在监理任务确定并签订监理委托合同后，该主持人即可作为项目总监理工程师。这样，项目的总监理工程师在承接任务阶段即已介入，从而更能了解业主的建设意图和对监理工作的要求，并能与后续工作更好地衔接。

4. 资料收集

收集有关资料，以作为开展建设监理工作的依据。

(1)反映工程项目特征的相关资料。其包括工程项目的批文；规划部门关于规划红线范围和设计条件的通知；土地管理部门关于准予用地的批文；批准的工程项目可行性研究报告或设计任务书；工程项目地形图；工程项目勘测、设计图纸及有关说明。

(2)反映当地工程建设政策、法规的相关资料。其包括关于工程建设报建程序的有关规定；当地关于拆迁工作的有关规定；当地关于工程建设应缴纳有关税、费的规定；当地关于工程项目建设管理机构资质管理的有关规定；当地关于工程项目建设实行建设监理的有关规定；当地关于工程建设招标投标制度的有关规定；当地关于工程造价管理的有关规定等。

(3)反映工程项目所在地区技术经济状况等建设条件的资料。其包括气象资料；工程地质及水文地质资料；与交通运输(含铁路、公路、航运)有关的可提供的能力、时间及价格等资料；供水、供热、供电、供燃气、电信、有线电视等的有关情况；可提供的容量、价格等资料；勘察设计单位状况；土建、安装(含特殊行业安装，如电梯、消防、智能化等)施工单位情况；建筑材料、构配件及半成品的生产供应情况；进口设备及材料的有关到货口岸、运输方式的情况。

(4)类似工程项目建设情况的有关资料。其包括类似工程项目投资方面的有关资料；类似工程项目建设工期方面的有关资料；类似工程项目采用新结构、新材料、新技术、新工艺的有关资料；类似工程项目出现质量问题的具体情况；类似工程项目的其他技术经济指标等。

5. 制定监理规划、工作计划或实施细则

工程项目的监理规划是开展项目监理活动的纲领性文件，由项目总监理工程师主持，专业监理工程师参加编制，建设监理企业技术负责人审核批准。在监理规划的指导下，为了具体指导投资控制、进度控制、质量控制的进行，还需要结合工程项目的实际情况，制定相应的实施计划或细则(或方案)。

6. 根据监理实施细则开展监理工作

作为一种科学的工程项目管理制度，监理工作的规范化体现在以下几个方面：

(1)工作的时序性。监理的各项工作都是按一定的逻辑顺序先后展开的，以使监理工作能有效地达到目标而不致造成工作状态的无序和混乱。

(2)职责分工的严密性。工程建设监理工作是由不同专业、不同层次的专家群体共同完成的，他们之间严密的职责分工，是协调进行监理工作的前提和实现监理目标的重要保证。

(3)工作目标的确定性。在职责分工的基础上，每一项监理工作应达到的具体目标都应是确定的，完成的时间也应有时限规定，以便通过报表资料对监理工作及其效果进行检查和考核。

（4）工作过程系统化。施工阶段的监理工作主要包括三控制（投资控制、质量控制、进度控制）、二管理（合同管理、信息管理）、一协调，共六个方面的工作。施工阶段的监理工作又可分为三个阶段——事前控制、事中控制、事后控制，形成矩阵式系统。因此，监理工作的开展必须实现工作过程系统化，如图1-1所示。

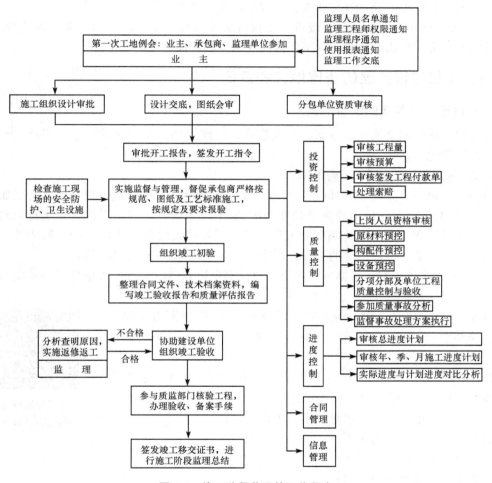

图1-1　施工阶段监理的工作程序

7. 参与项目竣工验收，签署建设监理意见

工程项目施工完成后，应由施工单位在正式验收前组织竣工预验收。监理企业应参与预验收工作，在预验收中发现的问题，应与施工单位沟通，提出要求，签署工程建设监理意见。

8. 向业主提交工程建设监理档案资料

工程项目建设监理业务完成后，向业主提交的监理档案资料应包括监理设计变更、工程变更资料；监理指令性文件；各种签证资料；其他档案资料。

9. 监理工作总结

监理工作总结应包括以下主要内容：

（1）向业主提交的监理工作总结。其内容主要包括监理委托合同履行情况概述；监理任务或监理目标完成情况的评价；由业主提供的供监理活动使用的办公用房、车辆、试验设施等的清单；表明监理工作终结的说明等。

（2）向监理企业提交的监理工作总结。其内容主要包括监理工作的经验，可以是采用某种监理技术、方法的经验，也可以是采用某种经济措施、组织措施的经验及签订监理委托合同方面的经验；如何处理好与业主、承包单位关系的经验等。

（3）监理工作中存在的问题及改进的建议也应及时加以总结，以指导今后的监理工作，并向政府有关部门提出政策建议，不断提高我国工程建设监理的水平。

四、工程建设监理的法律地位和责任

（一）建设工程监理的法律地位

自建设工程监理制度实施以来，有关法律、行政法规、部门规章等逐步明确了建设工程监理的法律地位。

1. 明确强制实施监理的工程范围

《建筑法》第三十条规定："国家推行建筑工程监理制度。国务院可以规定实行强制监理的建筑工程的范围。"《建设工程质量管理条例》第十二条规定，五类工程必须实行监理，即国家重点建设工程；大中型公用事业工程；成片开发建设的住宅小区工程；利用外国政府或者国际组织贷款、援助资金的工程；国家规定必须实行监理的其他工程。

《建设工程监理范围和规模标准规定》（建设部令第 86 号）又进一步细化了必须实行监理的工程范围和规模标准：

（1）国家重点建设工程。国家重点建设是指依据《国家重点建设项目管理办法》所确定的对国民经济和社会发展有重大影响的骨干项目。

（2）大中型公用事业工程。大中型公用事业工程是指项目总投资额在 3 000 万元以上的下列工程项目：

《建设工程监理范围和规模标准规定》

1）供水、供电、供气、供热等市政工程项目；

2）科技、教育、文化等项目；

3）体育、旅游、商业等项目；

4）卫生、社会福利等项目；

5）其他公用事业项目。

（3）成片开发建设的住宅小区工程。建筑面积在 50 000 m² 以上的住宅建设工程必须实行监理；50 000 m² 以下的住宅建设工程，可以实行监理，具体范围和规模标准由省、自治区、直辖市人民政府住房城乡建设主管部门规定。为了保证住宅质量，对高层住宅及地基、结构复杂的多层住宅应当实行监理。

（4）利用外国政府或者国际组织贷款、援助资金的工程。包括以下几项：

1）使用世界银行、亚洲开发银行等国际组织贷款资金的项目；

2）使用国外政府及其机构贷款资金的项目；

3）使用国际组织或者国外政府援助资金的项目。

（5）国家规定必须实行监理的其他工程，如下：

1）项目总投资额在 3 000 万元以上关系社会公共利益、公众安全的下列基础设施项目：

①煤炭、石油、化工、天然气、电力、新能源等项目；

②铁路、公路、管道、水运、民航以及其他交通运输业等项目；

③邮政、电信枢纽、通信、信息网络等项目；

④防洪、灌溉、排涝、发电、引（供）水、滩涂治理、水资源保护、水土保持等水利建设项目；

《建设工程
质量管理条例》

⑤道路、桥梁、地铁和轻轨交通、污水排放及处理、垃圾处理、地下管道、公共停车场等城市基础设施项目；

⑥生态环境保护项目；

⑦其他基础设施项目。

2）学校、影剧院、体育场馆项目。

【例1-3】（2019年真题）根据《建设工程监理范围和规模标准规定》，必须实行监理的工程是（ ）。

A. 总投资额2 000万元的学校项目

B. 总投资额2 000万元的供水项目

C. 总投资额2 000万元的通信项目

D. 总投资额2 000万元的地下管道项目

【答案】 A

2. 明确建设单位委托工程监理单位的职责

《建筑法》第三十一条规定："实行监理的建筑工程，由建设单位委托具有相应资质条件的工程监理单位监理。建设单位与其委托的工程监理单位应当订立书面委托监理合同。"

《建设工程质量管理条例》第十二条也规定："实行监理的建设工程，建设单位应当委托具有相应资质等级的工程监理单位进行监理，也可以委托具有工程监理相应资质等级并与被监理工程的施工承包单位没有隶属关系或者其他利害关系的该工程的设计单位进行监理。"

3. 明确工程监理单位的职责

《建筑法》第三十四条规定："工程监理单位应当在其资质等级许可的监理范围内，承担工程监理业务。"

《建设工程质量管理条例》第三十七条规定："工程监理单位应当选派具备相应资格的总监理工程师和监理工程师进驻施工现场。未经监理工程师签字，建筑材料、建筑构配件和设备不得在工程上使用或者安装，施工单位不得进行下一道工序的施工。未经总监理工程师签字，建设单位不拨付工程款，不进行竣工验收。"

《建设工程安全生产管理条例》第十四条规定："工程监理单位应当审查施工组织设计中的安全技术措施或者专项施工方案是否符合工程建设强制性标准。工程监理单位在实施监理过程中，发现存在安全事故隐患的，应当要求施工单位整改；情况严重的，应当要求施工单位暂时停止施工，并及时报告建设单位。施工单位拒不整改或者不停止施工的，工程监理单位应当及时向有关主管部门报告。"

4. 明确工程监理人员的职责

《建筑法》第三十二条规定："工程监理人员认为工程施工不符合工程设计要求、施工技术标准和合同约定的，有权要求建筑施工企业改正。工程监理人员发现工程设计不符合建筑工程质量标准或者合同约定的质量要求的，应当报告建设单位要求设计单位改正。"

《建设工程质量管理条例》第三十八条规定："监理工程师应当按照工程监理规范的要求，采取旁站、巡视和平行检验等形式，对建设工程实施监理。"

【例1-4】（2015年真题）根据《建设工程质量管理条例》，施工单位在进行下一道工序施工前需经(　　)签字。

A. 建造师　　　B. 项目负责人　　　C. 监理工程师　　　D. 专业监理工程师

【答案】　C

【例1-5】（2014年真题）根据《建筑工程安全生产管理条例》，工程监理单位的安全生产管理职责是(　　)。

A. 发现存在安全事故隐患时，应要求施工单位暂时停止施工

B. 委派专职安全生产管理人员对安全生产进行现场监督检查

C. 发现存在安全事故隐患时，应立即报告建设单位

D. 审查施工组织设计中的安全技术措施或专项施工方案是否符合工程建设强制性标准

【答案】　D

(二)工程监理单位及监理工程师的法律责任

1. 工程监理单位的法律责任

(1)《建筑法》第三十五条规定："工程监理单位不按照委托监理合同的约定履行监理义务，对应当监督检查的项目不检查或者不按照规定检查，给建设单位造成损失的，应当承担相应的赔偿责任。"

《建筑法》第六十九条规定："工程监理单位与建设单位或者建筑施工企业串通，弄虚作假、降低工程质量的，责令改正，处以罚款，降低资质等级或者吊销资质证书；有违法所得的，予以没收；造成损失的，承担连带赔偿责任；构成犯罪的，依法追究刑事责任。工程监理单位转让监理业务的，责令改正，没收违法所得，可以责令停业整顿，降低资质等级；情节严重的，吊销资质证书。"

(2)《建设工程质量管理条例》第六十条规定："违反本条例规定，勘察、设计、施工、工程监理单位超越本单位资质等级承揽工程的，责令停止违法行为，对勘察、设计单位或者工程监理单位处合同约定的勘察费、设计费或者监理酬金1倍以上2倍以下的罚款；对施工单位处工程合同价款2%以上4%以下的罚款，可以责令停业整顿，降低资质等级；情节严重的，吊销资质证书；有违法所得的，予以没收。未取得资质证书承揽工程的，予以取缔，依照前款规定处以罚款；有违法所得的，予以没收。以欺骗手段取得资质证书承揽工程的，吊销资质证书，依照本条第一款规定处以罚款；有违法所得的，予以没收。"

《建设工程质量管理条例》第六十一条规定："违反本条例规定，勘察、设计、施工、工程监理单位允许其他单位或者个人以本单位名义承揽工程的，责令改正，没收违法所得，对勘察、设计单位和工程监理单位处合同约定的勘察费、设计费和监理酬金1倍以上2倍以下的罚款；对施工单位处工程合同价款2%以上4%以下的罚款；可以责令停业整顿，降低资质等级；情节严重的，吊销资质证书。"

《建设工程质量管理条例》第六十二条规定："工程监理单位转让工程监理业务的，责令改正，没收违法所得，处合同约定的监理酬金25%以上50%以下的罚款；可以责令停业整顿，降低资质等级；情节严重的，吊销资质证书。"

《建设工程质量管理条例》第六十七条规定："工程监理单位有下列行为之一的，责令改

正，处 50 万元以上 100 万元以下的罚款，降低资质等级或者吊销资质证书；有违法所得的，予以没收；造成损失的，承担连带赔偿责任：

1) 与建设单位或者施工单位串通，弄虚作假、降低工程质量的；

2) 将不合格的建设工程、建筑材料、建筑构配件和设备按照合格签字的。"

《建设工程质量管理条例》第六十八条规定："违反本条例规定，工程监理单位与被监理工程的施工承包单位以及建筑材料、建筑构配件和设备供应单位有隶属关系或者其他利害关系承担该项建设工程的监理业务的，责令改正，处 5 万元以上 10 万元以下的罚款，降低资质等级或者吊销资质证书；有违法所得的，予以没收。"

(3)《建设工程安全生产管理条例》第五十七条规定："违反本条例的规定，工程监理单位有下列行为之一的，责令限期改正；逾期未改正的，责令停业整顿，并处 10 万元以上 30 万元以下的罚款；情节严重的，降低资质等级，直至吊销资质证书；造成重大安全事故，构成犯罪的，对直接责任人员，依照刑法有关规定追究刑事责任；造成损失的，依法承担赔偿责任：

1) 未对施工组织设计中的安全技术措施或者专项施工方案进行审查的；

2) 发现安全事故隐患未及时要求施工单位整改或者暂时停止施工的；

3) 施工单位拒不整改或者不停止施工，未及时向有关主管部门报告的；

4) 未依照法律、法规和工程建设强制性标准实施监理的。"

(4)《中华人民共和国刑法》第一百三十七条规定："……工程监理单位违反国家规定，降低工程质量标准，造成重大安全事故的，对直接责任人员，处五年以下有期徒刑或者拘役，并处罚金；后果特别严重的，处五年以上十年以下有期徒刑，并处罚金。"

2. 监理工程师的法律责任

工程监理单位是订立工程监理合同的当事人。监理工程师一般要受聘于工程监理单位，代表工程监理单位从事建设工程监理工作。工程监理单位在履行工程监理合同时，是由具体的监理工程师来实现的，因此，如果监理工程师出现工作过错，其行为将被视为工程监理单位违约，应承担相应的违约责任。工程监理单位在承担违约赔偿责任后，有权在企业内部向有过错行为的监理工程师追偿损失。因此，由监理工程师个人过失引发的合同违约行为，监理工程师必然要与工程监理单位承担一定的连带责任。

《建设工程质量管理条例》第七十二条规定："违反本条例规定，……监理工程师等注册执业人员因过错造成质量事故的，责令停止执业 1 年；造成重大质量事故的，吊销执业资格证书，5 年以内不予注册；情节特别恶劣的，终身不予注册。"《建设工程质量管理条例》第七十四条规定："……工程监理单位违反国家规定，降低工程质量标准，造成重大安全事故，构成犯罪的，对直接责任人员依法追究刑事责任。"

《建设工程安全生产管理条例》第五十八条规定："注册执业人员未执行法律、法规和工程建设强制性标准的，责令停止执业 3 个月以上 1 年以下；情节严重的，吊销执业资格证书，5 年内不予注册；造成重大安全事故的，终身不予注册；构成犯罪的，依照刑法有关规定追究刑事责任。"

【例 1-6】 (2019 年真题)根据《建设工程质量管理条例》，工程监理单位与建设单位串通，弄虚作假，降低工程质量的，责令改正，并对监理单位处(　　)的罚款。

A. 5 万以上 10 万以下　　　　　　　　B. 10 万以上 50% 以下

C. 10万以上50万以下　　　　　　　　D. 50万以上100万元以下

【答案】　D

【例1-7】（2016年真题)根据《建设工程质量管理条例》，工程监理单位有(　　　)行为的，将被处以50万元以上100万元以下的罚款，降低资质等级或者吊销资质证书。

A. 超越本单位资质等级承揽工程监理业务

B. 与建设单位串通，弄虚作假，降低工程质量

C. 与施工单位串通，弄虚作假，降低工程质量

D. 允许其他单位以本单位名义承揽工程监理业务

E. 将不合格的建设工程安装合格签字

【答案】　BCE

第二节　工程建设程序和工程建设管理制度

一、工程建设程序

工程建设程序是指工程项目从基本项目决策、设计、施工到竣工验收整个过程中的各个阶段及其先后次序。它是客观规律的反映，是由建筑生产的技术经济特点决定的。

工程建设程序与工程建设监理的关系：工程建设监理要根据行为准则对工程建设行为进行监督管理。建设程序对各建设行为主体和监督管理主体在每个阶段应当做什么、如何做、何时做、由谁做等一系列问题都给出明确答案。工程建设监理企业和监理人员应当根据建设程序的有关规定并针对各阶段的工作内容实施监理。

1. 我国工程建设的阶段划分

按现行规定，我国一般大中型及限额以上项目的建设程序中，将建设活动分成以下几个阶段：

(1)提出项目建议书；

(2)编制可行性研究报告；

(3)根据咨询评估情况对建设项目进行决策；

(4)根据批准的可行性研究报告编制设计文件；

(5)初步设计批准后，做好施工前各项准备工作；

(6)组织施工，并根据施工进度做好生产或动用前准备工作；

(7)项目按照批准的设计内容建完，经投料试车验收合格并正式投产交付使用；

(8)生产运营一段时间，进行项目后评估。

2. 工程建设各程序的工作内容

(1)项目建议书阶段的工作内容。项目建议书中需说明项目建设的必要性和依据，引进技术和设备的内容和必要性；说明产品方案、拟建规模和建设地点的初步设想；资源情况、建设条件、协作关系和引进国别及厂商的初步分析；投资估算和资金筹措的设想，利用外

资项目要说明利用外资的可能性及偿还贷款能力的初步预测；项目的进度安排；对经济效果和社会效益的初步估计。

项目建议书的编制相当于投资机会性研究，是基本建设程序中最初阶段的工作，也是国家选择建设项目的依据。

项目建议书根据拟建项目规模报送有关部门审批。大中型及限额以上项目的项目建议书应先报行业归口主管部门，同时抄送国家发改委。行业归口主管部门初审同意后报国家发改委，国家发改委根据建设总规模、生产力总布局、资源优化配置、资金供应可能、外部协作条件等方面进行综合平衡，还要委托具有相应资质的工程咨询单位评估后审批。重大项目由国家发改委报国务院审批。小型和限额以下项目的项目建议书，按项目隶属关系由部门或地方发改委审批。

项目建议书批准后，项目即可列入项目建设前期工作计划，可以进行下一步的可行性研究工作。

【例1-8】 (2019年真题)项目建议书是针对拟建工程项目编制的建议文件，其主要内容包括(　　)。

A. 项目提出的必要性和依据

B. 拟建规模和建设地点的初步设想

C. 项目的技术可行性

D. 项目投资估算

E. 项目进度安排

【答案】 ABDE

(2)可行性研究阶段的工作内容。建设项目的可行性研究，可根据实际情况和需要，或作为一个阶段一次完成，或分阶段完成。可行性研究的阶段分为投资机会性研究(鉴定投资方向)、初步可行性研究(又称预可行性研究)、最终可行性研究(又称技术经济可行性研究)及评价报告。投资机会性研究和初步可行性研究大体相当于我国现阶段的"项目建议书"。

建设项目的可行性研究，就是对新建或改建、扩建项目进行调查、预测、分析、研究、评价等一系列工作，论证项目建设的必要性及技术经济合理性，评价投资的技术经济社会效益与影响，从而确定项目可行与否。如可行，则推荐最佳经济社会效益方案并编制可行性研究报告；如不可行，则撤销该项目。

可行性研究报告经有关部门审查通过批准后，拟建项目可以正式立项，批准后的可行性研究报告是项目最终的决策文件。

(3)设计阶段的工作内容。根据建设项目的不同情况，设计过程一般划分为两个阶段或三个阶段。

一般建设项目实行两个阶段的设计，即初步设计和施工图设计。对于技术上比较复杂而又缺乏设计经验的项目，实行三个阶段的设计，即初步设计、技术设计和施工图设计，实行三个阶段的设计要经主管部门同意。对于一些大型联合企业、矿区、油区、林区和水利枢纽，为解决统筹规划、总体部署和开发顺序问题，一般还需进行总体规划设计或总体设计。

1)初步设计。初步设计的主要内容应包括设计的主要依据；设计的指导思想和主要原则；建设规模；产品方案；原料、燃料和动力的用量、来源和要求；主要生产设备的选型及配置；工艺流程；总图布置和运输方案；主要建筑物、构筑物；公用辅助设施；外部协作条件；综合利用；"三废"治理；环境评价及保护措施；抗震及人防设施；生产组织及劳动定员；生活区建设；占地面积和征地数量；建设工期；设计总概算；主要技术经济指标分析及评价等的文字说明和图纸。

2）技术设计。技术设计是指为进一步解决某些重大项目和特殊项目中的具体技术问题，或确定某些技术方案而进行的设计。它是为在初步设计阶段中无法解决而又需要进一步研究的那些问题的解决所设置的一个设计阶段。设计文件应根据批准的初步设计文件编制，其主要内容包括提供技术设计图纸和设计文件，编制修正总概算。

3）施工图设计。施工图设计是工程设计的最后阶段，它是根据建筑安装工程或非标准设备制作的需要，把初步设计（或技术设计）确定的设计原则和设计方案进一步具体化、明确化，并把工程和设备的各个组成部分的尺寸、节点大样、布置和主要施工方法以图样和文字的形式加以确定，并编制设备、材料明细表和施工图预算。

施工图设计的主要内容包括总平面图、建筑物和构筑物详图、公用设施详图、工艺流程和设备安装图及非标准设备制作详图等。

（4）施工准备阶段的工作内容。工程开工建设之前，应当切实做好各项准备工作，其中包括组建项目法人；征地、拆迁和平整场地；做到水通、电通、路通；组织设备、材料订货；工程建设报建；委托工程建设监理；组织施工招标投标；优选施工单位；办理施工许可证等。

按规定做好准备工作，具备开工条件以后，建设单位申请开工。经批准，项目进入下一个阶段，即施工阶段。

（5）施工阶段的工作内容。本阶段的主要任务是组织图纸会审及设计交底；了解设计意图；明确质量要求；选择合适的材料供应商；做好人员培训；合理组织施工；建立并落实技术管理、质量管理体系和质量保证体系；严格把好中间质量验收和竣工验收环节；按设计进行施工安装并建成工程实体。

（6）生产准备阶段的工作内容。工程投产前，建设单位应当做好各项生产准备工作。生产准备阶段是由建设阶段转入生产经营阶段的重要衔接阶段。在本阶段，建设单位应当做好相关工作的计划、组织、指挥、协调和控制。

生产准备阶段的主要工作：组建管理机构；制定有关制度和规定；招聘并培训生产管理人员；组织有关人员参加设备安装、调试、工程验收；签订供货及运输协议；进行工具、器具、备品、备件等的制造或订货；其他需要做好的有关工作。

（7）竣工验收阶段的工作内容。工程建设按设计文件规定的内容和标准全部完成，并按规定将工程内外全部清理完毕后，达到竣工验收条件，建设单位即可组织竣工验收，勘察、设计、施工、监理等有关单位应参加竣工验收。竣工验收是考核建设成果、检验设计和施工质量的关键步骤，是由投资成果转入生产或使用的标志。竣工验收合格后，工程建设方可交付使用。

竣工验收后，建设单位应及时向住房城乡建设主管部门或其他有关部门备案并移交建设项目档案。

工程建设自办理竣工验收手续后，因勘察、设计、施工、材料等原因造成的质量缺陷，应及时修复，费用由责任方承担。保修期限、返修和损害赔偿应当遵照《建设工程质量管理条例》的规定执行。

【例1-9】 (2019年真题)对于政府投资项目，不属于可行性研究应完成的工作是（   ）。

A. 进行市场研究　　　　　　　　　B. 进行工艺技术方案研究

C. 进行环境影响的初步评价　　　　D. 进行财务和经济分析

【答案】 C

二、工程建设主要管理制度

根据我国工程建设相关规定，在工程建设中应主要实行项目法人责任制、工程招标投标制、工程建设监理制、合同管理制等。这些制度相互关联、相互支持，共同构成工程建设管理制度体系。

(一)项目法人责任制

为了建立投资约束机制，规范建设单位的行为，工程建设应当按照政企分开的原则组建项目法人，实行项目法人责任制，即由项目法人对项目的策划、资金筹措、建设实施、生产经营、债务偿还和资产的保值增值，实行全过程负责的制度。

1. 项目法人的设立

国有单位经营性、大众性工程建设必须在建设阶段组建项目法人。项目法人可按《中华人民共和国公司法》(以下简称《公司法》)的规定设立有限责任公司和股份有限公司。

新上项目在项目建议书被批准后，应及时组建项目法人筹备组，具体负责项目法人的筹建工作。项目法人筹备组主要由项目投资方派代表组成。在申报项目可行性研究报告时，需同时提出项目法人组建方案，否则，其项目可行性研究报告不予审批。项目可行性研究报告经批准后，正式成立项目法人，并按有关规定确保资金按时到位，同时及时办理公司登记。

【例1-10】 (2017年真题)对于实施项目法人责任制度的项目，正式成立项目法人的时间是在（   ）后。

A. 申报项目可行性研究报告　　　　B. 办理公司设立登记

C. 可行性研究报告批准　　　　　　D. 资金按时到位

【答案】 C

2. 项目法人的备案

国家重点建设项目的公司章程需报国家发改委备案。其他项目的公司章程按项目隶属关系分别向有关部门、地方发改委备案。

3. 项目法人的组织形式和职责

(1)组织形式：国有独资公司设立董事会，董事会由投资方负责组建；国有控股或参股的有限责任公司、股份有限公司设立股东会、董事会和监事会，董事会、监事会由各投资方按照《公司法》的有关规定组建。

(2)建设项目董事会的职责：筹措建设资金；审核上报项目初步设计和概算文件；审核上报年度投资计划并落实年度资金；提出项目开工报告；研究解决建设过程中出现的重大问题；负责提出项目竣工验收申请报告；审定偿还债务计划和生产经营方针，并负责按时偿还债务；聘任或解聘项目总经理，并根据总经理的提名，聘任或解聘其他高级管理人员。

(3)项目总经理所拥有的职责。其职责主要包括组织编制项目初步设计文件，对项目工艺流程、设备选型、建设标准、总图布置提出意见，提交董事会审查；组织工程设计、工程建设监理、工程施工和材料设备采购招标工作，编制和确定招标方案、招标控制价和评标标准，评选和确定中标单位；编制并组织实施项目年度投资计划、用款计划和建设进度计划；编制项目财务预算、决算；编制并组织实施归还贷款和其他债务计划；组织工程建设实施，负责控制工程投资、工期和质量；在项目建设过程中，在批准的概算范围内对单项工程的设计进行局部调整；根据董事会授权处理项目实施过程中的重大紧急事件，并及时向董事会报告；负责生产准备工作和培训人员；负责组织项目试生产和单项工程预验收；拟订生产经营计划、企业内部机构设置、劳动定员方案及工资福利方案；组织项目后评估，提出项目后评估报告；按时向有关部门报送项目建设、生产信息和统计资料；提请董事会聘请或解聘项目高级管理人员。

【例 1-11】（2019 年真题）对于实现项目法人责任制的项目，属于项目总经理职权的工作是（　　）。

A. 提出项目开工报告

B. 提出项目竣工验收申请报告

C. 编制归还贷款和其他债务计划

D. 聘任或解聘项目高级管理人员

【答案】 C

【例 1-12】（2019 年真题）根据项目法定责任人的有关要求，项目董事会的职权包括（　　）。

A. 审核项目的初步设计的概算文件

B. 编制项目财务预算、决算

C. 研究解决建设过程中出现的重要问题

D. 确定招标方案、招标控制价

E. 组织项目后评估

【答案】 AC

（二）工程招标投标制

为了在工程建设领域引入竞争机制，择优选择勘察单位、设计单位、施工单位及材料、设备供应单位，需要实行工程招标投标制。

工程建设招标以公开招标为主。确实需要采取邀请招标和议标形式的，要经过项目主管部门或主管地区政府批准。招标投标活动要严格按照国家有关规定进行，体现公开、公平、公正和择优、诚信的原则。对未按规定进行公开招标、未经批准擅自采取邀请招标和议标形式的，有关地方和部门不得批准开工。工程建设监理企业也应通过竞争择优确定。

招标单位要合理划分标段、合理确定工期、合理标价定标。中标单位签订承包合同后，严禁进行转包。总承包单位如进行分包，除总承包合同中有约定的外，必须经发包单位认可，但主体结构不得分包，禁止分包单位将其承包的工程再分包。

严禁任何单位和个人以任何名义、任何形式干预正当的招标投标活动，严禁搞地方和部门保护主义，对违反规定干预招标投标活动的单位和个人，无论有无牟取私利，都要根据情节轻重做出处理。

招标单位有权自行选择招标代理机构，委托其办理招标事宜。招标单位若具有编制招标文件和组织评标的能力，可以自行办理招标事宜。

（三）工程建设监理制

实行监理的工程建设，由建设单位委托具有相应资质的工程建设监理企业监理。建设单位与其委托的工程建设监理企业应当订立书面委托监理合同。

工程建设监理应当依照法律、行政法规及有关的技术标准、设计文件和工程承包合同，对承包单位在施工质量、建设工期和建设资金使用等方面，代表建设单位实施监督。工程建设监理人员认为工程施工不符合工程设计要求、施工技术标准和合同约定的，有权要求建筑施工企业改正。工程建设监理人员认为工程设计不符合建筑工程质量标准或者合同约定的质量要求的，应当报告建设单位，要求设计单位改正。

（四）合同管理制

为了使勘察、设计、施工、材料设备供应单位和工程建设监理企业依法履行各自的责任和义务，在工程建设中必须实行合同管理制。

合同管理制的基本内容：工程建设的勘察、设计、施工、材料设备采购和工程建设监理都要依法订立合同；各类合同都要有明确的质量要求、履约担保和违约处罚条款；违约方要承担相应的法律责任。

合同管理制的实施对工程建设监理开展合同管理工作提供了法律上的支持。

除上述主要制度外，我国工程建设中还实行工程建设施工许可制、从业资格与资质制、安全生产责任制、工程质量责任制、工程竣工验收制、工程质量备案制、工程质量保修制、工程质量终身责任制、项目决策咨询评估和工程设计审查制等。

【例1-13】 （2018年真题）关于工程监理制和合同管理制两者关系的说法，正确的是（　　）。

A. 合同管理制是实行工程监理制的重要保证

B. 合同管理制是实行工程监理制的必要条件

C. 合同管理制是实行工程监理制的充分条件

D. 合同管理制是实行工程监理制的充分必要条件

【答案】　A

第三节　建设工程监理相关法律、法规与收费标准

一、建设工程法律法规体系

建设工程法律法规体系是指根据《中华人民共和国立法法》的规定，制定和公布施行的有关建设工程的各项法律、行政法规、地方性法规、自治条例、单行条例、部门规章和地方政府规章的总称。

建设工程法律是指由全国人民代表大会及其常务委员会通过的规范工程建设活动的法律法规，由国家主席签署主席令予以公布，如《建筑法》《招标投标法》《中华人民共和国政府

采购法》(以下简称为《政府采购法》)等。

建设工程行政法规是指由国务院根据宪法和法律制定的规范工程建设活动的各项法规，由总理签署国务院令予以公布，如《建设工程质量管理条例》《建设工程勘察设计管理条例》等。

(1)我国目前制定的与工程建设监理有关的法律主要有以下几项：

1)《建筑法》；

2)《招标投标法》；

3)《中华人民共和国土地管理法》；

4)《中华人民共和国城市房地产管理法》；

5)《中华人民共和国环境保护法》；

6)《中华人民共和国环境影响评价法》。

(2)我国目前制定的与工程建设监理有关的行政法规主要有以下几项：

1)《建设工程质量管理条例》；

2)《建设工程安全生产管理条例》；

3)《建设工程勘察设计管理条例》；

4)《中华人民共和国土地管理法实施条例》。

(3)我国目前制定的与工程建设监理有关的部门规章主要有以下几项：

1)《工程监理企业资质管理规定》；

2)《注册监理工程师管理规定》；

3)《建设工程监理范围和规模标准规定》；

4)《建筑工程设计招标投标管理办法》；

5)《房屋建筑和市政基础设施工程施工招标投标管理办法》；

6)《评标委员会和评标方法暂行规定》；

7)《建筑工程施工发包与承包计价管理办法》；

8)《建筑工程施工许可管理办法》；

9)《实施工程建设强制性标准监督规定》；

10)《房屋建筑工程质量保修办法》。

二、建筑法

《建筑法》全文分 8 章共计 85 条，是以建筑工程质量与安全为重点形成的。《建筑法》的内容是以建筑市场管理为中心、以建设工程质量和安全为重点、以建筑活动监督管理为主线形成的。

(一)总则

《建筑法》总则一章，是对整部法律的纲领性规定。其内容包括立法目的、调整对象和适用范围、建筑活动基本要求、建筑业的基本政策、建筑活动当事人的基本权利和义务、建筑活动监督管理主体。

(1)立法的目的是加强对建筑活动的监督管理、维护建筑市场秩序、保证建筑工程的质量和安全、促进建筑业健康发展。

《中华人民共和国建筑法》

在中华人民共和国境内从事建筑活动，实施对建筑活动的监督管理，应当遵守《建筑法》。

(2)本法所称建筑活动，是指各类房屋建筑及其附属设施的建造和与其配套的线路、管道、设备的安装活动。

(3)建筑活动应当确保建筑工程质量和安全，符合国家的建筑工程安全标准。

(4)国家扶持建筑业的发展，支持建筑科学技术研究，提高房屋建筑设计水平，鼓励节约能源和保护环境，提倡采用先进技术、先进设备、先进工艺、新型建筑材料和现代管理方式。

(5)从事建筑活动应当遵守法律、法规，不得损害社会公共利益和他人的合法权益。任何单位和个人都不得妨碍和阻挠依法进行的建筑活动。

(6)国务院住房城乡建设主管部门对全国的建筑活动实施统一监督管理。

(二)建筑许可

建筑工程开工前，建设单位应当按照国家有关规定向工程所在地县级以上人民政府建设行政主管部门申请领取施工许可证；但是，国务院住房城乡建设主管部门确定的限额以下的小型工程除外。

1. 申请建筑工程许可证的条件

申请领取施工许可证，应当具备下列条件：

(1)已经办理该建筑工程用地批准手续；

(2)在城市规划区的建筑工程，已经取得规划许可证；

(3)需要拆迁的，其拆迁进度符合施工要求；

(4)已经确定建筑施工企业；

(5)有满足施工需要的施工图纸及技术资料；

(6)有保证工程质量和安全的具体措施；

(7)建设资金已经落实；

(8)法律、行政法规规定的其他条件。

【例1-14】 (2018年真题)根据《建筑法》，建设单位申请领取施工许可证，应当具备的条件有( )。

A. 已经办理该建筑工程用地批准手续

B. 已取得规划许可证

C. 建设资金已落实

D. 已确定建筑施工企业

E. 已确定工程监理企业

【答案】 ACD

2. 领取建筑工程许可证的法律后果

(1)住房城乡建设主管部门应当自收到申请之日起七日内，对符合条件的申请颁发施工许可证。

(2)建设单位应当自领取施工许可证之日起三个月内开工。因故不能按期开工的，应当向发证机关申请延期；延期以两次为限，每次不超过三个月。既不开工又不申请延期或者超过延期时限的，施工许可证自行废止。

(3)在建的建筑工程因故中止施工的，建设单位应当自中止施工之日起一个月内，向发证机关报告，并按照规定做好建筑工程的维护管理工作。

(4)建筑工程恢复施工时，应当向发证机关报告。中止施工满一年的工程恢复施工前，建设单位应当报发证机关核验施工许可证。

(5)按照国务院有关规定批准开工报告的建筑工程，因故不能按期开工或者中止施工的，应当及时向批准机关报告情况。因故不能按期开工超过六个月的，应当重新办理开工报告的批准手续。

【例 1-15】（2015 年真题）建设单位应当自领取施工许可证之日起（   ）个月内开工。因故不能按期开工的，应当向发证机关申请延期。

A. 1　　　　　　B. 2　　　　　　C. 3　　　　　　D. 6

【答案】 C

(三)从业资格

从事建筑活动的建筑施工企业、勘察单位、设计单位和工程监理单位，按照其拥有的注册资本、专业技术人员、技术装备和已完成的建筑工程业绩等资质条件，划分为不同的资质等级，经资质审查合格，取得相应等级的资质证书后，方可在其资质等级许可的范围内从事建筑活动。

从事建筑活动的专业技术人员，应当依法取得相应的执业资格证书，并在执业资格证书许可的范围内从事建筑活动。

从事建筑活动的建筑施工企业、勘察单位、设计单位和工程监理单位，应当具备下列条件：

(1)有符合国家规定的注册资本。

(2)有与其从事的建筑活动相适应的具有法定执业资格的专业技术人员。

(3)有从事相关建筑活动所应有的技术装备。

(4)法律、行政法规规定的其他条件。

(四)建筑工程发包与承包

1. 建筑工程发包与承包的一般规定

(1)建筑工程的发包单位与承包单位应当依法订立书面合同，明确双方的权利和义务。发包单位和承包单位应当全面履行合同约定的义务。不按照合同约定履行义务的，依法承担违约责任。

(2)建筑工程发包与承包的招标投标活动，应当遵循公开、公正、平等竞争的原则，择优选择承包单位。建筑工程的招标投标，《建筑法》没有规定的，适用有关招标投标法律的规定。

(3)发包单位及其工作人员在建筑工程发包中不得收受贿赂、回扣或者索取其他好处。

承包单位及其工作人员不得利用向发包单位及其工作人员行贿、提供回扣或者给予其他好处等不正当手段承揽工程。

(4)建筑工程造价应当按照国家有关规定，由发包单位与承包单位在合同中约定。公开招标发包的，其造价的约定须遵守招标投标法律的规定。发包单位应当按照合同的约定，及时拨付工程款项。

2. 建筑工程发包规定

（1）建筑工程依法实行招标发包，对不适合招标发包的可以直接发包。

（2）建筑工程实行公开招标的，发包单位应当依照法定程序和方式，发布招标公告，提供载有招标工程的主要技术要求、主要的合同条款、评标的标准和方法，以及开标、评标、定标的程序等内容的招标文件。

开标应当在招标文件规定的时间、地点公开进行。开标后应当按照招标文件规定的评标标准和程序对标书进行评价、比较，在具备相应资质条件的投标者中，择优选定中标者。

（3）建筑工程招标的开标、评标、定标由建设单位依法组织实施，并接受有关行政主管部门的监督。

（4）建筑工程实行招标发包的，发包单位应当将建筑工程发包给依法中标的承包单位。建筑工程实行直接发包的，发包单位应当将建筑工程发包给具有相应资质条件的承包单位。

（5）政府及其所属部门不得滥用行政权力，限定发包单位将招标发包的建筑工程发包给指定的承包单位。

（6）提倡对建筑工程实行总承包，禁止将建筑工程肢解发包。建筑工程的发包单位可以将建筑工程的勘察、设计、施工、设备采购一并发包给一个工程总承包单位，也可以将建筑工程勘察、设计、施工、设备采购的一项或者多项发包给一个工程总承包单位；但是，不得将应当由一个承包单位完成的建筑工程肢解成若干部分发包给几个承包单位。

（7）按照合同约定，建筑材料、建筑构配件和设备由工程承包单位采购的，发包单位不得指定承包单位购入用于工程的建筑材料、建筑构配件和设备或者指定生产厂、供应商。

3. 建筑工程承包规定

（1）承包建筑工程的单位应当持有依法取得的资质证书，并在其资质等级许可的业务范围内承揽工程。

禁止建筑施工企业超越本企业资质等级许可的业务范围或者以任何形式用其他建筑施工企业的名义承揽工程。禁止建筑施工企业以任何形式允许其他单位或者个人使用本企业的资质证书、营业执照，以本企业的名义承揽工程。

（2）大型建筑工程或者结构复杂的建筑工程，可以由两个以上的承包单位联合共同承包。共同承包的各方对承包合同的履行承担连带责任。

两个以上不同资质等级的单位实行联合共同承包时，应当按照资质等级低的单位的业务许可范围承揽工程。

（3）禁止承包单位将其承包的全部建筑工程转包给他人，禁止承包单位将其承包的全部建筑工程肢解以后以分包的名义分别转包给他人。

（4）建筑工程总承包单位可以将承包工程中的部分工程发包给具有相应资质条件的分包单位；但是，除总承包合同中约定的分包外，必须经建设单位认可。施工总承包的，建筑工程主体结构的施工必须由总承包单位自行完成。

建筑工程总承包单位按照总承包合同的约定对建设单位负责；分包单位按照分包合同的约定对总承包单位负责。总承包单位和分包单位就分包工程对建设单位承担连带责任。

禁止总承包单位将工程分包给不具备相应资质条件的单位。禁止分包单位将其承包的工程再分包。

【例 1-16】 (2017 年真题)根据《建筑法》，关于建筑工程发包与承包的说法，正确的有（ ）。

A. 建筑工程造价应按国家有关规定，由发包单位与承包单位在合同中约定

B. 发包单位可以将建筑工程的设计、施工、设备采购一并发包给一个工程总承包单位

C. 按照合同约定，由承包单位采购的设备，发包单位可以指定生产厂

D. 两个资质等级相同的企业，方可组成联合体共同承包

E. 总包单位与分包单位就分包工程对建设单位承担连带责任

【答案】 ABE

(五)建筑工程监理

(1)国家推行建筑工程监理制度。国务院可以规定实行强制监理的建筑工程的范围。

(2)实行监理的建筑工程，由建设单位委托具有相应资质条件的工程监理单位监理。建设单位与其委托的工程监理单位应当订立书面委托监理合同。

(3)建筑工程监理应当依照法律、行政法规及有关的技术标准、设计文件和建筑工程承包合同，对承包单位在施工质量、建设工期和建设资金使用等方面，代表建设单位实施监督。

1)工程监理人员认为工程施工不符合工程设计要求、施工技术标准和合同约定的，有权要求建筑施工企业改正。

2)工程监理人员发现工程设计不符合建筑工程质量标准或者合同约定的质量要求的，应当报告建设单位要求设计单位改正。

(4)实施建筑工程监理前，建设单位应当将委托的工程监理单位、监理的内容及监理权限，书面通知被监理的建筑施工企业。

(5)工程监理单位应当在其资质等级许可的监理范围内，承担工程监理业务。工程监理单位应当根据建设单位的委托，客观、公正地执行监理任务。

工程监理单位与被监理工程的承包单位以及建筑材料、建筑构配件和设备供应单位不得有隶属关系或者其他利害关系。

工程监理单位不得转让工程监理业务。

(6)工程监理单位不按照委托监理合同的约定履行监理义务，对应当监督检查的项目不检查或者不按照规定检查，给建设单位造成损失的，应当承担相应的赔偿责任。

工程监理单位与承包单位串通，为承包单位谋取非法利益，给建设单位造成损失的，应当与承包单位承担连带赔偿责任。

(六)建筑安全生产管理

(1)建筑工程安全生产管理必须坚持安全第一、预防为主、综合治理的方针，建立健全安全生产的责任制度和群防群治制度。

(2)建筑工程设计应当符合按照国家规定制定的建筑安全规程和技术规范，保证工程的安全性能。

(3)建筑施工企业在编制施工组织设计时，应当根据建筑工程的特点制定相应的安全技术措施；对专业性较强的工程项目，应当编制专项安全施工组织设计，并采取安全技术措施。

（4）建筑施工企业应当在施工现场采取维护安全、防范危险、预防火灾等措施；有条件的，应当对施工现场实行封闭管理。

施工现场对毗邻的建筑物、构筑物或特殊作业环境可能造成损害的，建筑施工企业应当采取安全防护措施。

（5）建设单位应当向建筑施工企业提供与施工现场相关的地下管线资料，建筑施工企业应当采取措施加以保护。

（6）建筑施工企业应当遵守有关环境保护和安全生产的法律、法规的规定，采取控制和处理施工现场的各种粉尘、废气、废水、固体废物，以及噪声、振动对环境的污染和危害的措施。

（7）有下列情形之一的，建设单位应当按照国家有关规定办理申请批准手续：

1）需要临时占用规划批准范围以外场地的；

2）可能损坏道路、管线、电力、邮电通信等公共设施的；

3）需要临时停水、停电、中断道路交通的；

4）需要进行爆破作业的；

5）法律、法规规定需要办理报批手续的其他情形。

（8）住房城乡建设主管部门负责建筑安全生产的管理，并依法接受劳动行政主管部门对建筑安全生产的指导和监督。

（9）建筑施工企业必须依法加强对建筑安全生产的管理，执行安全生产责任制度，采取有效措施，防止伤亡和其他安全生产事故的发生。建筑施工企业的法定代表人对本企业的安全生产负责。

（10）施工现场安全由建筑施工企业负责。实行施工总承包的，由总承包单位负责。分包单位向总承包单位负责，服从总承包单位对施工现场的安全生产管理。

（11）建筑施工企业应当建立健全劳动安全生产教育培训制度，加强对职工安全生产的教育培训；未经安全生产教育培训的人员，不得上岗作业。

（12）建筑施工企业和作业人员在施工过程中，应当遵守有关安全生产的法律、法规和建筑行业安全规章、规程，不得违章指挥或者违章作业。作业人员有权对影响人身健康的作业程序和作业条件提出改进意见，有权获得安全生产所需的防护用品。作业人员对危及生命安全和人身健康的行为有权提出批评、检举和控告。

（13）建筑施工企业应当依法为职工参加工伤保险缴纳工伤保险费。鼓励企业为从事危险作业的职工办理意外伤害保险，支付保险费。

（14）涉及建筑主体和承重结构变动的装修工程，建设单位应当在施工前委托原设计单位或者具有相应资质条件的设计单位提出设计方案；没有设计方案的，不得施工。

（15）房屋拆除应当由具备保证安全条件的建筑施工单位承担，由建筑施工单位负责人对安全负责。

（16）施工中发生事故时，建筑施工企业应当采取紧急措施减少人员伤亡和事故损失，并按照国家有关规定及时向有关部门报告。

【例1-17】（2019年真题）根据《建筑法》实施施工总承包的工程，由（　　）负责施工现场安全。

A. 总承包单位　　　　　　　　　　B. 具体施工的分包单位

C. 总承包单位的项目经理　　　　D. 分包单位的项目经理

【答案】　A

【例1-18】　(2017年真题)根据《建筑法》,关于建筑安全生产管理的说法,正确的是( )。

A. 要求企业为从事危险作业的职工办理意外伤害保险,支付保险费

B. 未经安全生产教育培训的人员,在相关人员的带领下可以上岗作业

C. 施工作业人员有权获得安全生产所需的防护用品

D. 建设单位涉及建筑主体和承重结构变动的装修工程,没有设计方案的按原方案施工

【答案】　C

(七)建筑工程质量管理

(1)建筑工程勘察、设计、施工的质量必须符合国家有关建筑工程安全标准的要求,具体管理办法由国务院规定。

有关建筑工程安全的国家标准不能适应确保建筑安全的要求时,应当及时修订。

(2)国家对从事建筑活动的单位推行质量体系认证制度。从事建筑活动的单位根据自愿原则可以向国务院产品质量监督管理部门或者国务院产品质量监督管理部门授权的部门认可的认证机构申请质量体系认证。经认证合格的,由认证机构颁发质量体系认证证书。

(3)建设单位不得以任何理由,要求建筑设计单位或者建筑施工企业在工程设计或者施工作业中,违反法律、行政法规和建筑工程质量、安全标准,降低工程质量。

建筑设计单位和建筑施工企业对建设单位违反前款规定提出的降低工程质量的要求,应当予以拒绝。

(4)建筑工程实行总承包的,工程质量由工程总承包单位负责,总承包单位将建筑工程分包给其他单位的,应当对分包工程的质量与分包单位承担连带责任。分包单位应当接受总承包单位的质量管理。

(5)建筑工程的勘察、设计单位必须对其勘察、设计的质量负责。勘察、设计文件应当符合有关法律、行政法规的规定和建筑工程质量、安全标准、建筑工程勘察、设计技术规范以及合同的约定。设计文件选用的建筑材料、建筑构配件和设备,应当注明其规格、型号、性能等技术指标,其质量要求必须符合国家规定的标准。

(6)建筑设计单位对设计文件选用的建筑材料、建筑构配件和设备,不得指定生产厂、供应商。

(7)建筑施工企业对工程的施工质量负责。建筑施工企业必须按照工程设计图纸和施工技术标准施工,不得偷工减料。工程设计的修改由原设计单位负责,建筑施工企业不得擅自修改工程设计。

(8)建筑施工企业必须按照工程设计要求、施工技术标准和合同的约定,对建筑材料、建筑构配件和设备进行检验,不合格的不得使用。

(9)建筑物在合理使用寿命内,必须确保地基基础工程和主体结构的质量。

建筑工程竣工时,屋顶、墙面不得留有渗漏、开裂等质量缺陷。对已发现的质量缺陷,建筑施工企业应当修复。

(10)交付竣工验收的建筑工程,必须符合规定的建筑工程质量标准,有完整的工程技术经济资料和经签署的工程保修书,并具备国家规定的其他竣工条件。

建筑工程竣工经验收合格后，方可交付使用；未经验收或者验收不合格的，不得交付使用。

（11）建筑工程实行质量保修制度。建筑工程的保修范围应当包括地基基础工程、主体结构工程、屋面防水工程和其他土建工程，以及电气管线、上下水管线的安装工程，供热、供冷系统工程等项目；保修的期限应当按照保证建筑物合理寿命年限内正常使用，维护使用者合法权益的原则确定。具体的保修范围和最低保修期限由国务院规定。

（12）任何单位和个人对建筑工程的质量事故、质量缺陷都有权向住房城乡建设主管部门或者其他有关部门进行检举、控告、投诉。

三、建设工程监理规范

《建设工程监理规范》（GB/T 50319—2013）分总则，术语，项目监理机构及其设施，监理规划及监理实施细则，工程质量、造价、进度控制及安全生产管理的监理工作，工程变更、索赔及施工合同争议处理，监理文件资料管理，设备采购与设备监造，相关服务共计 9 个部分，另附有施工阶段监理工作的基本表式。

《建设工程监理规范》

（一）总则

（1）为规范工程建设监理与相关服务行为，提高工程建设监理与相关服务水平，制定《建设工程监理规范》（GB/T 50319—2013）。

（2）《建设工程监理规范》（GB/T 50319—2013）适用新建、扩建、改建工程建设监理与相关服务活动。

（3）实施工程建设监理前，建设单位应委托具有相应资质的工程监理单位，并以书面形式与工程监理单位订立工程建设监理合同，合同中应包括监理工作的范围、内容、服务期限和酬金，以及双方的义务、违约责任等相关条款。

在订立工程建设监理合同时，建设单位将勘察、设计、保修阶段等相关服务一并委托的，应在合同中明确相关服务的工作范围、内容、服务期限和酬金等相关条款。

（4）工程开工前，建设单位应将工程监理单位的名称，监理的范围、内容和权限及总监理工程师的姓名书面通知施工单位。

（5）在工程建设监理工作范围内，建设单位与施工单位之间涉及施工合同的联系活动，应通过工程监理单位进行。

（6）实施工程建设监理应遵循下列主要依据：

1）法律法规及工程建设标准；

2）建设工程勘察设计文件；

3）工程建设监理合同及其他合同文件。

（7）工程建设监理应实行总监理工程师负责制。

（8）工程建设监理宜实施信息化管理。

（9）工程监理单位应公平、独立、诚信、科学地开展工程建设监理与相关服务活动。

（10）工程建设监理与相关服务活动，除应符合《建设工程监理规范》（GB/T 50319—2013）外，还应符合国家现行有关标准的规定。

(二)术语

(1)工程监理单位。依法成立并取得建设主管部门颁发的工程监理企业资质证书,从事工程建设监理与相关服务活动的服务机构。

(2)建设工程监理。工程监理单位受建设单位委托,根据法律法规、工程建设标准、勘察设计文件及合同,在施工阶段对建设工程质量、造价、进度进行控制,对合同、信息进行管理,对工程建设相关方的关系进行协调,并履行建设工程安全生产管理法定职责的服务活动。

(3)相关服务。工程监理单位受建设单位委托,按照工程建设监理合同约定,在建设工程勘察、设计、保修等阶段提供的服务活动。

(4)项目监理机构。工程监理单位派驻的负责履行工程建设监理合同的组织机构。

(5)注册监理工程师。取得国务院建设主管部门颁发的《中华人民共和国注册监理工程师注册执业证书》和执业印章,从事工程建设监理与相关服务等活动的人员。

(6)总监理工程师。由工程监理单位法定代表人书面任命,负责履行工程建设监理合同、主持项目监理机构工作的注册监理工程师。

(7)总监理工程师代表。经工程监理单位法定代表人同意,由总监理工程师书面授权,代表总监理工程师行使其部分职责和权力,具有工程类注册执业资格或具有中级及以上专业技术职称、3年及以上工程实践经验并经监理业务培训的人员。

(8)专业监理工程师。由总监理工程师授权,负责实施某一专业或某一岗位的监理工作,有相应监理文件签发权,具有工程类注册执业资格或具有中级及以上专业技术职称、2年及以上工程实践经验并经监理业务培训的人员。

(9)监理员。从事具体监理工作,具有中专及以上学历并经过监理业务培训的人员。

(10)监理规划。项目监理机构全面开展工程建设监理工作的指导性文件。

(11)监理实施细则。针对某一专业或某一方面工程建设监理工作的操作性文件。

(12)工程计量。根据工程设计文件及施工合同约定,项目监理机构对施工单位申报的合格工程的工程量进行的核验。

(13)旁站。项目监理机构对工程的关键部位或关键工序的施工质量进行的监督活动。

(14)巡视。项目监理机构对施工现场进行的定期或不定期的检查活动。

(15)平行检验。项目监理机构在施工单位自检的同时,按有关规定、建设工程监理合同约定对同一检验项目进行的检测试验活动。

(16)见证取样。项目监理机构对施工单位进行的涉及结构安全的试块、试件及工程材料现场取样、封样、送检工作的监督活动。

(17)工程延期。由于非施工单位原因造成合同工期延长的时间。

(18)工程延误。由于施工单位自身原因造成施工期延长的时间。

(19)工程临时延期批准。发生非施工单位原因造成的持续性影响工期事件时所作出的临时延长合同工期的批准。

(20)工程最终延期批准。发生非施工单位原因造成的持续性影响工期事件时所作出的最终延长合同工期的批准。

(21)监理日志。项目监理机构每日对工程建设监理工作及施工进展情况所做的记录。

(22)监理月报。项目监理机构每月向建设单位提交的工程建设监理工作及建设工程实施情况等分析总结报告。

(23)设备监造。项目监理机构按照工程建设监理合同和设备采购合同约定，对设备制造过程进行的监督检查活动。

(24)监理文件资料。工程监理单位在履行工程建设监理合同过程中形成或获取的，以一定形式记录、保存的文件资料。

【例1-19】（2019年真题）根据《建设工程监理规范》（GB/T 50319-2013），专业监理工程师应由具有中级以上专业技术职称、（　　）年及以上工程实践经验并经监理业务培训的人员担任。

A. 1　　　　　　B. 2　　　　　　C. 3　　　　　　D. 5

【答案】　B

(三)项目监理机构及其设施

该部分内容包括项目监理机构、监理人员职责和监理设施。

1. 项目监理机构

(1)关于项目监理机构建立时间、地点及撤离时间的规定。

(2)决定项目监理机构组织形式、规模的因素。

(3)项目监理机构人员配备以及监理人员资格要求的规定。

(4)项目监理机构的组织形式、人员构成及对总监理工程师的任命应书面通知建设单位，以及监理人员变化的有关规定。

2. 监理人员职责

《建设工程监理规范》（GB/T 50319—2013)规定了总监理工程师、专业监理工程师和监理员的职责。

3. 监理设施

(1)建设单位应按照工程监理合同约定，提供监理工作需要的办公、交通、通信、生活等设施。项目监理机构应妥善使用和保管建设单位提供的设施，并应按建设工程监理合同约定的时间移交建设单位。

(2)项目监理机构宜按委托监理合同的约定，配备满足监理工作需要的检测设备和工具。

(四)监理规划及监理实施细则

1. 监理规划

监理规划规定了监理规划的编制要求、编制程序与依据、主要内容及调整修改等。

2. 监理实施细则

监理实施细则规定了监理实施细则编写要求、编写程序与依据、主要内容等。

(五)工程质量、造价、进度控制及安全生产管理的监理工作

1. 一般规定

制定监理工作程序应根据专业工程特点，应体现事前控制和主动控制的要求，应注重工作效果，应明确工作内容、行为主体、考核标准、工作时限，应符合委托监理合同和施工合同，应根据实际情况的变化对程序进行调整和完善。

2. 工程质量控制工作

工程质量控制工作规定了项目监理机构工程质量控制的工作内容：项目监理机构的审

查；总监理工程师审查施工方案的程序和内容；使用新材料、新工艺、新技术、新设备的控制措施；对承包单位实验室的考核；对拟进场的工程材料、构配件和设备的控制措施；直接影响工程质量的计量设备技术状况的定期检查；对施工过程进行巡视和检查；旁站监理的内容；审核、签认分项工程、分部工程、单位工程的质量验评资料；对施工过程中出现的质量缺陷应采取的措施；发现施工中存在重大质量隐患应及时下达工程暂停令，整改完毕并符合规定要求应及时签署工程复工令；质量事故的处理等。

3. 工程造价控制工作

工程造价控制工作规定了项目监理机构工程量及进度款支付申请进行审核、支付的程序和要求，明确了工程款支付报审表和工程款支付证书的表式，明确了项目监理机构进行完成工程量统计及实际完成量与计价完成量比较分析的职责。项目监理机构应按有关工程结算规定及施工合同约定对竣工结算进行审核。

4. 工程进度控制工作

工程进度控制工作规定了项目监理机构进行工程进度控制的程序，同时，规定了工程进度控制的主要工作：审查承包单位报送的施工进度计划；制定进度控制方案，对进度目标进行风险分析，制定防范性对策；检查进度计划的实施，并根据实际情况采取措施；在监理月报中向建设单位报告工程进度及有关情况，并提出预防由建设单位原因导致工程延期及相关费用索赔的建议等。

5. 安全生产管理的监理工作

安全生产管理的监理工作明确了项目监理机构履行建设工程安全生产管理法定职责的法律依据，还明确在监理规划和监理实施细则中应纳入安全生产管理的监理工作内容、方法和措施，明确项目监理机构审查专项施工方案的内容、程序和要求，明确监理机构对专项施工方案实施过程进行控制的职责，明确监理报告的表式。

（六）工程变更、索赔及施工合同争议处理

1. 工程暂停和复工

工程暂停和复工规定了签发工程暂停令的根据；签发工程暂停令的适用情况；签发工程暂停令应做好的相关工作（确定停工范围、工期和费用的协商等）；及时签署工程复工报审表等。

2. 工程变更的管理

工程变更管理的内容包括项目监理机构处理工程变更的程序；处理工程变更的基本要求；总监理工程师未签发工程变更，承包单位不得实施工程变更的规定；未经总监理工程师审查同意而实施的工程变更，项目监理机构不得予以计量的规定。

3. 费用索赔的处理

费用索赔的处理的内容包括处理费用索赔的依据；项目监理机构受理承包单位提出的费用索赔应满足的条件；处理承包单位向建设单位提出费用索赔的程序；应当综合做出费用索赔和工程延期的条件；处理建设单位向承包单位提出索赔时，对总监理工程师的要求。

4. 工程延期及工程延误的处理

工程延期及工程延误处理的内容包括受理工程延期的条件；批准工程临时延期和最终延期的规定；做出工程延期应与建设单位和承包单位协商的规定；批准工程延期的依据；工期延误的处理规定。

5. 施工合同争议的调解

施工合同争议调解的内容包括项目监理机构接到合同争议的调解要求后应进行的工作；合同争议双方必须执行总监理工程师签发的合同争议调解意见的有关规定；项目监理机构应公正地向仲裁机关或法院提供与争议有关的证据。

6. 施工合同的解除

施工合同解除的内容包括合同解除必须符合法律程序；因建设单位违约导致施工合同解除时，项目监理机构确定承包单位应得款项的有关规定；因承包单位违约导致施工合同终止后，项目监理机构清理承包单位的应得款，或偿还建设单位的相关款项应遵循的工作程序；因不可抗力或非建设单位、承包单位原因导致施工合同终止时，项目监理机构应按施工合同规定处理有关事宜。

（七）监理文件资料管理

（1）施工阶段监理资料应包括的内容。

（2）施工阶段监理月报应包括的内容，以及编写和报送的有关规定。

（3）监理工作总结应包括的内容等有关规定。

（4）关于监理资料的管理事宜。

（八）设备采购与设备监造

（1）设备采购监理工作包括组建项目监理机构；编制设备采购方案、采购计划；组织市场调查，协助建设单位选择设备供应单位；协助建设单位组织设备采购招标或进行设备采购的技术及商务谈判；参与设备采购订货合同的谈判，协助建设单位起草及签订设备采购合同；采购监理工作结束，总监理工程师应组织编写监理工作总结。

（2）设备监造监理工作包括组建设备监造的项目监理机构；熟悉设备制造图纸及有关技术说明，并参加设计交底；编制设备监造规划；审查设备制造单位生产计划和工艺方案；审查设备制造分包单位资质；审查设备制造的检验计划、检验要求等20项工作。

（3）设备采购监理与设备监造的监理资料。

（九）相关服务

工程监理单位应根据建设工程监理合同约定的相关服务范围，开展相关服务工作，编制相关服务工作计划。工程监理单位应按规定汇总整理、分类归档相关服务工作的文件资料。

四、《建设工程监理与相关服务收费标准》的主要内容

为规范建设工程监理及相关服务收费行为，维护委托方和受托方合法权益，促进建设工程监理行业健康发展，国家发展和改革委员会、建设部于2007年3月发布了《建设工程监理与相关服务收费管理规定》，明确了建设工程监理与相关服务收费标准。

（一）建设工程监理及相关服务收费的一般规定

建设工程监理及相关服务收费根据工程项目的性质不同，分别实行政府指导价或市场调节价。依法必须实行监理的工程，监理收费实行政府指导价；其他工程的监理收费与相关服务收费实行市场调节价。

《建设工程监理
与相关服务
收费管理规定》

实行政府指导价的建设工程监理收费，其基准价根据《建设工程监理与相关服务收费标准》计算，浮动幅度为上下20%。建设单位和工程监理单位应当根据建设工程的实际情况在规定的浮动幅度内协商确定收费额。实行市场调节价的建设工程监理与相关服务收费，由建设单位和工程监理单位协商确定收费额。

建设工程监理与相关服务收费，应当体现优质优价的原则。在保证工程质量的前提下，由于建设工程监理与相关服务节省投资、缩短工期、取得显著经济效益的，建设单位可根据合同约定奖励工程监理单位。

(二)工程监理与相关服务计费方式

铁路、水运、公路、水电、水库工程监理服务收费按建筑安装工程费分档定额计费方式计算收费。其他建设工程监理服务收费按照工程概算投资额分档定额计费方式计算收费。

(1)建设工程监理服务收费的计算。建设工程监理服务收费按式(1-1)计算：

建设工程监理服务收费＝建设工程监理服务收费基准价×(1±浮动幅度值)　　(1-1)

(2)建设工程监理服务收费基准价的计算。建设工程监理服务收费基准价是按照收费标准计算出的建设工程监理服务基准收费额，建设单位与工程监理单位根据工程实际情况，在规定的浮动幅度范围内协商确定建设工程监理服务收费合同额。

建设工程监理服务收费基准价＝建设工程监理服务收费基价×专业调整系数×
工程复杂程度调整系数×高程调整系数　　　　　(1-2)

1)工程监理服务收费基价。建设工程监理服务收费基价是完成法律法规、行业规范规定的建设工程监理服务内容的酬金。建设工程监理服务收费基价按表1-1确定，计费额处于两个数值区间的，采用直线内插法确定建设工程监理服务收费基价。

表1-1　建设工程监理服务收费基价　　　　　　　　　　元

序号	计费额	收费基价
1	500	16.5
2	1 000	30.1
3	3 000	78.1
4	5 000	120.8
5	8 000	181.0
6	10 000	218.6
7	20 000	393.4
8	40 000	708.2
9	60 000	991.4
10	80 000	1 255.8
11	100 000	1 507.0
12	200 000	2 712.5
13	400 000	4 882.6
14	600 000	6 835.6

序号	计费额	收费基价
15	800 000	8 658.4
16	1 000 000	10 390.1

注：计费额大于 1 000 000 万元的，以计费额乘以 1.039% 的收费率计算收费基价。其他未包含的收费由双方协商议定。

2) 建设工程监理服务收费调整系数。建设工程监理服务收费标准的调整系数包括专业调整系数、工程复杂程度调整系数和高程调整系数。

① 专业调整系数是对不同专业工程的监理工作复杂程度和工作量差异进行调整的系数。计算建设工程监理服务收费时，专业调整系数在表 1-2 中查找确定。

表 1-2　建设工程监理服务收费专业调整系数

工程类型	专业调整系数
1. 矿山采选工程	
黑色、有色、黄金、化学、非金属及其他矿采选工程	0.9
选煤及其他煤炭工程	1.0
矿井工程、铀矿采选工程	1.1
2. 加工冶炼工程	
冶炼工程	0.9
船舶水工工程	1.0
各类加工工程	1.0
核加工工程	1.2
3. 石油化工工程	
石油工程	0.9
化工、石化、化纤、医药工程	1.0
核化工工程	1.2
4. 水利电力工程	
风力发电、其他水利工程	0.9
火电工程、送变电工程	1.0
核能、水电、水库工程	1.2
5. 交通运输工程	
机场道路、助航灯光工程	0.9
铁路、公路、城市道路、轻轨及机场空管工程	1.0
水运、地铁、桥梁、隧道、索道工程	1.1
6. 建筑市政工程	
园林绿化工程	0.8
建筑、人防、市政公用工程	1.0
邮电、电信、广播电视工程	1.0

工程类型	专业调整系数
7. 农业林业工程	
农业工程	0.9
林业工程	0.9

②工程复杂程度调整系数是对同一专业工程的监理复杂程度和工作量差异进行调整的系数。工程复杂程度分为一般、较复杂和复杂三个等级，其调整系数：一般（Ⅰ级）0.85；较复杂（Ⅱ级）1.0；复杂（Ⅲ级）1.15。计算建设工程监理服务收费时，工程复杂程度在相应章节的《工程复杂程度表》中查找确定。

③高程调整系数如下：

a. 海拔高程 2 001 m 以下的为 1；

b. 海拔高程 2 001～3 000 m 为 1.1；

c. 海拔高程 3 001～3 500 m 为 1.2；

d. 海拔高程 3 501～4 000 m 为 1.3；

e. 海拔高程 4 001 m 以上的，高程调整系数由发包人和监理人协商确定。

(3)建设工程监理服务收费的计费额。建设工程监理服务收费以工程概算投资额分档定额计费方式收费的，其计费额为工程概算中的建筑安装工程费、设备购置费和联合试运转费之和，即工程概算投资额。对设备购置费和联合试运转费占工程概算投资额 40% 以上的工程项目，其建筑安装工程费全部计入计费额，设备购置费和联合试运转费按 40% 的比例计入计费额。但其计费额不应小于建筑安装工程费与其相同且设备购置费和联合试运转费等于工程概算投资额 40% 的工程项目的计费额。

工程中有利用原有设备并进行安装调试服务的，以签订建设工程监理合同时同类设备的当期价格作为建设工程监理服务收费的计费额；工程中有缓配设备的，应扣除签订建设工程监理合同时同类设备的当期价格作为建设工程监理服务收费的计费额；工程中有引进设备的，按照购进设备的离岸价格折换成人民币作为建设工程监理服务收费的计费额。

本章小结

工程建设监理制度是适应社会主义市场经济体制而产生和发展的现代化建设管理体制，是工程建设在建设程序中的一项重要环节。本章主要介绍了工程建设监理的基本概念，工程建设程序和工程建设管理制度，工程建设监理相关法律、法规、规范与收费标准。

思考与练习

一、填空题

1. _____ 得越好，目标控制的基础就越牢，目标控制的前提条件也就越充分。

2. 组织协调包括项目监理组织内部_____、_____之间的协调。

3. 一般建设项目实行两个阶段的设计，即_____和_____。

4. _____是指工程项目从基本项目决策、设计、施工到竣工验收整个过程中的各个阶段及其先后次序。

5. 可行性研究的阶段分为_____、_____、_____及_____。

6. _____是指由全国人民代表大会及其常务委员会通过的规范工程建设活动的法律法规，由国家主席签署主席令予以公布。

7. _____是指由国务院根据宪法和法律制定的规范工程建设活动的各项法规，由总理签署国务院令予以公布。

8. 住房城乡建设主管部门应当自收到申请之日起_____内，对符合条件的申请颁发施工许可证。

9. 项目监理机构对施工现场进行的定期或不定期的检查活动称为_____。

10. 项目监理机构每日对工程建设监理工作及施工进展情况所做的记录称为_____。

二、选择题

1. 工程监理企业应当由足够数量的有丰富管理经验和应变能力的监理工程师组成骨干队伍，这是建设工程监理（　　）的具体表现。

A. 服务性　　　　B. 科学性　　　　C. 独立性　　　　D. 公正性

2. 根据《建设工程监理范围和规模标准规定》，下列建设工程中，不属于必须实行监理的是（　　）。

A. 总投资额为 1 亿元的服装厂改建项目

B. 总投资为 499 万美元的联合国环境署援助项目

C. 总投资额为 2 500 万元的垃圾处理项目

D. 建筑面积为 40 000 m² 的住宅建设项目

3. 工程监理单位应当选派具备相应资格的（　　）进驻施工现场。

A. 建造师和专业监理工程师

B. 总监理工程师和监理工程师

C. 施工单位负责人

D. 专业监理工程师和监理工程师代表

4. 作为一种科学的工程项目管理制度，监理工作的规范化体现不包括（　　）方面。

A. 工作的突发性　　　　　　　　B. 职责分工的严密性

C. 工作目标的确定性　　　　　　D. 工作过程系统化

5. 从事建筑活动的建筑施工企业、勘察单位、设计单位和工程监理单位，应当具备的条件不包括（　　）。

A. 有符合国家规定的注册资本

B. 有与其从事的建筑活动相适应的具有法定执业资格的专业技术人员

C. 有保证工程质量和安全的具体措施

D. 法律、行政法规规定的其他条件

6. 项目监理机构对工程的关键部位或关键工序的施工质量进行的监督活动称为（　　）。

A. 旁站　　　　B. 巡视　　　　C. 平行检验　　　　D. 监理

三、简答题

1. 什么是工程建设监理？简述其概念和要点。
2. 工程建设监理的作用包括哪些？
3. 工程建设监理的应遵循哪些原则？
4. 监理工程师在合同管理中应当着重于哪几个方面的工作？

第二章　工程监理企业与注册监理工程师

教学内容	第一节　工程监理企业 第二节　注册监理工程师	学时	4
教学目标	(1)熟悉工程监理企业的资质等级和业务范围、资质申请和审批、监督管理等内容；掌握工程建设监理企业的组织形式。 (2)熟悉监理工程师的法律责任；掌握监理工程师资格考试科目及报考条件、监理工程师注册形式及工程监理企业资质管理的要求		
关键词	工程监理企业　注册监理工程师		
重点	监理工程师资格考试，监理工程师注册，注册监理工程师执业和继续教育		
能力目标	(1)能指出我国的工程建设监理企业可以存在的企业组织形式。 (2)能描述工程建设监理企业的资质等级和设立条件。 (3)能熟知工程建设监理企业资质管理机构的职责。 (4)能熟练掌握监理工程师执业资格考试的相关规定。 (5)能按规定程序进行监理工程师的注册		
素质目标	(1)监理工程师要博学多识、通情达理、有合作精神，能正确处理人际关系。 (2)要善于应变、善于预测、处事果断，能对实施情况进行决策。 (3)要尊贤爱才、宽容大度，善于组织，充分发挥每个人的才能。 (4)要勇于负责，敢于创新，敢于承担风险		

导入案例

　　王某是 HS 监理公司的人力资源部主管，负责公司资质维护管理和人员的配置管理工作。HS 监理公司注册资本 500 万元，具有房屋建筑工程甲级、水利水电工程甲级、市政公用工程甲级、电力工程乙级、公路工程丙级和机电安装工程乙级资质，公司业绩成长较好，监理的项目没有出现过安全事故和质量事故，公司决定两年内把企业资质申请升级为综合级资质，并将该任务交给王某负责。于是，王某做了以下准备工作：

　　(1)组织公司内部的电力工程专业、公路工程专业的员工培训，参加国家监理工程师资格考试。

　　(2)向市场打出招聘广告，招聘具有注册监理工程师资格的人员加盟 HS 公司。

(3)申请将公司的注册资本扩资到 800 万元。

(4)对公司原有注册监理工程师进行继续教育，延续注册。

(5)向公司所在地的住房城乡建设主管部门提出综合甲级的申请。

【讨论】

1. 申请监理企业综合级资质需要什么条件？

2. 王某的工作有什么不够充分或不妥的地方？

【分析】

1. 申请监理企业综合级资质需要的条件：

(1)具有独立法人资格且注册资本不少于 600 万元。

(2)企业技术负责人应为注册监理工程师，并具有 15 年以上从事工程建设工作的经历或者具有工程类高级职称。

(3)具有 5 个以上工程类别的专业甲级工程监理资质。

(4)注册监理工程师不少于 60 人，注册造价工程师不少于 5 人，一级注册建造师、一级注册建筑师、一级注册结构工程师或者其他勘察设计注册工程师合计不少于 15 人。

(5)企业具有完善的组织结构和质量管理体系，有健全的技术、档案管理制度。

(6)企业具有必要的工程试验检测设备。

(7)申请工程监理资质之日前一年内没有规定禁止的行为。

(8)申请工程监理资质之日前一年内没有因本企业监理责任造成重大质量事故。

(9)申请工程监理资质之日前一年内没有因本企业监理责任发生生产安全事故。

2. 王某的工作有以下不够充分或不妥的地方：

(1)王某组织培训的员工以主要的 5 个申请甲级资质的专业人员为主，在本案例中，由于公路工程的资质为丙级，升级为甲级没有机电安装工程专业条件好。

(2)升为综合甲级的人员条件中，除监理工程师外，还需要注册造价工程师、注册建造师、一级注册建筑师、一级注册结构师或其他勘察设计注册工程师，所以，招聘的人员要全面。

(3)申请将公司的注册资本扩资到 800 万元没有必要，注册资本不少于 600 万元即可。

(4)申请综合甲级应该向企业工商注册所在地的省、自治区、直辖市人民政府建设主管部门提出。

第一节　工程监理企业

工程监理企业是指依法成立并取得住房城乡建设主管部门颁发的工程监理企业资质证书，从事建设工程监理与相关服务活动的机构。

一、工程建设监理企业的组织形式

根据《中华人民共和国公司法》(以下简称《公司法》),对于公司制工程监理企业,主要有两种形式,即有限责任公司和股份有限公司。

(一)有限责任公司

1. 公司设立条件

有限责任公司由 50 个以下股东出资设立。设立有限责任公司,应当具备下列条件:

(1)股东符合法定人数;

(2)有符合公司章程规定的全体股东认缴的出资额;

(3)股东共同制定公司章程;

(4)有公司名称,建立符合有限责任公司要求的组织机构;

(5)有公司住所。

2. 公司注册资本

有限责任公司的注册资本为在公司登记机关登记的全体股东认缴的出资额。法律、行政法规及国务院决定对有限责任公司注册资本实缴、注册资本最低限额另有规定的,从其规定。

3. 公司组织机构

(1)股东会。有限责任公司股东会由全体股东组成。股东会是公司的权力机构,依照《公司法》行使职权。

(2)董事会。有限责任公司设董事会,其成员为 3~13 人。股东人数较少或者规模较小的有限责任公司,可以设一名执行董事,不设董事会。执行董事可以兼任公司经理。

(3)经理。有限责任公司可以设经理,由董事会决定聘任或者解聘。经理对董事会负责,行使公司管理职权。

(4)监事会。有限责任公司设监事会,其成员不得少于 3 人。股东人数较少或者规模较小的有限责任公司,可以设 1 至 2 名监事,不设监事会。

(二)股份有限公司

股份有限公司的设立,可以采取发起设立或者募集设立的方式。发起设立是指由发起人认购公司应发行的全部股份而设立公司。募集设立是指由发起人认购公司应发行股份的一部分,其余股份向社会公开募集或者向特定对象募集而设立公司。

1. 公司设立条件

设立股份有限公司,应当有 2 人以上、200 人以下为发起人,其中须有半数以上的发起人在中国境内有住所。设立股份有限公司,应当具备下列条件:

(1)发起人符合法定人数;

(2)有符合公司章程规定的全体发起人认购的股本总额或者募集的实收股本总额;

(3)股份发行、筹办事项符合法律规定;

(4)发起人制定公司章程,采用募集方式设立的经创立大会通过;

(5)有公司名称,建立符合股份有限公司要求的组织机构;

(6)有公司住所。

2. 公司注册资本

股份有限公司采取发起设立方式设立的，注册资本为在公司登记机关登记的全体发起人认购的股本总额。在发起人认购的股份缴足前，不得向他人募集股份。股份有限公司采取募集方式设立的，注册资本为在公司登记机关登记的实收股本总额。法律、行政法规及国务院决定对股份有限公司注册资本实缴、注册资本最低限额另有规定的，从其规定。

3. 公司组织机构

（1）股东大会。股份有限公司股东大会由全体股东组成。股东大会是公司的权力机构，依照《公司法》行使职权。

（2）董事会。股份有限公司设董事会，其成员为5～19人。上市公司需要设立独立董事和董事会秘书。

（3）经理。股份有限公司设经理，由董事会决定聘任或者解聘。公司董事会可以决定由董事会成员兼任经理。

（4）监事会。股份有限公司设监事会，其成员不得少于3人。

【例2-1】 （2014年真题）下列公司设立条件中，不属于股份有限公司设立条件的是（　）。

A. 有公司住所

B. 股东出资达到法定资本最低限额

C. 股份发行、筹办事项符合法律规定

D. 发起人符合法定人数

【答案】　B

二、工程监理企业资质管理

《工程监理企业资质管理规定》明确了工程监理企业的资质等级和业务范围、资质申请和审批、监督管理等内容。

（一）工程监理企业资质等级和业务范围

1. 综合资质标准

（1）具有独立法人资格且具有符合国家有关规定的资产。

（2）企业技术负责人应为注册监理工程师，并具有15年以上从事工程建设工作的经历或者具有工程类高级职称。

（3）具有5个以上工程类别的专业甲级工程监理资质。

（4）注册监理工程师不少于60人，注册造价工程师不少于5人，一级注册建造师、一级注册建筑师、一级注册结构工程师或者其他勘察设计注册工程师合计不少于15人。

（5）企业具有完善的组织结构和质量管理体系，有健全的技术、档案等管理制度。

（6）企业具有必要的工程试验检测设备。

（7）申请工程监理资质之日前一年内工程监理企业不得有下列行为：

1）与建设单位串通投标或者与其他工程监理企业串通投标，以行贿手段谋取中标；

2）与建设单位或者施工单位串通，弄虚作假、降低工程质量；

3）将不合格的建设工程、建筑材料、建筑构配件和设备按照合格签字；

4）超越本企业资质等级或以其他企业名义承揽监理业务；

5)允许其他单位或个人以本企业的名义承揽工程；

6)将承揽的监理业务转包；

7)在监理过程中实施商业贿赂；

8)涂改、伪造、出借、转让工程监理企业资质证书；

9)其他违反法律法规的行为。

(8)申请工程监理资质之日前一年内没有因本企业监理责任造成重大质量事故。

(9)申请工程监理资质之日前一年内没有因本企业监理责任发生三级以上工程建设重大安全事故或者发生两起以上四级工程建设安全事故。

2. 专业资质标准

(1)甲级。

1)具有独立法人资格且具有符合国家有关规定的资产。

2)企业技术负责人应为注册监理工程师，并具有15年以上从事工程建设工作的经历或者具有工程类高级职称。

3)注册监理工程师、注册造价工程师、一级注册建造师、一级注册建筑师、一级注册结构工程师或者其他勘察设计注册工程师合计不少于25人；其中，相应专业注册监理工程师不少于《专业资质注册监理工程师人数配备表》中要求配备的人数，注册造价工程师不少于2人。

4)企业近2年内独立监理过3个以上相应专业的二级工程项目，但是，具有甲级设计资质或一级及以上施工总承包资质的企业申请本专业工程类别甲级资质的除外。

5)企业具有完善的组织结构和质量管理体系，有健全的技术、档案等管理制度。

6)企业具有必要的工程试验检测设备。

7)申请工程监理资质之日前一年内不得有违反"综合资质标准"的行为。

8)申请工程监理资质之日前一年内没有因本企业监理责任造成重大质量事故。

9)申请工程监理资质之日前一年内没有因本企业监理责任发生三级以上工程建设重大安全事故或者发生两起以上四级工程建设安全事故。

(2)乙级。

1)具有独立法人资格且具有符合国家有关规定的资产。

2)企业技术负责人应为注册监理工程师，并具有10年以上从事工程建设工作的经历。

3)注册监理工程师、注册造价工程师、一级注册建造师、一级注册建筑师、一级注册结构工程师或者其他勘察设计注册工程师合计不少于15人。其中，相应专业注册监理工程师不少于《专业资质注册监理工程师人数配备表》中要求配备的人数，注册造价工程师不少于1人。

4)有较完善的组织结构和质量管理体系，有技术、档案等管理制度。

5)有必要的工程试验检测设备。

6)申请工程监理资质之日前一年内没有违反"综合资质标准"的行为。

7)申请工程监理资质之日前一年内没有因本企业监理责任造成重大质量事故。

8)申请工程监理资质之日前一年内没有因本企业监理责任发生三级以上工程建设重大安全事故或者发生两起以上四级工程建设安全事故。

(3)丙级。

1)具有独立法人资格且具有符合国家有关规定的资产。

2)企业技术负责人应为注册监理工程师,并具有 8 年以上从事工程建设工作的经历。

3)相应专业的注册监理工程师不少于《专业资质注册监理工程师人数配备表》中要求配备的人数。

4)有必要的质量管理体系和规章制度。

5)有必要的工程试验检测设备。

(4)事务所资质标准。

1)取得合伙企业营业执照,具有书面合伙协议书。

2)合伙人中有 3 名以上注册监理工程师,合伙人均有 5 年以上从事建设工程监理的工作经历。

3)有固定的工作场所。

4)有必要的质量管理体系和规章制度。

5)有必要的工程试验检测设备。

3. **工程监理企业资质相应许可的业务范围**

(1)综合资质。可以承担所有专业工程类别建设工程项目的工程监理业务。

(2)专业资质。

1)专业甲级资质。可承担相应专业工程类别建设工程项目的工程监理业务。

2)专业乙级资质。可承担相应专业工程类别二级以下(含二级)建设工程项目的工程监理业务。

3)专业丙级资质。可承担相应专业工程类别三级建设工程项目的工程监理业务。

(3)事务所资质。可承担三级建设工程项目的工程监理业务,但是,国家规定必须实行强制监理的工程除外。

工程监理企业可以开展相应类别建设工程的项目管理、技术咨询等业务。

(二)工程监理企业资质申请与审批

1. **资质申请**

申请综合资质、专业甲级资质的,可以向企业工商注册所在地的省、自治区、直辖市人民政府住房城乡建设主管部门提交申请材料。省、自治区、直辖市人民政府住房城乡建设主管部门收到申请材料后,应当在 5 日内将全部申请材料报审批部门。国务院住房城乡建设主管部门在收到申请材料后,应当依法做出是否受理的决定,并出具凭证;申请材料不齐全或者不符合法定形式的,应当在 5 日内一次性告知申请人需要补正的全部内容。逾期不告知的,自收到申请材料之日起即为受理。企业申请工程监理企业资质,在资质许可机关的网站或审批平台提出申请事项,提交专业技术人员、技术装备和已完成业绩等电子材料。

工程监理企业资质证书分为正本和副本,每套资质证书包括一本正本,四本副本。正、副本具有同等法律效力。工程监理企业资质证书的有效期为 5 年。工程监理企业资质证书由国务院住房城乡建设主管部门统一印制并发放。

2. **资质审批**

国务院住房城乡建设主管部门应当自受理之日起 20 日内做出审批决定。自做出决定之日起 10 日内公告审批结果。其中,涉及铁路、交通、水利、通信、民航等专业工程监理资质的,由国务院住房城乡建设主管部门送国务院有关部门审核。国务院有关部门应当在

15 日内审核完毕，并将审核意见报国务院住房城乡建设主管部门。专业乙级、丙级资质和事务所资质由企业所在地省、自治区、直辖市人民政府住房城乡建设主管部门审批。

资质有效期届满，工程监理企业需要继续从事工程监理活动的，应当在资质证书有效期届满 60 日前，向原资质许可机关申请办理延续手续。对在资质有效期内遵守有关法律、法规、规章、技术标准，信用档案中无不良记录，且专业技术人员满足资质标准要求的企业，经资质许可机关同意，有效期延续 5 年。

工程监理企业在资质证书有效期内名称、地址、注册资本、法定代表人等发生变更的，应当在工商行政管理部门办理变更手续后 30 日内办理资质证书变更手续。涉及综合资质、专业甲级资质证书中企业名称变更的，由国务院住房城乡建设主管部门负责办理，并自受理申请之日起 3 日内办理变更手续。

前款规定以外的资质证书变更手续，由省、自治区、直辖市人民政府住房城乡建设主管部门负责办理。省、自治区、直辖市人民政府住房城乡建设主管部门应当自受理申请之日起 3 日内办理变更手续，并在办理资质证书变更手续后 15 日内将变更结果报国务院住房城乡建设主管部门备案。

申请资质证书变更，应当提交以下材料：

(1)资质证书变更的申请报告；

(2)企业法人营业执照副本原件；

(3)工程监理企业资质证书正、副本原件。

工程监理企业改制的，除前款规定材料外，还应当提交企业职工代表大会或股东大会关于企业改制或股权变更的决议、企业上级主管部门关于企业申请改制的批复文件。

(三)工程监理企业监督管理

县级以上人民政府住房城乡建设主管部门和其他有关部门应当依照有关法律、法规和《工程监理企业资质管理规定》，加强对工程监理企业资质的监督管理。

1. 监督检查措施和职责

住房城乡建设主管部门履行监督检查职责时，有权采取下列措施：

(1)要求被检查单位提供工程监理企业资质证书、注册监理工程师注册执业证书，有关工程监理业务的文档，有关质量管理、安全生产管理、档案管理等企业内部管理制度的文件。

(2)进入被检查单位进行检查，查阅相关资料。

(3)纠正违反有关法律、法规及有关规范和标准的行为。

住房城乡建设主管部门进行监督检查时，应当有两名以上监督检查人员参加，并出示执法证件，不得妨碍被检查单位的正常经营活动，不得索取或者收受财物、谋取其他利益。有关单位和个人对依法进行的监督检查应当协助与配合，不得拒绝或者阻挠。监督检查机关应当将监督检查的处理结果向社会公布。

2. 撤销工程监理企业资质的情形

工程监理企业有下列情形之一的，资质许可机关或者其上级机关，根据利害关系人的请求或者依据职权，可以撤销工程监理企业资质：

(1)资质许可机关工作人员滥用职权、玩忽职守做出准予工程监理企业资质许可的；

(2)超越法定职权做出准予工程监理企业资质许可的；

(3)违反资质审批程序做出准予工程监理企业资质许可的；

(4)对不符合许可条件的申请人做出准予工程监理企业资质许可的；

(5)依法可以撤销资质证书的其他情形。

以欺骗、贿赂等不正当手段取得工程监理企业资质证书的，应当予以撤销。

3. 注销工程监理企业资质的情形

有下列情形之一的，工程监理企业应当及时向资质许可机关提出注销资质的申请，交回资质证书，国务院住房城乡建设主管部门应当办理注销手续，公告其资质证书作废：

(1)资质证书有效期届满，未依法申请延续的；

(2)工程监理企业依法终止的；

(3)工程监理企业资质依法被撤销、撤回或吊销的；

(4)法律、法规规定的应当注销资质的其他情形。

4. 信用管理

工程监理企业应当按照有关规定，向资质许可机关提供真实、准确、完整的工程监理企业的信用档案信息。工程监理企业的信用档案应当包括基本情况、业绩、工程质量和安全、合同违约等情况。被投诉举报和处理、行政处罚等情况应当作为不良行为记入其信用档案。

工程监理企业的信用档案信息应按照有关规定向社会公示，公众有权查阅。

第二节　注册监理工程师

注册监理工程师是指经国务院人事主管部门和住房城乡建设主管部门统一组织的监理工程师执业资格统一考试成绩合格，并取得国务院住房城乡建设主管部门颁发的中华人民共和国注册监理工程师注册执业证书和执业印章，从事工程建设监理与相关服务等活动的专业技术人员。

一、监理工程师资格考试

1. 监理工程师资格制度的建立和发展

注册监理工程师是实施工程监理制的核心和基础。1990年，建设部和人事部按照有利于国家经济发展、得到社会公认、具有国际可比性、事关社会公共利益等四项原则，率先在工程建设领域建立了监理工程师执业资格制度，以考核形式确认了100名监理工程师的执业资格。随后，又相继认定了两批监理工程师执业资格，前后共认定了1 059名监理工程师资格。实行监理工程师执业资格制度的意义在于：

(1)与工程监理制度紧密衔接；

(2)统一监理工程师执业能力的标准

(3)强化工程监理人员执业责任；

(4)促进工程监理人员努力钻研业务知识，提高业务水平；

（5）合理建立工程监理人才库，优化调整市场资源结构；

（6）便于开拓国际工程监理市场。

1993年，建设部、人事部印发《关于〈监理工程师资格考试和注册试行办法〉实施意见的通知》，提出加强对监理工程师资格考试和注册工作的统一领导与管理，并提出了实施意见。1994年，建设部与人事部在北京、天津、上海、山东、广东五个省、直辖市组织了监理工程师执业资格试点考试。对监理工程师执业资格考试合格者颁发由各省、自治区、直辖市人事（职改）部门印制的由人事部与建设部共同用印的《中华人民共和国监理工程师执业资格证书》，该证书在全国范围内有效。

2020年，住房和城乡建设部、交通运输部、水利部、人力资源社会保障部联合印发《监理工程师职业资格制度规定》及《监理工程师职业资格考试实施办法》明确规定：国家设置监理工程师准入类职业资格，纳入国家职业资格目录。住房和城乡建设部、交通运输部、水利部、人力资源和社会保障部共同制定监理工程师职业资格制度，并按照职责分工分别负责监理工程师职业资格制度的实施与监管。

监理工程师职业资格考试全国统一大纲、统一命题、统一组织。监理工程师职业资格考试合格者，由各省、自治区、直辖市人力资源和社会保障行政主管部门颁发中华人民共和国监理工程师职业资格证书（或电子证书）。该证书由人力资源和社会保障部统一印制，住房和城乡建设部、交通运输部、水利部按专业类别分别与人力资源和社会保障部用印，在全国范围内有效。

2. 监理工程师资格考试科目及报考条件

（1）监理工程师资格考试科目。监理工程师执业资格考试原则上每年举行一次，考试时间一般安排在5月下旬，考点在省会城市设立，考试设置4个科目，即"建设工程监理基本理论与相关法规""建设工程合同管理""建设工程质量、投资、进度控制""建设工程监理案例分析"。其中，"建设工程监理案例分析"为主观题，在试卷上作答；其余3科均为客观题，在答题卡上作答。考试以两年为一个周期，参加全部科目考试的人员须在连续两个考试年度内通过全部科目的考试。免试部分科目的人员须在一个考试年度内通过应试科目。

（2）监理工程师执业资格报考条件。凡遵守中华人民共和国宪法、法律、法规，具有良好的业务素质和道德品行，具有下列条件之一者，可以申请参加监理工程师职业资格考试：

1）具有各工程大类专业大学专科学历（或高等职业教育），从事工程施工、监理、设计等业务工作满6年；

2）具有工学、管理科学与工程类专业大学本科学历或学位，从事工程施工、监理、设计等业务工作满4年；

3）具有工学、管理科学与工程一级学科硕士学位或专业学位，从事工程施工、监理、设计等业务工作满2年；

4）具有工学、管理科学与工程一级学科博士学位。经批准同意开展试点的地区，申请参加监理工程师职业资格的，应当具有大学本科及以上或学位。

（3）免试部分科目的条件。具备以下条件之一的，参加监理工程师职业资格考试可免考基础科目：①已取得公路水运工程监理工程师资格证书；②已取得水利工程建设监理工程师资格证书。申请免考部分科目的人员在报名时提供相应材料。

（4）我国港澳居民报考条件。根据《关于做好香港、澳门居民参加内地统一举行的专业技术人员资格考试有关问题的通知》，凡符合监理工程师资格考试相应规定的香港、澳门居民均可按照文件规定的程序和要求报名参加考试。报名时间及方法：报名时间一般为上一年的 12 月份(以当地人事考试部门公布的时间为准)。报考者由本人提出申请，经所在单位审核同意后，携带有关证明材料到当地人事考试管理机构办理报名手续。

3. 内地监理工程师与香港建筑测量师的资格互认

根据《内地与香港关于建立更紧密经贸关系的安排》(CEPA 协议)的规定，为加强内地监理工程师和香港建筑测量师的交流与合作，促进两地共同发展，2006 年，中国建设监理协会与香港测量师学会就内地监理工程师和香港建筑测量师资格互认工作进行了考察评估，双方对资格互认工作的必要性及可行性取得了共识，同意在互惠互利、对等、总量与户籍控制等原则下，实施内地监理工程师与香港建筑测量师资格互认，签署《内地监理工程师与香港建筑测量师资格互认协议》，内地 255 名监理工程师及香港 228 名建筑测量师取得了对方互认资格。

【例 2-2】 (2020 年真题)根据《监理工程师职业资格制度规定》，具有各工程大类专业大学专科学历，从事工程监理、施工、设计等业务工作满( )年者，可以申请参加监理工程师职业资格考试。

A. 3   B. 4   C. 5   D. 6

【答案】 D

【例 2-3】 (2020 年真题)根据《监理工程师职业资格考试实施办法》，对于免考基础科目和增加专业类别的人员，专业科目成绩实行( )年为一个周期的滚动管理办法。

A. 4   B. 3   C. 2   D. 1

【答案】 C

二、监理工程师注册

监理工程师注册是政府对工程监理执业人员实行市场准入控制的有效手段。取得监理工程师资格证书的人员，经过注册方能以注册监理工程师的名义执业。监理工程师依据其所学专业、工作经历、工程业绩，按照《工程监理企业资质管理规定》划分的工程类别，按专业注册。每人最多可以申请两个专业注册。

1. 注册形式

根据《注册监理工程师管理规定》，监理工程师注册分为三种形式，即初始注册、延续注册和变更注册。

(1)初始注册。取得资格证书并受聘于一个建设工程勘察、设计、施工、监理、招标代理、造价咨询等单位的人员，应当通过聘用单位提出注册申请，并可以向单位工商注册所在地的省、自治区、直辖市人民政府住房城乡建设主管部门提出注册申请；省、自治区、直辖市人民政府住房城乡建设主管部门受理后提出初审意见，并将初审意见和全部申报材料报国务院住房城乡建设主管部门审批；符合条件的，由国务院住房城乡建设主管部门核发注册证书和执业印章。注册证书和执业印章是注册监理工程师的执业凭证，由注册监理工程师本人保管、使用。注册证书和执业印章的有效期为 3 年。

初始注册者，可自资格证书签发之日起 3 年内提出申请。逾期未申请者，须符合继续教育的要求后方可申请初始注册。

初始注册需要提交下列材料：

1）申请人的注册申请表；

2）申请人的资格证书和身份证复印件；

3）申请人与聘用单位签订的聘用劳动合同复印件；

4）所学专业、工作经历、工程业绩、工程类中级及中级以上职称证书等有关证明材料；

5）逾期初始注册的，应当提供达到继续教育要求的证明材料。

（2）延续注册。注册监理工程师每次注册有效期为3年，注册有效期满需继续执业的，应当在注册有效期满30日前，按照规定的程序申请延续注册。延续注册有效期3年。

延续注册需要提交下列材料：

1）申请人延续注册申请表；

2）申请人与聘用单位签订的聘用劳动合同复印件；

3）申请人注册有效期内达到继续教育要求的证明材料。

（3）变更注册。在注册有效期内，注册监理工程师变更执业单位，应当与原聘用单位解除劳动关系，并按照规定的程序办理变更注册手续，变更注册后仍延续原注册有效期。

变更注册需要提交下列材料：

1）申请人变更注册申请表；

2）申请人与新聘用单位签订的聘用劳动合同复印件；

3）申请人的工作调动证明（与原聘用单位解除聘用劳动合同或者聘用劳动合同到期的证明文件、退休人员的退休证明）。

2. 不予注册的情形

申请人有下列情形之一的，不予初始注册、延续注册或者变更注册：

（1）不具有完全民事行为能力的。

（2）刑事处罚尚未执行完毕或者因从事工程建设监理或者相关业务受到刑事处罚，自刑事处罚执行完毕之日起至申请注册之日止不满2年的。

（3）未达到监理工程师继续教育要求的。

（4）在两个或者两个以上单位申请注册的。

（5）以虚假的职称证书参加考试并取得资格证书的。

（6）年龄超过65周岁的。

（7）法律、法规规定不予注册的其他情形。

3. 注册证书和执业印章失效的情形

注册监理工程师有下列情形之一的，其注册证书和执业印章失效：

（1）聘用单位破产的。

（2）聘用单位被吊销营业执照的。

（3）聘用单位被吊销相应资质证书的。

（4）已与聘用单位解除劳动关系的。

（5）注册有效期满且未延续注册的。

（6）年龄超过65周岁的。

（7）死亡或者丧失行为能力的。

（8）其他导致注册失效的情形。

【例 2-4】 (2020 年真题)关于注册监理工程师的说法，正确的是( )。

A. 国家对监理工程师职业资格实行职业注册管理制度

B. 监理工程师是政府对工程监理职业人员实行市场准入控制的有效手段

C. 住房和城乡建设部、交通运输部、水利部按专业类别分别负责监理工程师注册工作

D. 取得监理工程师职业资格证书且从事工程监理工程的人员，方可以注册监理工程师的名义执业

E. 取得监理工程师职业资格证书且经注册的人员，方可以注册监理工程师的名义执业

【答案】 ABCE

三、注册监理工程师执业和继续教育

1. 注册监理工程师执业

注册监理工程师可以从事工程建设监理、工程经济与技术咨询、工程招标与采购咨询、工程项目管理服务及国务院有关部门规定的其他业务。

工程建设监理活动中形成的监理文件由注册监理工程师按照规定签字盖章后方可生效。修改经注册监理工程师签字盖章的工程监理文件，应当由该注册监理工程师进行；因特殊情况，该注册监理工程师不能进行修改的，应当由其他注册监理工程师修改，并签字、加盖执业印章，对修改部分承担责任。

注册监理工程师从事执业活动，由所在单位接受委托并统一收费。因工程监理事故及相关业务造成的经济损失，聘用单位应当承担赔偿责任；聘用单位承担赔偿责任后，可依法向负有过错的注册监理工程师追偿。

(1)注册监理工程师的权利。注册监理工程师享有以下权利：

1)使用注册监理工程师的称谓；

2)在规定范围内从事执业活动；

3)依据本人能力从事相应的执业活动；

4)保管和使用本人的注册证书和执业印章；

5)对本人执业活动进行解释和辩护；

6)接受继续教育；

7)获得相应的劳动报酬；

8)对侵犯本人权利的行为进行申诉。

(2)注册监理工程师的义务。注册监理工程师应当履行下列义务：

1)遵守法律、法规和有关管理规定；

2)履行管理职责，执行技术标准、规范和规程；

3)保证执业活动成果的质量，并承担相应责任；

4)接受继续教育，努力提高执业水准；

5)在本人执业活动所形成的工程监理文件上签字、加盖执业印章；

6)保守在执业中知悉的国家秘密和他人的商业、技术秘密；

7)不得涂改、倒卖、出租、出借或者以其他形式非法转让注册证书或者执业印章；

8)不得同时在两个或者两个以上单位受聘或者执业；

9)在规定的执业范围和聘用单位业务范围内从事执业活动；

10)协助注册管理机构完成相关工作。

2. 注册监理工程师继续教育

(1)继续教育的目的。随着现代科学技术日新月异的发展,注册后监理工程师不能一劳永逸,停滞在原有的知识水平上,要随着时代的进步不断更新知识、扩大知识面。通过继续教育,注册监理工程师及时掌握与工程监理有关的政策、法律法规和标准规范,熟悉工程监理与工程项目管理的新理论、新方法,了解工程建设新技术、新材料、新设备及新工艺,适时更新业务知识,不断提高注册监理工程师业务素质和执业水平,以适应开展工程监理业务和工程监理事业发展的需要。因此,注册监理工程师每年都要接受一定学时的继续教育。

(2)继续教育的学时。注册监理工程师在每一注册有效期(3年)内应接受96学时的继续教育,其中,必修课和选修课各为48学时。必修课48学时,每年可安排16学时。选修课48学时,按注册专业安排学时,只注册1个专业的,每年接受该注册专业选修课16学时的继续教育;注册2个专业的,每年接受相应2个注册专业选修课各8学时的继续教育。

注册监理工程师申请变更注册专业时,在提出申请之前,应接受申请变更注册专业24学时选修课的继续教育。注册监理工程师申请跨省级行政区域变更执业单位时,在提出申请前,还应接受新聘用单位所在地8学时选修课的继续教育。

注册监理工程师在公开发行的期刊上发表有关工程监理的学术论文,字数在3 000字以上的,每篇可充抵选修课4学时;从事注册监理工程师继续教育授课工作和考试命题工作,每年每次可充抵选修课8学时。

(3)继续教育的方式和内容。继续教育的方式有两种,即集中面授和网络教学。继续教育的内容主要有以下几项:

1)必修课:国家近期颁布的与工程监理有关的法律法规、标准规范和政策;工程监理与工程项目管理的新理论、新方法;工程监理案例分析;注册监理工程师职业道德。

2)选修课:地方及行业近期颁布的与工程监理有关的法规、标准规范和政策;工程建设新技术、新材料、新设备及新工艺;专业工程监理案例分析;需要补充的其他与工程监理业务有关的知识。

四、监理工程师的法律责任

1. 监理工程师法律责任的表现行为

监理工程师法律责任的表现行为主要有两方面:一是违反法律法规的(违法)行为;二是违反合同约定的(违约)行为。

(1)违法行为。现行法律法规对监理工程师的法律责任专门做出了具体规定。如《建筑法》第三十五条规定:"工程监理单位不按照委托监理合同的约定履行监理义务,对应当监督检查的项目不检查或者不按照规定检查,给建设单位造成损失的,应当承担相应的赔偿责任。工程监理单位与承包单位串通,为承包单位谋取非法利益,给建设单位造成损失的,应当与承包单位承担连带赔偿责任。"

《中华人民共和国刑法》第一百三十七条规定:"建设单位、设计单位、施工单位、工程监理单位违反国家规定,降低工程质量标准,造成重大安全事故的,对直接责任人员,处五年以下有期徒刑或者拘役,并处罚金;后果特别严重的,处五年以上十年以下有期徒刑,并处罚金。"这些规定能够有效地规范、指导监理工程师的执业行为，提高监理工程师的法律责任意识，引导监理工程师公正守法地开展监理业务。

(2)违约行为。监理工程师一般主要受聘于工程监理企业，从事工程监理业务。工程监理企业是订立委托监理合同的当事人，是法定意义的合同主体。但委托监理合同在具体履行时，是由监理工程师代表监理企业来实现的。因此，如果监理工程师出现工作过失，违反了合同约定，其行为将被视为监理企业违约，由监理企业承担相应的违约责任。当然，监理企业在承担违约赔偿责任后，有权在企业内部向有相应过失行为的监理工程师追偿部分损失。所以，由监理工程师个人过失引发的合同违约行为，监理工程师应当与监理企业承担一定的连带责任。其连带责任的基础是监理企业与监理工程师签订的《聘用协议》或《责任保证书》，或监理企业法定代表人对监理工程师签发的《授权委托书》。一般来说，《授权委托书》应包含职权范围和相应责任条款。

2. 监理工程师的安全生产责任

监理工程师的安全生产责任是法律责任的一部分。

导致工作安全事故或问题的原因很多，有自然灾害、不可抗力等客观原因，也有建设单位、设计单位、施工企业、材料供应单位等方面的主观原因。监理工程师虽然不管理安全生产，不直接承担安全责任，但不能排除其间接或连带承担安全责任的可能性。如果监理工程师有下列行为之一，则应当与质量、安全事故责任主体承担连带责任：

(1)违章指挥或者发出错误指令，引发安全事故的。

(2)将不合格的工程建设、建筑材料、建筑构配件和设备按照合格签字，造成工程质量事故，由此引发安全事故的。

(3)与建设单位或施工企业串通，弄虚作假、降低工程质量，从而引发安全事故的。

3. 监理工程师违规行为及处罚

监理工程师的违规行为及其处罚，主要有下列几种情况：

(1)对于未取得《监理工程师执业资格证书》《监理工程师注册证书》和执业印章，以监理工程师名义执行业务的人员，政府住房城乡建设主管部门将予以取缔，并处以罚款；有违法所得的，予以没收。

(2)对于以欺骗手段取得《监理工程师执业资格证书》《监理工程师注册证书》和执业印章的人员，政府住房城乡建设主管部门将吊销其证书、收回执业印章，并处以罚款；情节严重的，3年之内不允许考试及注册。

(3)如果监理工程师出借《监理工程师执业资格证书》《监理工程师注册证书》和执业印章，情节严重的将被吊销证书、收回执业印章，3年之内不允许考试和注册。

(4)监理工程师注册内容发生变更，未按照规定办理变更手续的，将被责令改正，并可能受到罚款的处理。

(5)同时受聘于两个及以上单位执业的，将被注销其《监理工程师注册证书》，收回执业印章，并将受到罚款处理；有违法所得的，将被没收。

(6)对于监理工程师在执业中出现的行为过失，产生不良后果的，《建设工程质量管理条例》有明确规定：监理工程师因过错造成质量事故的，责令停止执业1年；造成重大质量事故的，吊销执业资格证书，5年以内不予注册；情节特别恶劣的，终身不予注册。

监理工程师与监理企业是建筑市场监理活动的灵魂与主导，增强对两者的理解与认识，是搞好建筑工程监理的前提条件。本章主要介绍了工程建设监理企业的组织形式、资质管理、注册监理工程师的资格考试、监理工程师注册等内容。

思考与练习

一、填空题

1. _____是指依法成立并取得建设主管部门颁发的工程监理企业资质证书，从事建设工程监理与相关服务活动的机构。

2. 我国监理公司的种类有两种，即_____和_____。

3. 工程监理企业资质分为_____、_____和_____三个等级。

4. 资质有效期届满，工程监理企业需要继续从事工程监理活动的，应当在资质证书有效期届满_____日前，向申请办理延续手续。

5. 国务院住房城乡建设主管部门应当自受理之日起_____日内做出审批决定。自做出决定之日起_____日内公告审批结果。

6. 根据《注册监理工程师管理规定》监理工程师注册分为三种形式，即____、____和____。

7. 工程建设监理活动中形成的监理文件由_____按照规定签字盖章后方可生效。

8. 继续教育的方式有两种，即_____和_____。

9. 监理工程师法律责任的表现行为主要有两方面：一是违反_____行为；二是违反_____行为。

二、选择题

1. 设立股份有限公司，应当由 2 人以上、200 人以下为发起人，其中须有（　　）以上的发起人在中国境内有住所。

A. 1/4　　　　　　　B. 1/3　　　　　　　C. 1/2　　　　　　　D. 2/3

2. 股份有限公司设董事会，其成员为（　　）人。

A. 3～13　　　　　　B. 1～15　　　　　　C. 3～19　　　　　　D. 5～19

3. 工程监理企业组织形式中，由（　　）决定聘任或者解聘有限责任公司的经理。

A. 股东会　　　B. 监事会　　　C. 董事会　　　D. 股东大会

4. 关于监理工程师执业的说法，下列错误的是（　　）。

A. 监理工程师最多可同时受聘于两个单位执业

B. 监理工程师不得允许他人以本人名义执业

C. 监理工程师可以从事工程建设某一阶段或某一专项工程咨询

D. 监理工程师依据职责开展工作，在本人执业活动中形成的工程监理文件上签章，并承担相应责任

三、简答题

1. 按照我国现行法律法规的规定，我国的工程建设监理企业可以存在的企业组织形式包括哪些？

2. 什么是注册监理工程师？

3. 监理工程师资格考试科目及报考条件有哪些？

4. 注册监理工程师享有哪些权利？

第三章 工程建设监理招标投标与合同管理

教学内容	第一节 工程建设监理招标 第二节 工程建设监理投标 第三节 建设工程监理合同	学时	4
教学目标	(1)了解工程建设监理招标投标的概念、原则；熟悉工程建设监理招标方式、招标的范围；掌握工程建设监理招标的程序。 (2)了解开标、评标、定标的内容；熟悉监理投标程序；掌握监理投标书的内容及监理投标文件的编制。 (3)了解监理合同的作用与特点；熟悉监理合同的形式、《建设工程监理合同(示范文本)》(GF-2012—0202)；掌握建设工程监理合同的履行		
关键词	工程建设监理招标 开标 评标 定标 监理投标 建设工程监理合同		
重点	工程建设监理招标的程序，监理投标程序，监理投标文件的编制		
能力目标	(1)能够根据用户的要求及实际工程项目编制招标文件。 (2)能够根据工程项目的特点、要求编制招标文件，具有组织工程项目招标的基本技能。 (3)具备签订一般施工合同的能力；初步具备施工合同管理、变更和分析能力		
素质目标	(1)监理工程师要具备专业技术知识，还必须具备一定的经营知识、管理知识、造价知识和法律知识等。 (2)具有较强的决策能力、组织能力、指挥能力和应变能力。 (3)要不断地掌握新技术、新工艺、新材料、新设备等，不断充实，完善自我		

导入案例

某工程分 A、B 两个监理标段同时进行招标，建设单位规定参与投标的监理单位只能选择 A 或 B 标段进行投标。工程在实施过程中，发生如下事件：

事件 1：在监理招标时，建设单位提出：

(1)投标人必须具有工程所在地域类似工程监理业绩；

(2)应组织外地投标人考察施工现场；

(3)投标有效期自投标人送达投标文件之日起算；

(4)委托监理单位有偿负责外部协调工作。

事件 2：拟投标的某监理单位在进行投标决策时，组织专家及相关人员对 A、B 两个标段进行了比较分析，确定的主要评价指标、相应权重及相对于 A、B 两个标段的竞争力分值见表 3-1。

表3-1 评价指标、权重及竞争力分值

序号	评价指标	权重	标段的竞争力分值	
			A	B
1	总监理工程师能力	0.25	100	80
2	监理人员配置	0.20	85	100
3	技术管理服务能力	0.20	100	80
4	项目效益	0.15	60	100
5	类似工程监理业绩	0.10	100	70
6	其他条件	0.10	80	60
合计		1.00		

事件3：建设单位与A标段中标监理单位按《建设工程监理合同（示范文本）》(GF-2012—0202)签订了监理合同，并在监理合同专用条件中约定附加工作酬金为20万元/月。在监理合同履行过程中，由于建设单位资金未到位致使工程停工，导致监理合同暂停履行，半年后恢复。监理单位暂停履行合同的善后工作时间为1个月，恢复履行的准备工作时间为1个月。

事件4：建设单位与施工单位按《建设工程施工合同（示范文本）》(GF-2017—0201)签订了施工合同，施工单位按合同约定将土方开挖工程分包，分包单位在土方开挖工程开工前编制了深基坑工程专项施工方案并进行了安全验算，经分包单位技术负责人审核签字后，即报送项目监理机构。

【讨论】

1. 逐条指出事件1中建设单位的要求是否妥当，并对不妥之处说明理由。

2. 事件2中，根据表3-1，分别计算A、B两个标段各项评价指标的加权得分及综合竞争力得分，并指出监理单位应优先选择哪个标段投标。

3. 计算事件3中监理单位可获得的附加工作酬金。

4. 指出事件4中有哪些不妥，分别写出正确做法。

【分析】

1. 事件1中：

(1)不妥；理由：不得以特定行政区域的监理业绩限制潜在投标人。

(2)不妥；理由：没有组织所有投标人考察施工现场。

(3)不妥；理由：投标有效期应自投标截止之日起算。

(4)妥当。

2. 事件2中：

(1)相对于A标段的加权得分：25、17、20、9、10、8；综合评价得分：89。

(2)相对于B标段的加权得分：20、20、16、15、7、6；综合评价得分：84。

(3)应优先投标A标段。

3. 事件3中，附加工作酬金＝(1＋1)×20＝40(万元)。

4. 事件4中的不妥之处及正确做法如下：

（1）不妥之处：深基坑工程专项施工方案由分包单位技术负责人审核签字后即报送项目监理机构。

正确做法：专项施工方案应经施工单位技术负责人审核签字。

（2）不妥之处：专项施工方案未经专家论证审查。

正确做法：专项施工方案必须经专家论证审查。

（3）不妥之处：分包单位向项目监理机构报送专项施工方案。

正确做法：应由施工单位报送项目监理机构。

第一节　工程建设监理招标

一、工程建设监理招标投标概述

1. 工程建设监理招标投标的概念

工程建设监理招标投标是工程建设项目招标投标的一个组成部分。采用招标投标方式择优选择监理单位，是业主能够获得高质量服务最好的委托监理业务的方式。

（1）工程建设监理招标。工程建设监理招标简称监理招标，是指招标人（业主或业主授权的招标组织）将拟委托的监理业务对外公布，吸引或邀请多家监理单位前来参与承接监理业务的竞争，以便从中择优选择监理单位的一系列活动。

（2）工程建设监理投标。工程建设监理投标简称监理投标，是指监理单位响应监理招标，根据招标条件和要求，编制技术经济文件向招标人投函，参与承接监理业务竞争的一系列活动。

2. 工程建设监理招标投标的原则

工程监理招标投标活动应当遵循公开、公平、公正和诚实信用原则。

（1）公开原则。公开原则要求工程建设监理招标投标活动具有较高的透明度。

（2）公平原则。公平原则是指所有当事人和中介机构在工程建设监理招标投标活动中，享有均等的机会、具有同等的权利、履行相应的义务，任何一方都不受歧视。

（3）公正原则。公正原则是指在工程建设监理招标投标活动中，按照同一标准实事求是地对待所有的当事人和中介机构。如招标人按照统一的招标文件示范文本公正地表述招标条件和要求，按照事先经工程建设监理招标投标管理机构审查认定的评标定标办法，对投标文件进行公正评价，择优确定中标人等。

（4）诚实信用原则。诚实信用原则简称诚信原则，是指在工程建设监理招标投标活动中，当事人和有关中介机构应当以诚相待、讲求信义、实事求是，做到言行一致、遵守诺言、履行成约，不得见利忘义、投机取巧、弄虚作假、隐瞒欺诈、以次充好、掺杂使假、坑蒙拐骗，损害国家、集体和其他人的合法权益。诚信原则是工程建设监理招标投标活动中的重要道德规范，也是法律上的要求。诚信原则要求当事人和中介机构在进行招标投标活动时，必须具备诚实无欺、善意守信的内心状态，不得滥用权力损害他人利益，要在自己获得利益的同时充分尊重社会公德和国家的、社会的、他人的利益，自觉维护市场经济的正常秩序。

3. 委托监理业务范围应考虑的因素

工程建设单位委托监理业务范围时，应考虑以下因素：

(1)工程规模。中、小型工程项目，有条件时可将全部监理工作委托给一个单位；大型或复杂工程，应按设计、施工等不同阶段及监理工作的专业性质分别委托给几家监理单位。

(2)工程项目的不同专业特点。不同的施工内容对监理人员的素质、专业技能和管理水平的要求不同，应充分考虑专业特点的要求。

(3)监理业务实施的难易程度。工程建设期间，对于较易实施的监理业务，可以并入相关的委托监理合同，以减少业主与监理单位签订的合同数量。

二、工程建设监理招标方式及范围

1. 工程建设监理招标的方式

建设工程监理招标可分为公开招标和邀请招标两种方式。建设单位应根据法律法规、工程项目特点、工程监理单位的选择空间及工程实施的急迫程度等因素合理选择招标方式，并按规定程序向招标投标监督管理部门办理相关招标投标手续，接受相应的监督管理。

(1)公开招标。公开招标是指建设单位以招标公告的方式邀请不特定工程监理单位参加投标，向其发售监理招标文件，按照招标文件规定的评标方法、标准，从符合投标资格要求的投标人中优选中标人，并与中标人签订建设工程监理合同的过程。

国有资金占控股或者主导地位等依法必须进行监理招标的项目，应当采用公开招标方式委托监理任务。公开招标属于非限制性竞争招标，其优点是能够充分体现招标信息公开性、招标程序规范性、投标竞争公平性，有助于打破垄断，实现公平竞争。公开招标可使建设单位有较大的选择范围，可在众多投标人中选择经验丰富、信誉良好、价格合理的工程监理单位，能够大大降低串标、围标、抬标和其他不正当交易的可能性。公开招标的缺点是准备招标、资格预审和评标的工作量较大，因此，招标时间较长，招标费用较高。

(2)邀请招标。邀请招标是指建设单位以投标邀请书方式邀请特定工程监理单位参加投标，向其发售招标文件，按照招标文件规定的评标方法、标准，从符合投标资格要求的投标人中优选中标人，并与中标人签订建设工程监理合同的过程。

邀请招标属于有限竞争性招标，也称为选择性招标。采用邀请招标方式，建设单位不需要发布招标公告，也不进行资格预审(但可组织必要的资格审查)，使招标程序得到简化。这样，既可节约招标费用，又可缩短招标时间。邀请招标虽然能够邀请到有经验和资信可靠的工程监理单位投标，但由于限制了竞争范围，选择投标人的范围和投标人竞争的空间有限，可能会失去技术和报价方面有竞争力的投标者，失去理想的中标人，达不到预期竞争效果。

【例 3-1】 (2014 年真题)采用邀请招标方式选择工程监理单位时，建设单位的正确做法是(   )。

A. 只需发布招标公告，不需要进行资格预审

B. 不仅需要发布招标公告，而且需要进行资格预审

C. 既不需要发布招标公告，也不进行资格预审

D. 不需要发布招标公告，但需要进行资格预审

【答案】 C

2. 工程建设监理招标的范围

根据《招标投标法》和 2018 年 6 月 1 日起施行的《必须招标的工程项目规定》的规定，在中华人民共和国境内进行下列工程建设项目，包括项目的勘察、设计、施工、监理，以及与工程建设有关的重要设备、材料等的采购，必须进行招标：

《必须招标的
工程项目规定》

（1）全部或者部分使用国有资金投资或者国家融资的项目。

1）使用预算资金 200 万元人民币以上，并且该资金占投资额 10% 以上的项目；

2）使用国有企业事业单位资金，并且该资金占控股或者主导地位的项目。

（2）使用国际组织或者外国政府贷款、援助资金的项目。

1）使用世界银行、亚洲开发银行等国际组织贷款、援助资金的项目；

2）使用外国政府及其机构贷款、援助资金的项目。

（3）不属于上述第（1）条和第（2）条规定情形的大型基础设施、公用事业等关系社会公共利益、公众安全的项目，必须招标的具体范围由国务院发展改革部门会同国务院有关部门按照确有必要、严格限定的原则制定，报国务院批准。

（4）上述第（1）条到第（3）条规定范围内的项目，其勘察、设计、施工、监理以及与工程建设有关的重要设备、材料等的采购达到下列标准之一的，必须招标：

1）施工单项合同估算价在 400 万元人民币以上；

2）重要设备、材料等货物的采购，单项合同估算价在 200 万元人民币以上；

3）勘察、设计、监理等服务的采购，单项合同估算价在 100 万元人民币以上。

同一项目中可以合并进行的勘察、设计、施工、监理以及与工程建设有关的重要设备、材料等的采购，合同估算价合计达到前款规定标准的，必须招标。

3. 工程建设监理招标的特点

工程建设监理招标的标的是提供"监理服务"，与工程建设项目中其他各类招标的最大区别表现为监理单位不承担物质生产任务，只是受招标人委托对工程建设过程提供监督、管理、协调、咨询等服务，其主要具有以下特点：

（1）注重监理单位综合能力的选择。《工程建设监理规定》指出：建设监理是一种高智能的有偿技术服务。可见，监理服务工作完成的好坏不仅依赖于开展监理业务是否遵循了规范化的管理程序和方法，更多地取决于参与监理工作人员的专业技能、经验、判断能力及风险意识。因此，招标选择监理单位，要充分考虑监理单位的综合能力。

（2）报价的选择居于次要地位。在建设工程项目的施工和物资供应中，选择中标人的原则是在技术上达到要求标准的前提下，主要考虑价格的高低，而监理招标把能力放在第一位。因为当监理报价过低时，监理单位很难把招标人的利益放在第一位，而监理服务质量的高低直接影响招标人的实际利益，过多地考虑报价会得不偿失。所以，招标人应在监理能力相当的前提下再比较价格的高低。

(3)多采用邀请招标。工程建设监理招标同样要遵守《招标投标法》和其他相关法律、法规的规定，可以采取公开招标，也可以采取邀请招标，对一定规模以下的工程还可以采取议标方式。但采取招标方式发包时，参与投标的监理企业数不得少于三家。鉴于监理招标"基于能力选择"的特殊性，当前招标人更愿意采用邀请招标方式。

【例 3-2】 （2014 年真题）建设工程监理招标的标的是（ ）。

A. 监理酬金　　　B. 监理设备　　　C. 监理人员　　　D. 监理服务

【答案】 D

三、工程建设监理招标的程序

工程建设监理招标一般包括招标准备；发出招标公告或投标邀请书；组织资格审查；编制和发售招标文件；组织现场踏勘；召开投标预备会；编制和递交投标文件；开标、评标和定标；签订工程建设监理合同等程序。

1. 招标准备

工程建设监理招标准备工作包括确定招标组织，明确招标范围和内容，编制招标方案等内容。

(1)确定招标组织。建设单位自身具有组织招标的能力时，可自行组织监理招标；反之，则应委托招标代理机构组织招标。建设单位委托招标代理机构进行监理招标时，应与招标代理机构签订招标代理书面合同，明确委托招标代理的内容、范围及双方义务和责任。

(2)明确招标范围和内容。综合考虑工程特点、建设规模、复杂程度、建设单位自身管理水平等因素，明确工程建设监理招标范围和内容。

(3)编制招标方案。包括划分监理标段、选择招标方式、选定合同类型及计价方式、确定投标人资格条件、安排招标工作进度等。

2. 发出招标公告或投标邀请书

建设单位采用公开招标方式的，应当发布招标公告。招标公告必须通过一定的媒介进行发布。投标邀请书是指采用邀请招标方式的建设单位，向三个以上具备承担招标项目能力、资信良好的特定工程监理单位发出的参加投标的邀请。招标公告与投标邀请书应当载明：建设单位的名称和地址；招标项目的性质；招标项目的数量；招标项目的实施地点；招标项目的实施时间；获取招标文件的办法等内容。

3. 组织资格审查

为了保证潜在投标人能够公平地获取投标竞争的机会，确保投标人满足招标项目的资格条件，同时，避免招标人和投标人不必要的资源浪费，招标人应组织审查监理投标人资格。资格审查可分为资格预审和资格后审两种。

(1)资格预审。资格预审是指在投标前，对申请参加投标的潜在投标人进行资质条件、业绩、信誉、技术、资金等多方面情况的审查。只有资格预审中被认定为合格的潜在投标人（或投标人）才可以参加投标。资格预审的目的是排除不合格的投标人，进而降低招标人的招标成本，提高招标工作效率。

(2)资格后审。资格后审是指在开标后，由评标委员会根据招标文件中规定的资格审查因素、方法和标准，对投标人资格进行的审查。

工程建设监理资格审查大多采用资格预审的方式进行。

4. 编制和发售招标文件

（1）编制工程建设监理招标文件。招标文件既是投标人编制投标文件的依据，也是招标人与中标人签订工程建设监理合同的基础。招标文件一般应由以下内容组成：

①投标邀请函；

②投标人须知；

③评标办法；

④拟签订监理合同主要条款及格式，以及履约担保格式等；

⑤投标报价；

⑥设计资料；

⑦技术标准和要求；

⑧投标文件格式；

⑨要求投标人提交的其他材料。

（2）发售监理招标文件。要按照招标公告或投标邀请书规定的时间、地点发售招标文件。投标人对招标文件内容有异议；可在规定时间内要求招标人澄清、说明或纠正。

5. 组织现场踏勘

组织投标人进行现场踏勘的目的在于了解工程场地和周围环境情况，以获取认为有必要的信息。招标人可根据工程特点和招标文件规定，组织潜在投标人对工程实施现场的地形地质条件、周边和内部环境进行实地踏勘，并介绍有关情况。潜在投标人自行负责据此做出的判断和投标决策。

6. 召开投标预备会

招标人按照招标文件规定的时间组织投标预备会，澄清、解答潜在投标人在阅读招标文件和现场踏勘后提出的疑问。所有的澄清、解答都应当以书面形式予以确认，并发给所有购买招标文件的潜在投标人。招标文件的书面澄清、解答属于招标文件的组成部分。招标人同时可以利用投标预备会对招标文件中有关重点、难点内容主动做出说明。

7. 编制和递交投标文件

投标人应按照招标文件要求编制投标文件，对招标文件提出的实质性要求和条件做出实质性响应，按照招标文件规定的时间、地点、方式递交投标文件，并根据要求提交投标保证金。投标人在提交投标截止日期之前，可以撤回、补充或者修改已提交的投标文件，并书面通知招标人。补充、修改的内容为投标文件的组成部分。

8. 开标、评标和定标

（1）开标。招标人应按招标文件规定的时间、地点主持开标，邀请所有投标人派代表参加。开标时间、开标过程应符合招标文件规定的开标要求和程序。

（2）评标。评标由招标人依法组建的评标委员会负责。评标委员会应当熟悉、掌握招标项目的主要特点和需求，认真阅读、研究招标文件及其评标办法，按招标文件规定的评标办法进行评标，编写评标报告，并向招标人推荐中标候选人，或经招标人授权直接确定中标人。

（3）定标。招标人应按有关规定在招标投标监督部门指定的媒体或场所公示推荐的中标候选人，并根据相关法律法规和招标文件规定的定标原则和程序确定中标人，向中标人发出中标通知书。同时，将中标结果通知所有未中标的投标人，并在 15 日内按有关规定将监理招标投标情况书面报告提交招标投标行政监督部门。

9. 签订工程建设监理合同

招标人与中标人应当自发出中标通知书之日起30日内，依据中标通知书、招标文件中的合同构成文件签订工程监理合同。

【例3-3】（2016年真题）对申请参加监理投标的潜在投标人进行资格预审的目的是（　　）。

A. 排除不合格的投标人　　　　B. 选择实力强的投标人

C. 排除不满意的投标人　　　　D. 便于对投标人能力进行考察

【答案】 A

四、开标、评标、定标

(一)开标

开标，是指招标人将所有投标人的投标文件启封揭晓。《招标投标法》规定，开标应当在招标通告中约定的地点，招标文件确定的提交投标文件截止时间的同一时间公开进行。开标由招标人主持，邀请所有投标人参加。开标时，要当众宣读投标人名称、投标价格、有无撤标情况以及招标单位认为其他合适的内容。开标一般应按照下列程序进行：

(1)主持人宣布开标会议开始，介绍参加开标会议的单位、人员名单及工程项目的有关情况。

(2)请投标单位代表确认投标文件的密封性。

(3)宣布公证、唱标、记录人员名单和招标文件规定的评标原则、定标办法。

(4)宣读投标单位的名称、投标报价、投标担保或保函，以及投标文件的修改、撤回等情况，并做当场记录。

(5)与会的投标单位法定代表人或者其代理人在记录上签字，确认开标结果。

(6)宣布开标会议结束，进入评标阶段。

投标单位法定代表人或授权代表未参加开标会议的视为自动弃权。投标文件有下列情形之一的将视为无效：

(1)投标文件未按照招标文件的要求予以密封的。

(2)投标文件中的投标函未加盖投标人的企业及企业法定代表人印章的，或者企业法定代表人委托代理人没有合法、有效的委托书(原件)及委托代理人印章的。

(3)投标文件的关键内容字迹模糊、无法辨认的。

(4)投标人未按照招标文件的要求提供投标保函或者投标保证金的。

(5)组成联合体投标的，投标文件未附联合体各方共同投标协议的。

(6)逾期送达。对未按规定送达的投标书，应视为废标，原封退回。但对于因非投标者的过失(因邮政、战争、罢工等原因)，而在开标之前未送达的，投标单位可考虑接受该迟到的投标书。

(二)评标

开标后进入评标阶段。即采用统一的标准和方法，对符合要求的投标进行评比，来确定每项投标对招标人的价值，最后达到选定最佳中标人的目的。

1. 评标机构

根据《招标投标法》的规定，评标由招标人依法组建的评标委员会负责。依法必须招标的项目，评标委员会由招标人的代表和有关技术、经济等方面的专家组成，成员人数为 5 人以上的单数，其中，技术、经济等方面的专家不得少于成员总数的 2/3。技术、经济等方面的专家应当从事相关领域工作满 8 年且具有高级职称或具有同等专业水平，由招标人从国务院有关部门或省、自治区、直辖市人民政府有关部门提供的专家名册或者招标代理机构的专家库内的相关专业的专家名单中确定；一般招标项目可以采用随机抽取方式，特殊招标项目可以由招标人直接确定。与投标人有利害关系的人不得进入相关项目的评标委员会，已经进入的应当更换。评标委员会成员的名单在中标结果确定前应当保密。

2. 评标的保密性与独立性

按照我国《招标投标法》，招标人应当采取必要措施，保证评标在严格保密的情况下进行。所谓评标的严格保密，是指评标在封闭状态下进行，评标委员会在评标过程中有关检查、评审和授标的建议等情况均不得向投标人或与该程序无关的人员透露。

由于招标文件中对评标的标准和方法进行了规定，列明了价格因素和价格因素之外的评标因素及其量化计算方法，因此，所谓评标保密，并不是在这些标准和方法之外另搞一套标准和方法进行评审和比较，而是这个评审过程是招标人及其评标委员会的独立活动，有权对整个过程保密，以免投标人及其他有关人员知晓其中的某些意见、看法或决定，而想方设法干扰评标活动的进行，也可以制止评标委员会成员对外泄露和沟通有关情况，以免造成评标不公。

3. 投标文件的澄清和说明

评标时，评标委员会可以要求投标人对投标文件中含义不明确的内容做必要的澄清或者说明，如投标文件有关内容前后不一致、明显打字（书写）错误或纯属计算上的错误等，评标委员会应通知投标人做出澄清或说明，以确认其正确的内容。澄清的要求和投标人的答复均应采用书面形式，且投标人的答复必须经法定代表人或授权代表人签字，作为投标文件的组成部分。但是，投标人的澄清或说明，仅仅是对上述情形的解释和补正，不得有下列行为：

（1）超出投标文件的范围。如投标文件中没有规定的内容，澄清时候加以补充；投标文件提出的某些承诺条件与解释不一致等。

（2）改变或谋求、提议改变投标文件中的实质性内容。所谓实质性内容，是指改变投标文件中的报价、技术规格或参数、主要合同条款等内容。这种实质性内容的改变，其目的是使不符合要求的或竞争力较差的投标变成竞争力较强的投标。实质性内容的改变将会引起不公平的竞争，因此是不允许发生的。

在实际操作中，部分地区采取"询标"的方式来要求投标单位进行澄清和解释。询标一般由受委托的中介机构来完成，通常包括审标、提出书面询标报告、质询与解答、提交书面询标经济分析报告等环节。提交的书面询标经济分析报告将作为评标委员会进行评标的参考，有利于评标委员会在较短的时间内完成对投标文件的审查、评审和比较。

4. 评标原则和程序

为保证评标的公正、公平性，评标必须按照招标文件确定的评标标准、步骤和方法进行，不得采用招标文件中未列明的任何评标标准和方法，也不得改变招标确定的评标标准和方法。评标委员会完成评标后，应当向招标人提出书面评标报告，并推荐合格的中标候选人。招标人根据评标委员会提出的书面评标报告和推荐的中标候选人确定中标人。招标人也可授权评标委员会直接确定中标人。

（1）评标原则。评标只对有效投标进行评审。工程建设监理评标应遵循以下原则：

1）平等竞争，机会均等。制定评标定标办法要对各投标人一视同仁，在评标定标的实际操作和决策过程中，要用一个标准衡量，保证投标人能平等地参加竞争。对投标人来说，在评标定标办法中不存在对某一方有利或不利的条款，大家在定标结果正式出来之前，中标的机会是均等的，不允许针对某一特定的投标人在某一方面的优势或弱势而在评标定标具体条款中带有倾向性。

2）客观公正，科学合理。对投标文件的评价、比较和分析，要客观公正，不以主观好恶为标准且不带成见，真正在投标文件的响应性、技术性、经济性等方面评出客观的差别和优劣。采用的评标定标方法，对评审指标的设置和评分标准的具体划分，都要在充分考虑招标项目的具体特点和招标人的合理意愿的基础上，尽量避免和减少人为因素，做到招标过程科学合理。

3）实事求是，择优定标。对投标文件的评审，要从实际出发，实事求是。评标定标活动既要全面，也要有重点，不能泛泛进行。任何一个招标项目都有自己的具体内容和特点，招标人作为合同的一方主体，对合同的签订和履行负有其他任何单位和个人都无法替代的责任，所以，在其他条件同等的情况下，应该允许招标人选择更符合招标工程特点和自己招标意愿的投标人中标。招标评标办法可根据具体情况，侧重于工期或价格、质量、信誉等一、两个招标工程客观上需要照顾的重点，在全面评审的基础上做出合理取舍。这应该说是招标人的一项重要权利，招标投标管理机构对此应予以尊重。但招标的根本目的在于择优，而择优决定了评标定标办法中的突出重点、照顾工程特点和招标人意图，只能是在同等的条件下，针对实际存在的客观因素而不是纯粹招标人主观上的需要，才被允许，才是公正合理的。所以，在实践中，也要注意避免将招标人的主观好恶掺入评标定标办法，防止影响和损害招标的择优宗旨。

（2）中标人的投标应当符合的条件。《招标投标法》规定，中标人的投标应当符合下列条件之一：

1）能够最大限度地满足招标文件中规定的各项综合评价标准。

2）能够满足招标文件的实质性要求，并为经评审的最低投标价格，投标价格低于成本的除外。

（3）评标程序。评标程序一般可分为初步评审和详细评审两个阶段。

1）初步评审。包括对投标文件的符合性评审、技术性评审和商务性评审。

2）详细评审。经过初步评审合格的投标文件，评标委员会应当根据招标文件确定的评标标准和方法，对其技术部分和商务部分做进一步评审、比较。

5. 评标方法

监理评标一般采用综合评议法，具体步骤如下：

（1）监理服务费报价（30分）。监理服务费报价，根据国家和地方有关规定，按所监理工程建设项目的概（预）算百分比以插入法计算（表3-2）。

表 3-2　工程建设监理收费标准

序号	工程概(预)算 M/万元	设计阶段(含设计招标)监理取费 a/%	施工(含施工招标)及保修阶段监理取费 b/%
1	$M<500$	$0.20<a$	$2.50<b$
2	$500 \leqslant M<1\,000$	$0.15<a \leqslant 0.20$	$2.00<b \leqslant 2.50$
3	$1\,000 \leqslant M<5\,000$	$0.10<a \leqslant 0.15$	$1.40<b \leqslant 2.00$
4	$5\,000 \leqslant M<1\,0000$	$0.08<a \leqslant 0.10$	$1.20<b \leqslant 1.40$
5	$10\,000 \leqslant M<50\,000$	$0.05<a \leqslant 0.08$	$0.80<b \leqslant 1.20$
6	$50\,000 \leqslant M<100\,000$	$0.03<a \leqslant 0.05$	$0.60<b \leqslant 0.80$
7	$100\,000 \leqslant M$	$a \leqslant 0.03$	$b \leqslant 0.60$

监理服务费标底的确定,主要根据工程总投资用百分比以插入法计算,或按投标人所报百分数加权平均,即

$$\sum \text{投标人所报百分比} / \sum \text{投标人个数} = \text{标底百分比}$$

投标人所报百分比在标底±0.1%以内的为最佳标,得满分;每高 0.1%扣 6 分,每低 0.1%扣 5 分。

(2)监理大纲(40 分)。

1)组织机构(5 分)。其中,机构配置合理 0~1.5 分;专业配套 0~1.5 分;人员数量合适 1~2 分。

2)有监理工作控制目标(1 分)。

3)有质量目标控制(15 分)。其中,有明确的质量目标 0~3 分;原材料、构配件及设备有质量控制手段、办法 1~3 分;有现场配置材料、构配件质量监控措施 1~3 分;有分部分项工程质量验收程序和办法 0~3 分;有质量监控流程图 0~3 分。

4)工程目标监理(9 分)。其中,有明确工期目标 1~4 分;有工程建设项目总控制进度计划意见、内容和措施 1~5 分。

5)投资目标监理(10 分)。其中,有明确控制投资办法 0~4 分;有工程投资监理程序 0~6 分。

(3)企业资质(10 分)。

1)企业资质等级与监理工程相符,得 8 分。

2)企业资质等级每高一级增加 2 分,每低一级减 4 分。

(4)企业业绩(10 分)。

1)所监理的工程是否全部按期交工及建设单位的评价(2 分)。

2)所监理的工程质量(3 分)。其中,全部一次交验合格 1 分;30%达到优良得 1 分;每增加 10%加 1 分。此项最高得 3 分。

3)合同履约率(1 分)。其中,达到 100%得 1 分;未达到的不得分。

4)上一年所监理的工程建设项目有合理化建议并为建设单位节约投资(1~4 分)。

(5)企业信誉(10 分)。

1)历年来履约情况和社会形象(6 分)。其中,经考察良好得 6 分;较好得 3 分;一般得 2 分。

2）上一年度获省、市级"重合同、守信用"企业称号（4分）。

（三）定标

评标结束后，评标小组应写出评标报告，提出中标单位的建议，交业主或其主管部门审核。评标报告一般由下列内容组成：

（1）招标情况。招标情况主要包括工程说明、招标过程等。

（2）开标情况。开标情况主要有开标时间、地点、参加开标会议人员、唱标情况等。

（3）评标情况。评标情况主要包括评标委员会的组成及评标委员会人员名单、评标工作的依据及评标内容等。

（4）推荐意见。

（5）附件。附件主要包括评标委员会人员名单；投标单位资格审查情况表；投标文件符合情况鉴定表；投标报价评比报价表；投标文件质询澄清的问题等。

第二节　工程建设监理投标

一、监理投标决策

工程监理单位要想中标获得建设工程监理任务并获得预期利润，就需要认真进行投标决策。所谓投标决策，主要包括两方面内容：一是决定是否参与竞标；二是如果参加投标，应采取什么样的投标策略。投标决策的正确与否，关系到工程监理单位能否中标及中标后的经济效益。

1. 投标决策原则

投标决策活动要从工程特点与工程监理企业自身需求之间选择最佳结合点。为实现最优盈利目标，可以参考如下基本原则进行投标决策：

（1）充分衡量自身人员和技术实力能否满足工程项目要求，且要根据工程监理单位自身实力、经验和外部资源等因素来确定是否参与竞标。

（2）充分考虑国家政策、建设单位信誉、招标条件、资金落实情况等，保证中标后工程项目能顺利实施。

（3）由于目前工程监理单位普遍存在注册监理工程师稀缺、监理人员数量不足的情况，因此在一般情况下，工程监理单位与其将有限人力资源分散到几个小工程投标中，不如集中优势力量参与一个较大建设工程监理投标。

（4）对于竞争激烈、风险特别大或把握不大的工程项目，应主动放弃投标。

2. 投标决策定量分析方法

常用的投标决策定量分析方法有综合评价法和决策树法。

（1）综合评价法。综合评价法是指决策者决定是否参加某建设工程监理投标时，将影响其投标决策的主客观因素用某些具体指标表示出来，并定量地进行综合评价，以此作为投标决策依据。

1)确定影响投标的评价指标。不同工程监理单位在决定是否参加某建设工程监理投标时所应考虑的因素是不同的，但一般都要考虑企业人力资源、技术力量、投标成本、经验业绩、竞争对手实力、企业长远发展等多方面因素，考虑的指标一般有总监理工程师能力、监理团队配置、技术水平、合同支付条件、同类工程经验、可支配的资源条件、竞争对手数量和实力、竞争对手投标积极性、项目利润、社会影响、风险情况等。

2)确定各项评价指标权重。上述各项指标对工程监理单位参加投标的影响程度是不同的，为了在评价中能反映各项指标的相对重要程度，应当对各项指标赋予不同权重。各项指标权重为 W_i，各 W_i 之和应当等于1。

3)各项评价指标评分。针对具体工程项目，衡量各项评价指标水平，可划分为好、较好、一般、较差、差五个等级，各等级赋予定量数值，如可按 1.0、0.8、0.6、0.4、0.2 进行打分。

4)计算综合评价总分。将各项评价指标权重与等级评分相乘后累加，即可求出建设工程监理投标机会总分。

5)决定是否投标。将建设工程监理投标机会总分与过去其他投标情况进行比较或者与工程监理单位事先确定的可接受的最低分数相比较，决定是否参加投标。

（2）决策树法。工程监理单位有时会同时收到多个不同或类似建设工程监理投标邀请书，而工程监理单位的资源是有限的，若不分重点地将资源平均分布到各个投标工程，则每一个工程中标的概率都很低。为此，工程监理单位应针对每项工程特点进行分析，比选不同方案，以期选出最佳投标对象。这种多项目方案的选择，通常可以应用决策树法进行定量分析。

1)适用范围。决策树分析法是适用风险型决策分析的一种简便易行的实用方法，其特点是用一种树状图表示决策过程，通过事件出现的概率和损益期望值的计算比较，帮助决策者对行动方案做出抉择。当工程监理单位不考虑竞争对手的情况（投标时往往事先不知道参与投标的竞争对手），仅根据自身实力决定某些工程是否投标及如何报价时，则是典型的风险型决策问题，适用决策树法进行分析。

2)基本原理。决策树是模拟树木成长过程，从出发点（称决策点）开始不断分枝来表示所分析问题的各种发展可能性，并以分枝的期望值中最大（或最小）者作为选择依据。从决策点分出的枝称为方案枝，从方案枝分出的枝称为概率分枝。方案枝分出的各概率分枝的分叉点及概率分枝的分叉点，称为自然状态点。概率分枝的终点称为损益值点。

绘制决策树时，自左向右，形成树状，其分枝使用直线，决策点、自然状态点、损益值点分别使用不同的符号表示。其画法如下：

①画一个方框作为决策点，并编号；

②从决策点向右引出若干条直（折）线，形成方案枝，每条线段代表一个方案，方案名称一般直接标注在线段的上（下）方；

③每个方案枝末端画一个圆圈，代表自然状态点。圆圈内编号，与决策点一起顺序排列；

④从自然状态点引出若干条直（折）线，形成概率分枝，发生的概率一般直接标注在线段的上方（多数情况下标注在括号内）；

⑤如果问题只需要一级决策，则概率分枝末端画一个"△"，表示终点。终点右侧标出

该自然状态点的损益值。如还需要进行第二阶段决策，则用决策点"□"代替终点"△"，再重复上述步骤画出决策树。

3）决策过程。用决策树法分析，其决策过程如下：

①根据已知情况绘出决策树；

②计算期望值。一般从终点逆向逐步计算，每个自然状态点处的损益期望值 E_i 按公式（3-1）计算：

$$E_i = \sum P_i \times B_i \tag{3-1}$$

式中，P_i 和 B_i 分别表示概率分支的概率和损益值。

③确定决策方案。各方案支端点自然状态点的损益期望值即各方案的损益期望值。在比较方案时，若考虑的是收益值，则取最大期望值；若考虑的是损失值，则取最小期望值。根据计算出的期望值和决策者的才智与经验来分析，做出最后判断。

二、监理投标程序

投标人一旦决定投标后，就应在规定的时间内按以下程序进行投标：

（1）向招标人申请投标。投标人向招标人申请投标时，应向招标人提供以下主要材料：

1）企业营业执照和资质等级证书。

2）企业简历。

3）监理机构组成人员名册、总监理工程师和主要监理人员的资格证书和监理经历。

4）投标单位检测设备一览表。

5）近年来工程监理业绩、质量情况和获得的荣誉。

（2）购买招标文件和有关资料，交纳投标保证金。

（3）组织投标班子或委托投标代理人。

（4）参加踏勘现场和投标预备会。

（5）编制投标文件。投标文件也称投标书或标书，即投标人响应招标而编制的用于投标竞争的综合性技术经济文件。投标文件既是招标人评标的书面依据，也是中标单位进行监理合同谈判的基础。因此，投标文件应对招标文件提出的实质性内容和要求做出响应。

（6）递送投标文件。投标文件编制完成后，应认真审查，确认无误后应密封完好，并在招标文件规定的投标截止时间之前送达指定地点。

（7）参加开标会议。投标人应按招标文件要求参加开标会议，并接受评标组织就投标文件中不清楚的问题的询问，举行澄清会谈。

（8）接受《中标通知书》，签订合同。投标人一旦中标，招标人会在规定时间内送达《中标通知书》，招标工作即告一段落，随即转入合同谈判。在双方达成一致的基础上订立书面合同，并报住房城乡建设主管部门招标投标监督管理机构审定备案。

三、监理投标书的内容

投标书既是招标人评选的主要书面依据，也是招标人与中标监理单位进行监理合同谈判的基础。为了使投标的价格因素对选择中标单位不致产生较大的影响，通常将投标书分为技术建议书和财务建议书两部分分别封装，并予以注明。监理投标书应当包括以下内容：

（1）投标综合说明。

（2）监理大纲或监理规划（投标文件的核心内容）。

（3）监理人员一览表（其中应确定项目总监理工程师、主要专业监理工程师）。

（4）监理人员学历证书、职称证书及监理人员注册证书复印件。

（5）用于投标工程的检测设备、仪器一览表或委托具备资质的单位承担检测的协议。

（6）近三年来的监理工程一览表及奖惩情况。

（7）监理费报价。监理费报价可以采用三种方式：按每平方米报价；按总造价报取费费率；按项目进行总报价。具体按何种方式报价，要根据招标文件的要求或者投标工程的特点来确定。

四、监理投标文件的编制

工程建设监理投标文件反映了工程监理单位的综合实力和完成监理任务的能力，是招标人选择工程监理单位的主要依据之一。投标文件编制质量的高低，直接关系到中标可能性的大小，因此，如何编制好工程建设监理投标文件是工程监理单位投标的首要任务。

1. 投标文件编制原则

（1）响应招标文件，保证不被废标。工程建设监理投标文件编制的前提是要按招标文件要求的条款和内容格式编制，必须在满足招标文件要求的基本条件下，尽可能精益求精，响应招标文件实质性条款，防止废标发生。

（2）认真研究招标文件，深入领会招标文件意图。一本规范化的招标文件少则十余页，多则几十页，甚至上百页，只有全部熟悉并领会各项条款要求，才能事先发现不理解或前后矛盾、表述不清的条款，通过标前答疑会，解决所有发现的问题，防止因不熟悉招标文件导致"失之毫厘，谬以千里"的后果发生。

（3）投标文件要内容详细、层次分明、重点突出。完整、规范的投标文件，应尽可能将投标人的想法、建议及自身实力叙述详细，做到内容深入而全面。为了尽可能让招标人或评标专家在很短的评标时间内了解投标文件内容及投标单位实力，就要在投标文件的编制上下功夫，做到层次分明，表达清楚，重点突出。投标文件体现的内容要针对招标文件评分办法的重点得分内容，如企业业绩、人员素质及监理大纲中建设工程目标控制要点等，要有意识地说明和标设，并在目录上专门列出或在编辑包装中采用装饰手法等，力求起到加深印象的作用，这样做会收到事半功倍的效果。

2. 投标文件编制依据

（1）国家及地方有关工程建设监理投标的法律法规及政策。必须以国家及地方有关工程建设监理投标的法律法规与政策为准绳编制工程建设监理投标文件，否则，可能会造成投标文件的内容与法律法规及政策相抵触，甚至造成废标。

（2）工程建设监理招标文件。工程监理投标文件必须对招标文件做出实质性响应，而且其内容应尽可能与建设单位的意图或建设单位的要求相符合。越是能够贴切地满足建设单位需求的投标文件，越会受到建设单位的青睐，其中标的概率也相对较高。

（3）企业现有的设备资源。编制工程建设监理投标文件时，必须考虑工程监理单位现有的设备资源。要根据不同监理投标的具体情况进行统一调配，尽可能将工程监理单位现有可动用的设备资源编入工程建设监理投标文件，提高投标文件的竞争实力。

（4）企业现有的人力及技术资源。工程监理单位现有的人力及技术资源主要表现为有精通所招标工程的专业技术人员和具有丰富经验的总监理工程师、专业监理工程师、监理员；有工程项目管理、设计及施工专业特长，有能帮助建设单位协调解决各类工程技术难题的能力；拥有同类工程建设监理经验；在各专业有具有一定技术能力的合作伙伴，必要时可联合向建设单位提供咨询服务。另外，应当将工程监理单位内部现有的人力及技术资源优化组合后编入监理投标文件，以便在评标时获得较高的技术投标得分。

（5）企业现有的管理资源。建设单位判断工程监理单位是否能胜任工程建设监理任务，在很大程度上要看工程监理单位在日常管理中有何特长，类似工程建设监理经验如何，针对本工程有何具体管理措施等。为此，工程监理单位应当将其现有的管理资源充分展现在投标文件中，以获得建设单位的注意，从而最终中标。

3. 监理大纲的编制

工程建设监理投标文件的核心是反映监理服务水平高低的监理大纲，尤其是针对工程具体情况制定的监理对策，以及向建设单位提出的原则性建议等。监理大纲一般应包括以下主要内容：

（1）工程概述。根据建设单位提供和自己初步掌握的工程信息，对工程特征进行简要描述，主要包括工程名称、工程内容及建设规模；工程结构或工艺特点；工程地点及自然条件概况；工程质量、造价和进度控制目标等。

（2）监理依据和监理工作内容。

1）监理依据：法律法规及政策；工程建设标准［包括《建设工程监理规范》（GB/T 50319—2013）］；工程勘察设计文件；工程建设监理合同及相关建设工程合同等。

2）监理工作内容：质量控制、造价控制、进度控制、合同管理、信息管理、组织协调、安全生产管理的监理工作等。

3）工程建设监理实施方案。工程建设监理实施方案是监理评标的重点。根据监理招标文件的要求，针对建设单位委托的监理工程的特点，拟订监理工作指导思想、工作计划；主要管理措施、技术措施以及控制要点；拟采用的监理方法和手段；监理工作制度和流程；监理文件资料管理和工作表式；拟投入的资源等。建设单位一般会特别关注工程监理单位资源的投入，一方面是项目监理机构的设置和人员配备，包括监理人员（尤其是总监理工程师）素质、监理人员数量和专业配套情况；另一方面是监理设备配置，包括检测、办公、交通和通信等设备。

4）工程建设监理难点、重点及合理化建议。工程建设监理难点、重点及合理化建议是整个投标文件的精髓。工程监理单位在熟悉招标文件和施工图的基础上，要按实际监理工作的开展和部署进行策划，既要全面涵盖"三控两管一协调"和安全生产管理职责的内容，又要有针对性地提出重点工作内容、分部分项工程控制措施和方法及合理化建议，并说明采纳这些建议将会在工程质量、造价、进度等方面产生的效益。

4. 编制投标文件的注意事项

工程建设监理招标、评标注重对工程监理单位能力的选择。因此，工程监理单位在投标时应在体现监理能力方面下功夫，并着重解决下列问题：

（1）投标文件应对招标文件内容做出实质性响应。

（2）项目监理机构的设置应合理，要突出监理人员素质，尤其是总监理工程师人选，将是建设单位重点考察的对象。

（3）应有类似工程建设监理经验。

（4）监理大纲能充分体现工程监理单位的技术、管理能力。

（5）监理服务报价应符合国家收费规定和招标文件对报价的要求，以及工程建设监理成本-利润测算。

（6）投标文件既要响应招标文件要求，又要巧妙回避建设单位的苛刻要求，同时，还要避免为提高竞争力而盲目扩大监理工作范围，否则会给合同履行留下隐患。

5. 参加开标及答辩

（1）参加开标。参加开标是工程监理单位需要认真准备的投标活动，应按时参加开标，避免废标情况发生。

（2）答辩。招标项目要求现场答辩的，工程监理单位要充分做好答辩前准备工作，强化工程监理人员答辩能力，提高答辩信心，积累相关经验，提升监理队伍的整体实力，包括仪表、自信心、表达力、知识储备等。平时要有计划地培训学习，逐步提高整体实战能力，并形成一整套可复制的模拟实战方案，这样才能实现专业技术与管理能力同步，做到精心准备与快速反应有机结合。答辩前，应拟订答辩的基本范围和纲领，细化到人和具体内容，组织演练，相互提问。另外，要了解对手，知己知彼、百战不殆，了解竞争对手的实力和拟订安排的总监理工程师及团队，完善自己的团队，发挥自身优势。在各组织成员配齐后，总监理工程师就可以担当答辩的组织者，以团队精神做好心理准备，有了内容心里就有了底，再调整每个人的情绪，以饱满的精神沉着应对。

6. 投标后评估

投标后评估是对投标全过程的分析和总结，对一个成熟的工程监理企业，无论建设工程监理投标成功与否，投标后评估不可缺少。投标后评估要全面评价投标决策是否正确，影响因素和环境条件是否分析全面，重难点和合理化建议是否有针对性，总监理工程师及项目监理机构成员人数、资历及组织机构设置是否合理，投标报价预测是否准确，参加开标和总监理工程师答辩准备是否充分，投标过程组织是否到位等。投标过程中任何导致成功与失败的细节都不能放过，这些细节是工程监理单位在随后投标过程中需要注意的问题。

【例 3-4】（2014 年真题）工程监理单位编制投标文件应遵循的原则有（　　）。

A. 明确监理任务分工

B. 响应监理招标文件要求

C. 调查研究竞争对手投标策略

D. 深入领会招标文件意识

E. 尽可能使投标文件内容深入而全面

【答案】　BDE

第三节　建设工程监理合同

建设工程监理合同是指委托人(建设单位)与监理人(工程监理单位)就委托的建设工程

监理与相关服务内容签订的明确双方义务和责任的协议。其中，委托人是指委托工程监理与相关服务的一方及其合法的继承人或受让人；监理人为提供监理与相关服务的一方及其合法的继承人。

一、监理合同的作用与特点

1. 监理合同的作用

工程建设监理制是我国建筑业在市场经济条件下保证工程质量、规范市场主体行为、提高管理水平的一项重要措施。工程监理与发包人和承包商共同构成建筑市场的主体，为了使建筑市场的管理规范化、法制化，大型工程建设项目不仅要实行建设监理制，而且要求发包人必须以合同形式委托监理任务。监理工作的委托与被委托实质上是一种商业行为，因此，必须以书面合同形式来明确工程服务的内容，以便为发包人和监理单位的共同利益服务。监理合同不仅明确了双方的责任和合同履行期间应遵守的各项约定，成为当事人的行为准则，而且可以作为保护任何一方合法权益的依据。

作为合同当事人一方的工程建设监理公司应具备相应的资格：不仅要求其是依法成立并已注册的法人组织，而且要求它所承担的监理任务应与其资质等级和营业执照中批准的业务范围相一致，既不允许低资质的监理公司承接高等级工程的监理业务，也不允许承接虽与资质级别相适应，但工作内容超越其监理能力范围的工作，以保证所监理工程的目标顺利圆满实现。

2. 监理合同的特点

监理合同是委托合同的一种，除具有委托合同的共同特点外，还具有以下特点：

（1）监理合同的当事人双方应当是具有民事权利能力和民事行为能力、取得法人资格的企事业单位、其他社会组织，个人在法律允许的范围内也可以成为合同当事人。委托人必须是具有国家批准的建设项目、落实投资计划的企事业单位、其他社会组织及个人，受托人必须是依法成立具有法人资格的监理企业，并且所承担的工程监理业务应与企业资质等级和业务范围相符合。

（2）监理合同委托的工作内容必须符合工程项目建设程序，遵守有关法律、行政法规。监理合同以对建设工程项目实施控制和管理为主要内容，因此，监理合同必须符合建设工程项目的程序，符合国家和住房城乡建设主管部门颁发的有关建设工程的法律、行政法规、部门规章和各种标准、规范要求。

（3）委托监理合同的标的是服务。建设工程实施阶段所签订的其他合同，如勘察设计合同、施工承包合同、物资采购合同、加工承揽合同的标的物是产生新的物质成果或信息成果，而监理合同的标的是服务，即监理工程师凭借自己的知识、经验、技能受发包人委托为其所签订其他合同的履行实施监督和管理。

二、监理合同的形式

为了明确监理合同当事人双方的权利和义务关系，应当以书面形式签订监理合同，而不能采用口头形式。由于发包人委托监理任务有繁有简，具体工程监理工作的特点各异，因此，监理合同的内容和形式也不尽相同。经常采用的合同形式有以下几种：

（1）双方协商签订的合同。双方协商签订的监理合同以法律和法规的要求为基础，双方根据委托监理工作的内容和特点，通过友好协商订立有关条款，达成一致后签字盖章生效。合同的格式和内容不受任何限制，双方就权利和义务所关注的问题以条款形式具体约定即可。

（2）信件式合同。信件式合同通常由监理单位编制有关内容，由发包人签署批准意见，并留一份备案后退给监理单位执行。这种合同形式适用监理任务较小或简单的小型工程。也可能是在正规合同的履行过程中，依据实际工作进展情况，监理单位认为需要增加某些监理工作任务时，以信件的形式请示发包人，经发包人批准后作为正规合同的补充合同文件。

（3）委托通知单。在正规合同履行过程中，发包人以通知单形式把监理单位在订立委托合同时建议增加而当时未接受的工作内容进一步委托给监理方。这种委托只是在原定工作范围之外增加少量工作任务，一般情况下原订合同中的权利和义务不变。如果监理单位不表示异议，委托通知单就成为监理单位所接受的协议。

（4）标准化合同。为了使委托监理行为规范化，减少合同履行过程中的争议或纠纷，政府部门或行业组织制定出标准化的合同示范文本，供委托监理任务时作为合同文件采用。标准化合同通用性强，采用规范的合同格式，条款内容覆盖面广，双方只要就达成一致的内容写入相应的具体条款中即可。标准合同由于将履行过程中涉及的法律、技术、经济等各方面问题都做出了相应的规定，合理地分担双方当事人的风险并约定了各种情况下的执行程序，不仅有利于双方在签约时讨论、交流和统一认识，而且有助于监理工作的规范化实施。

三、《建设工程监理合同（示范文本）》（GF-2012-0202）的结构

建设工程监理合同的订立，意味着委托关系的形成，委托人与监理人之间的关系将受到合同约束。为了规范工程建设监理合同，住房和城乡建设部与国家工商行政管理总局于 2012 年 3 月发布了《建设工程监理合同（示范文本）》（GF-2012-0202），该合同示范文本由协议书、通用条件、专用条件以及附录 A 和附录 B 组成。

《建设工程监理合同（示范文本）》（GF-2012-0202）

1. 协议书

协议书不仅明确了委托人和监理人，而且明确了双方约定的委托工程建设监理与相关服务的工程概况（工程名称、工程地点、工程规模、工程概算投资额或建筑安装工程费）；总监理工程师（姓名、身份证号、注册号）；签约酬金（监理酬金、相关服务酬金）；服务期限（监理期限、相关服务期限）；双方对履行合同的承诺及合同订立的时间、地点、份数等。

协议书还明确了工程建设监理合同的组成文件：

（1）协议书。

（2）中标通知书（适用招标工程）或委托书（适用非招标工程）。

（3）投标文件（适用招标工程）或监理与相关服务建议书（适用非招标工程）。

（4）专用条件。

（5）通用条件。

（6）附录。

1)附录 A，相关服务的范围和内容。

2)附录 B，委托人派遣的人员和提供的房屋、资料、设备。

工程建设监理合同签订后，双方依法签订的补充协议也是工程建设监理合同文件的组成部分。协议书是一份标准的格式文件，经当事人双方在空格处填写具体规定的内容并签字盖章后，即发生法律效力。

2. 通用条件

通用条件涵盖了工程建设监理合同中所用的词语定义与解释，监理人的义务，委托人的义务，签约双方的违约责任，酬金支付，合同的生效、变更、暂停、解除与终止，争议解决及其他诸如外出考察费用、检测费用、咨询费用、奖励、守法诚信、保密、通知、著作权等方面的约定。通用文件适用各类工程建设监理，各委托人、监理人都应遵守通用条件中的规定。

3. 专用条件

由于通用条件适用各行业、各专业工程建设监理，因此，其中的某些条款规定得比较笼统，需要在签订具体工程建设监理合同时，结合地域特点、专业特点和委托监理的工程特点，对通用条件中的某些条款进行补充、修改。

所谓补充，是指通用条件中的条款明确规定，在该条款确定的原则下，专用条件中的条款需要进一步明确具体内容，使通用条件、专用条件中相同序号的条款共同组成一条内容完备的条款。如通用条件规定，监理依据包括以下几项：

(1)适用的法律、行政法规及部门规章。

(2)与工程有关的标准。

(3)工程设计及有关文件。

(4)本合同及委托人与第三方签订的与实施工程有关的其他合同。

双方根据建设工程的行业和地域特点，在专用条件中具体约定监理依据。就具体工程建设监理而言，委托人与监理人就需要根据工程的行业和地域特点，在专用条件中的相同序号条款中明确具体的监理依据。

所谓修改，是指通用条件中规定的程序方面的内容，如果双方认为不合适，可以协议修改。如通用条件中规定，委托人应授权一名熟悉工程情况的代表，负责与监理人联系。委托人应在双方签订本合同后 7 天内，将委托人代表的姓名和职责书面告知监理人。

当委托人更换委托人代表时，应提前 7 天通知监理人。如果委托人或监理人认为 7 天的时间太短，经双方协商达成一致意见后，可在专用条件相同序号条款中写明具体的延长时间，如改为 14 天等。

4. 附录

附录包括两部分，即附录 A 和附录 B。

(1)附录 A。委托人委托监理人完成相关服务时，应在附录 A 中明确约定委托的工作内容和范围。委托人根据工程建设管理需要，可以自主委托全部内容，也可以委托某个阶段的工作或部分服务内容。如果委托人仅委托工程建设监理，则不需要填写附录 A。

(2)附录 B。委托人为监理人开展正常监理工作派遣的人员和无偿提供的房屋、资料、设备，应在附录 B 中明确约定派遣或提供的对象、数量和时间。

【例 3-5】（2017 年真题）根据《建设工程监理合同（示范文本）》(GF-2012-0202)，仅就中标通知书、协议书、专用条件而言，优先解释顺序正确的是（　　　）。

A. 协议书→专用条件→中标通知书

B. 协议书→中标通知书→专用条件

C. 中标通知书→协议书→专用条件

D. 中标通知书→专用条件→协议书

【答案】　B

【例 3-6】 （2016 年真题)组成《建设工程监理合同(示范文本)》(GF-2012-0202)的合同文件有：①投标文件；②中标通知书；③协议书；④通用条件；⑤专用条件；⑥附录 A、附录 B，当上述文件内容出现歧义时，其解释顺序是（　　　）。

A.①②③④⑤⑥　　　　　　　　B.③②⑤⑥④①

C.⑥①④③②⑤　　　　　　　　D.③②④⑤⑥①

【答案】　B

四、建设工程监理合同履行

(一)监理人的义务

1. 监理范围和工作内容

(1)监理范围。建设工程监理范围可能是整个建设工程，也可能是建设工程中一个或若干施工标段，还可能是一个或若干施工标段中的部分工程(如土建工程、机电设备安装工程、玻璃幕墙工程、桩基工程等)。合同双方需要在专用条件中明确建设工程监理的具体范围。

(2)监理工作内容。对于强制实施监理的建设工程，合同的通用条件约定了 22 项属于监理人需要完成的基本工作，也是确保建设工程监理取得成效的重要基础。

监理人需要完成的基本工作如下：

1)收到工程设计文件后编制监理规划，并在第一次工地会议 7 天前报委托人。根据有关规定和监理工作需要，编制监理实施细则；

2)熟悉工程设计文件，并参加由委托人主持的图纸会审和设计交底会议；

3)参加由委托人主持的第一次工地会议；主持监理例会并根据工程需要主持或参加专题会议；

4)审查施工承包人提交的施工组织设计，重点审查其中的质量安全技术措施、专项施工方案与工程建设强制性标准的符合性；

5)检查施工承包人工程质量、安全生产管理制度及组织机构和人员资格；

6)检查施工承包人专职安全生产管理人员的配备情况；

7)审查施工承包人提交的施工进度计划，核查施工承包人对施工进度计划的调整；

8)检查施工承包人的试验室；

9)审核施工分包人资质条件；

10)查验施工承包人的施工测量放线成果；

11)审查工程开工条件，对条件具备的签发开工令；

12)审查施工承包人报送的工程材料、构配件、设备的质量证明资料，抽检进场的工程材料、构配件的质量；

13)审核施工承包人提交的工程款支付申请，签发或出具工程款支付证书，并报委托人审核、批准；

14)在巡视、旁站和检验过程中，发现工程质量、施工安全存在事故隐患的，要求施工承包人整改并报委托人；

15)经委托人同意，签发工程暂停令和复工令；

16)审查施工承包人提交的采用新材料、新工艺、新技术、新设备的论证材料及相关验收标准；

17)验收隐蔽工程、分部分项工程；

18)审查施工承包人提交的工程变更申请，协调处理施工进度调整、费用索赔、合同争议等事项；

19)审查施工承包人提交的竣工验收申请，编写工程质量评估报告；

20)参加工程竣工验收，签署竣工验收意见；

21)审查施工承包人提交的竣工结算申请并报委托人；

22)编制、整理建设工程监理归档文件并报委托人。

(3)相关服务的范围和内容。委托人需要监理人提供相关服务(如勘察阶段、设计阶段、保修阶段服务及其他专业技术咨询、外部协调工作等)的，其范围和内容应在附录 A 中约定。

【例 3-7】 (2019 年真题)在召开第一次工地会议( )天前，由总监理工程师组织编制监理规划，并报送建设单位。

A. 5　　　　　B. 7　　　　　C. 10　　　　　D. 15

【答案】 B

2. 项目监理机构和人员

(1)项目监理机构。监理人应组建满足工作需要的项目监理机构，配备必要的检测设备。项目监理机构的主要人员应具有相应的资格条件。

项目监理机构应由总监理工程师、专业监理工程师和监理员组成，且专业配套、人员数量满足监理工作需要。总监理工程师必须由注册监理工程师担任，必要时可设总监理工程师代表。配备必要的检测设备，是保证建设工程监理效果的重要基础。

(2)项目监理机构人员的更换。

1)在建设工程监理合同履行过程中，总监理工程师及重要岗位监理人员应保持相对稳定，以保证监理工作正常进行。

2)监理人可根据工程进展和工作需要调整项目监理机构人员。需要更换总监理工程师时，应提前 7 天向委托人书面报告，经委托人同意后方可更换；监理人更换项目监理机构其他监理人员，应以不低于现有资格与能力为原则，并应将更换情况通知委托人。

3)监理人应及时更换有下列情形之一的监理人员：

①有严重过失行为的；

②有违法行为不能履行职责的；

③涉嫌犯罪的；

④不能胜任岗位职责的；

⑤严重违反职业道德的；

⑥专用条件约定的其他情形。

4)委托人可要求监理人更换不能胜任本职工作的项目监理机构人员。

3. 履行职责

监理人应遵循职业道德准则和行为规范，严格按照法律法规、工程建设有关标准及监理合同履行职责。

（1）委托人、施工承包人及有关各方意见和要求的处置。在建设工程监理与相关服务范围内，项目监理机构应及时处置委托人、施工承包人及有关各方的意见和要求。当委托人与施工承包人及其他合同当事人发生合同争议时，项目监理机构应充分发挥协调作用，与委托人、施工承包人及其他合同当事人协商解决。

（2）证明材料的提供。委托人与施工承包人及其他合同当事人发生合同争议的，首先应通过协商、调解等方式解决。如果协商、调解不成而通过仲裁或诉讼途径解决的，监理人应按仲裁机构或法院要求提供必要的证明材料。

（3）合同变更的处理。监理人应在专用条件约定的授权范围（工程延期的授权范围、合同价款变更的授权范围）内，处理委托人与承包人所签订合同的变更事宜。如果变更超过授权范围，应以书面形式报委托人批准。

在紧急情况下，为了保护财产和人身安全，项目监理机构可不经请示委托人而直接发布指令，但应在发出指令后的 24 小时内以书面形式报委托人。这样，项目监理机构就拥有一定的现场处置权。

（4）承包人人员的调换。施工承包人及其他合同当事人的人员不称职，会影响建设工程的顺利实施。为此，项目监理机构有权要求施工承包人及其他合同当事人调换其不能胜任本职工作的人员。与此同时，为限制项目监理机构在此方面有过大的权力，委托人与监理人可在专用条件中约定项目监理机构指令施工承包人及其他合同当事人调换其人员的限制条件。

4. 其他义务

（1）提交报告。项目监理机构应按专用条件约定的种类、时间和份数向委托人提交监理与相关服务的报告，包括监理规划、监理月报，还可根据需要提交专项报告等。

（2）文件资料。在监理合同履行期内，项目监理机构应在现场保留工作所用的图纸、报告及记录监理工作的相关文件。工程竣工后，应当按照档案管理规定将监理有关文件归档。

建设工程监理工作中所用的图纸、报告是建设工程监理工作的重要依据。记录建设工程监理工作的相关文件是建设工程监理工作的重要证据，也是衡量建设工程监理效果的主要依据之一。发生工程质量、生产安全事故时，也是判别建设工程监理责任的重要依据。

项目监理机构应设专人负责建设工程监理文件资料管理工作。

（3）使用委托人的财产。在建设工程监理与相关服务过程中，委托人派遣的人员以及提供给项目监理机构无偿使用的房屋、资料、设备应在附录 B 中予以明确。监理人应妥善使用和保管，并在合同终止时将这些房屋、设备按专用条件约定的时间和方式移交委托人。

（二）委托人的义务

1. 告知

委托人应在其与施工承包人及其他合同当事人签订的合同中明确监理人、总监理工程师和授予项目监理机构的权限。

如果监理人、总监理工程师以及委托人授予项目监理机构的权限有变更，委托人也应以书面形式及时通知施工承包人及其他合同当事人。

2. 提供资料

委托人应按照附录 B 的约定，无偿、及时地向监理人提供工程有关资料。在建设工程监理合同履行过程中，委托人应及时向监理人提供最新的与工程有关的资料。

3. 提供工作条件

委托人应为监理人实施监理与相关服务提供必要的工作条件。

(1)派遣人员并提供房屋、设备。委托人应按照附录 B 的约定，派遣相应的人员，如果所派遣的人员不能胜任所安排的工作，监理人可要求委托人调换。委托人还应按照附录 B 的约定，提供房屋、设备，供监理人无偿使用。如果在使用过程中发生水、电、煤、油及通信费用等需要监理人支付，应在专用条件中约定。

(2)协调外部关系。委托人应负责协调工程建设中所有外部关系，为监理人履行合同提供必要的外部条件。这里的外部关系是指与工程有关的各级政府住房城乡建设主管部门、建设工程安全质量监督机构，以及城市规划、卫生防疫、人防、技术监督、交警、乡镇街道等管理部门之间的关系，还有与工程有关的各管线单位等之间的关系。如果委托人将工程建设中所有或部分外部关系的协调工作委托监理人完成，则应与监理人协商，并在专用条件中约定或签订补充协议，支付相关费用。

4. 授权委托人代表

委托人应授权一名熟悉工程情况的代表，负责与监理人联系。委托人应在双方签订合同后 7 天内，将其代表的姓名和职责书面告知监理人。当委托人更换其代表时，也应提前 7 天通知监理人。

5. 委托人意见或要求

在建设工程监理合同约定的监理与相关服务工作范围内，委托人对承包人的任何意见或要求应通知监理人，由监理人向承包人发出相应指令。这样，有利于明确委托人与承包单位之间的合同责任，保证监理人独立、公平地实施监理工作与相关服务，避免出现不必要的合同纠纷。

6. 答复

对于监理人以书面形式提交委托人并要求做出决定的事宜，委托人应在专用条件约定的时间内给予书面答复。逾期未答复的，视为委托人认可。

7. 支付

委托人应按合同(包括补充协议)约定的额度、时间和方式向监理人支付酬金。

(三)违约责任

1. 监理人的违约责任

监理人未履行监理合同义务的，应承担相应的责任。

(1)违反合同约定造成的损失赔偿。因监理人违反合同约定给委托人造成损失的，监理人应当赔偿委托人损失。赔偿金额的确定方法在专用条件中约定。监理人承担部分赔偿责任的，其承担的赔偿金额由双方协商确定。

监理人的违约情况包括不履行合同义务的故意行为和未正确履行合同义务的过错行为。监理人不履行合同义务的情形包括以下几项：

1)无正当理由单方解除合同；

2)无正当理由不履行合同约定的义务。

监理人未正确履行合同义务的情形包括以下几项：

1)未完成合同约定范围内的工作；

2)未按规范程序进行监理；

3)未按正确数据进行判断而向施工承包人及其他合同当事人发出错误指令；

4)未能及时发出相关指令，导致工程实施进程发生重大延误或混乱；

5)发出错误指令，导致工程受到损失等。

合同协议书根据《建设工程监理与相关服务收费管理规定》约定酬金的，应按专用条件约定的百分比方法计算监理人应承担的赔偿金额：

赔偿金＝直接经济损失×正常工作酬金÷工程概算投资额（或建筑工程安装费）

（2）索赔不成立时的费用补偿。监理人向委托人的索赔不成立时，监理人应赔偿委托人由此发生的费用。

2. 委托人的违约责任

委托人未履行合同义务的，应承担相应的责任。

（1）违反合同约定造成的损失赔偿。委托人违反合同约定造成监理人损失的，委托人应予以赔偿。

（2）索赔不成立时的费用补偿。委托人向监理人的索赔不成立时，应赔偿监理人由此引起的费用。这与监理人索赔不成立的规定对等。

（3）逾期支付补偿。委托人未能按合同约定的时间支付相应酬金超过 28 天，应按专用条件约定支付逾期付款利息。

逾期付款利息应按专用条件约定的方法计算（拖延支付天数应从应支付日算起）：

逾期付款利息＝当期应付款总额×银行同期贷款利率×拖延支付天数

3. 除外责任

因非监理人的原因，且监理人无过错，发生工程质量事故、安全事故、工期延误等造成的损失，监理人不承担赔偿责任。这是因为监理人不承包工程的实施，因此，在监理人无过错的前提下，由于第三方原因使建设工程遭受损失的，监理人不承担赔偿责任。

因不可抗力导致监理合同全部或部分不能履行时，双方各自承担其因此而造成的损失、损害。不可抗力是指合同双方当事人均不能预见、不能避免、不能克服的客观原因引起的事件，根据《民法典》第五百九十条"当事人一方因不可抗力不能履行合同的，根据不可抗力的影响，部分或者全部免除责任"的规定，按照公平、合理原则，合同双方当事人应各自承担其因不可抗力而造成的损失、损害。

因不可抗力导致监理人现场的物质损失和人员伤害，由监理人自行负责。如果委托人投保的"建筑工程一切险"或"安装工程一切险"的被保险人中包括监理人，则监理人的物质损害也可从保险公司获得相应的赔偿。

监理人应自行投保现场监理人员的意外伤害保险。

（四）合同的生效、变更与终止

1. 建设工程监理合同生效

建设工程监理合同属于无生效条件的委托合同，因此，合同双方当事人依法订立后合同即生效。即委托人和监理人的法定代表人或其授权代理人在协议书上签字并盖单位章后合同生效。除非法律另有规定或者专用条件另有约定。

2. 建设工程监理合同变更

在建设工程监理合同履行期间，由于主观或客观条件的变化，当事人任何一方均可提出变更合同的要求，经过双方协商达成一致后可以变更合同。如委托人提出增加监理或相关服务工作的范围或内容；监理人提出委托工作范围内工程的改进或优化建议等。

(1)建设工程监理合同履行期限延长、工作内容增加。除不可抗力外，因非监理人原因导致监理人履行合同期限延长、内容增加时，监理人应将此情况与可能产生的影响及时通知委托人。增加的监理工作时间、工作内容应视为附加工作。附加工作酬金的确定方法在专用条件中约定。附加工作分为延长监理或相关服务时间、增加服务工作内容两类。延长监理或相关服务时间的附加工作酬金，应按下式计算：

附加工作酬金＝合同期限延长时间(天)×正常工作酬金÷协议书约定的监理与相关服务期限(天)

增加服务工作内容的附加工作酬金，由合同双方当事人根据实际增加的工作内容协商确定。

(2)建设工程监理合同暂停履行、终止后的善后服务工作及恢复服务的准备工作。监理合同生效后，如果实际情况发生变化使得监理人不能完成全部或部分工作时，监理人应立即通知委托人。其善后工作以及恢复服务的准备工作应为附加工作，附加工作酬金的确定方法在专用条件中约定。监理人用于恢复服务的准备时间不应超过28天。

建设工程监理合同生效后，出现致使监理人不能完成全部或部分工作的情况如下：

1)因委托人原因致使监理人服务的工程被迫终止；

2)因委托人原因致使被监理合同终止；

3)因施工承包人或其他合同当事人原因致使被监理合同终止，实施工程需要更换施工承包人或其他合同当事人；

4)不可抗力原因致使被监理合同暂停履行或终止等。

在上述情况下，附加工作酬金按下式计算：

附加工作酬金＝善后工作及恢复服务的准备工作时间(天)×正常工作酬金÷协议书约定的监理与相关服务期限(天)

(3)相关法律法规、标准颁布或修订引起的变更。在监理合同履行期间，因法律法规、标准颁布或修订导致监理与相关服务的范围、时间发生变化时，应按合同变更对待，双方通过协商予以调整。增加的监理工作内容或延长的服务时间应视为附加工作。若致使委托范围内的工作相应减少或服务时间缩短，也应调整监理与相关服务的正常工作酬金。

(4)工程投资额或建筑安装工程费增加引起的变更。协议书中约定的监理与相关服务酬金是按照国家颁布的收费标准确定时，其计算基数是工程概算投资额或建筑安装工程费。因非监理人原因造成工程投资额或建筑安装工程费增加时，监理与相关服务酬金的计算基数便发生变化，因此，正常工作酬金应做相应调整。调整额按下式计算：

正常工作酬金增加额＝工程投资额或建筑安装工程费增加额×正常工作酬金÷工程概算投资额(或建筑安装工程费)

如果是按照《建设工程监理与相关服务收费管理规定》约定的合同酬金，增加监理范围后调整正常工作酬金时，若涉及专业调整系数、工程复杂程度调整系数变化，则应按实际委托的服务范围重新计算正常监理工作酬金额。

（5）因工程规模、监理范围的变化导致监理人的正常工作量的减少。在监理合同履行期间，工程规模或监理范围的变化导致正常工作减少时，监理与相关服务的投入成本也相应减少，因此，也应对协议书中约定的正常工作酬金做出调整。减少正常工作酬金的基本原则：按减少工作量的比例从协议书约定的正常工作酬金中扣减相同比例的酬金。

如果是按照《建设工程监理与相关服务收费管理规定》约定的合同酬金，减少监理范围后调整正常工作酬金时，如果涉及专业调整系数、工程复杂程度调整系数变化，则应按实际委托的服务范围重新计算正常监理工作酬金额。

3. 建设工程监理合同暂停履行与解除

除双方协商一致可以解除合同外，当一方无正当理由未履行合同约定的义务时，另一方可以根据合同约定暂停履行合同直至解除合同。

（1）解除合同或部分义务。在合同有效期内，由于双方无法预见和控制的原因导致合同全部或部分无法继续履行或继续履行已无意义，经双方协商一致，可以解除合同或监理人的部分义务。在解除之前，监理人应按诚信原则做出合理安排，将解除合同导致的工程损失减至最小。

除不可抗力等原因依法可以免除责任外，因委托人原因致使正在实施的工程取消或暂停等，监理人有权获得因合同解除导致损失的补偿。补偿金额由双方协商确定。

解除合同的协议必须采取书面形式，协议未达成之前，监理合同仍然有效，双方当事人应继续履行合同约定的义务。

（2）暂停全部或部分工作。委托人因不可抗力影响、筹措建设资金遇到困难、与施工承包人解除合同、办理相关审批手续、征地拆迁遇到困难等导致工程施工全部或部分暂停时，应书面通知监理人暂停全部或部分工作。监理人应立即安排停止工作，并将开支减至最小。除不可抗力外，由此导致监理人遭受的损失应由委托人予以补偿。

暂停全部或部分监理或相关服务的时间超过182天，监理人可自主选择继续等待委托人恢复服务的通知，也可向委托人发出解除全部或部分义务的通知。若暂停服务仅涉及合同约定的部分工作内容，则视为委托人已将此部分约定的工作从委托任务中删除，监理人不需要再履行相应义务；如果暂停全部服务工作，按委托人违约对待，监理人可单方解除合同。监理人可发出解除合同的通知，合同自通知到达委托人时解除。委托人应将监理与相关服务的酬金支付至合同解除日。

委托人因违约行为给监理人造成损失的，应承担违约赔偿责任。

（3）监理人未履行合同义务。当监理人无正当理由未履行合同约定的义务时，委托人应通知监理人限期改正。委托人在发出通知后7天内没有收到监理人书面形式的合理解释，即监理人没有采取实质性改正违约行为的措施，则可进一步发出解除合同的通知，自通知到达监理人时合同解除。委托人应将监理与相关服务的酬金支付至限期改正通知到达监理人之日。

监理人因违约行为给委托人造成损失的，应承担违约赔偿责任。

（4）委托人延期支付。委托人按期支付酬金是其基本义务。监理人在专用条件约定的支付日的28天后未收到应支付的款项，可发出酬金催付通知。

委托人接到通知14天后仍未支付或未提出监理人可以接受的延期支付安排，监理人可向委托人发出暂停工作的通知并可自行暂停全部或部分工作。暂停工作后14天内监理人仍未获得委托人应付酬金或委托人的合理答复，监理人可向委托人发出解除合同的通知，自通知到达委托人时合同解除。

委托人应对支付酬金的违约行为承担违约赔偿责任。

（5）不可抗力造成合同暂停或解除。因不可抗力致使合同部分或全部不能履行时，一方应立即通知另一方，可暂停或解除合同。双方受到的损失、损害各负其责。

（6）合同解除后的结算、清理、争议解决。无论是协商解除合同，还是委托人或监理人单方解除合同，合同解除生效后，合同约定的有关结算、清理条款仍然有效。单方解除合同的解除通知到达对方时生效，任何一方对对方解除合同的行为有异议，仍可按照约定的合同争议条款采用调解、仲裁或诉讼的程序保护自己的合法权益。

4. 监理合同终止

以下条件全部成就时，监理合同即告终止：

（1）监理人完成合同约定的全部工作；

（2）委托人与监理人结清并支付全部酬金。

【例3-8】（2019年真题）根据《建设工程监理合同（示范文本）》（GF-2012-0202），属于监理人义务的有（ ）。

A. 查验施工测量放线成果

B. 协调工程建设中的全部外部关系

C. 参加工程竣工验收

D. 签署竣工验收意见

E. 向承包人明确总监理工程师具有的权限

【答案】 ACD

【例3-9】（2018年真题）根据《建设工程监理合同（示范文本）》（GF-2012-0202），监理人需要完成的基本工作有（ ）。

A. 主持图纸会审和设计交底会议

B. 检查施工承包人的实验室

C. 查验施工承包人的施工测量放线成果

D. 审核施工承包人提交的工程款支付申请

E. 编写工程质量评估报告

【答案】 BCDE

本章小结

建设工程监理招标投标是建设单位委托监理与相关服务工作和工程监理单位承揽监理与相关服务工作的主要方式。建设工程监理合同管理是工程监理单位明确监理和相关服务义务、履行监理与相关服务职责的重要保证。本章主要介绍了工程建设监理招标、工程建设监理投标和工程建设监理合同。

一、填空题

1. 工程监理招标投标活动应当遵循_____、_____、_____和_____原则。

2. 建设工程监理招标可分为_____和_____两种方式。

3. _____是指采用邀请招标方式的建设单位，向三个以上具备承担招标项目能力、资信良好的特定工程监理单位发出的参加投标的邀请。

4. 资格审查可分为_____和_____两种。

5. 经常采用的合同形式有_____、_____、_____、_____。

6. 当委托人更换委托人代表时，应提前_____通知监理人。

二、选择题

1. 工程建设单位委托监理业务范围时，应考虑的因素不包括(　　)。

A. 工程规模　　　　　　　　B. 工程资金

C. 工程项目的不同专业特点　　D. 监理业务实施的难易程度

2. 工程建设必须实行监理招标的标准不包括(　　)。

A. 使用预算资金200万元人民币以上，并且该资金占投资额10%以上的项目

B. 重要设备、材料等货物的采购，单项合同估算价在200万元人民币以上的

C. 勘察、设计、监理等服务的采购，单项合同估算价在100万元人民币以上的

D. 单项合同估算价虽然低于规定的标准，但是项目总投资在3 000万元以上人民币的

3. 工程建设监理招标准备工作不包括(　　)。

A. 确定招标组织　　　　　　B. 明确招标范围和内容

C. 编制招标方案　　　　　　D. 招标的现场勘测

4. 招标人与中标人应当自发出中标通知书之日起(　　)日内，依据中标通知书、招标文件中的合同构成文件签订工程监理合同。

A. 15　　　　　B. 20　　　　　C. 30　　　　　D. 60

三、简答题

1. 什么是工程建设监理招标？什么是工程建设监理投标？

2. 工程建设监理招标具有哪些特点？

3. 招标文件一般应由哪些内容组成？

4. 工程建设监理投标书应当包括哪些内容？

5. 开标的程序是什么？

6. 工程建设监理评标应遵循哪些原则？

7. 工程建设监理合同由哪几部分组成？

8. 工程建设监理合同具有哪些特点？

第四章 工程建设监理组织

教学内容	第一节 项目监理机构组织形式及组件 第二节 工程建设监理委托方式及实施程序 第三节 工程建设监理组织协调	学时	4
教学目标	(1)了解项目监理机构人员配置及职责分工；熟悉项目监理机构组织形式、项目监理机构的组建步骤。 (2)熟悉建设工程监理实施程序、建设工程监理实施原则；掌握建设监理委托方式。 (3)了解项目监理机构组织协调的工作内容；掌握监理组织协调的方法		
关键词	组织结构 直线制监理组织 职能制监理组织 直线职能制监理组织 矩阵制监理组织 平行承发包模式 施工总承包模式 工程总承包模式 会议协调法 交谈协调法 书面协调法 访问协调法 情况介绍法		
重点	项目监理机构的组建，建设监理委托方式，监理组织协调的方法		
能力目标	能进行工程建设监理组织协调		
素质目标	(1)监理工程师具有良好的政治、道德品质。 (2)具有丰富的项目管理经验，娴熟的计划能力、组织能力、协调能力。 (3)要有以身作则的领导形象，有带头遵纪守法、廉洁自律的作风		

导入案例

　　某工程，实施过程中发生如下事件：

　　事件1：总监理工程师组建的项目监理机构组织形式如图4-1所示。

　　事件2：在第一次工地会议上，总监理工程师提出两个方面要求，一是签发工程暂停令的情形包括建设单位要求暂停施工的；施工单位拒绝项目监理机构管理的；施工单位采用不适当的施工工艺或施工不当，造成工程质量不合格的。二是签发监理通知单的情形包括施工单位违反工程建设强制性标准的；施工存在重大质量、安全事故隐患的。

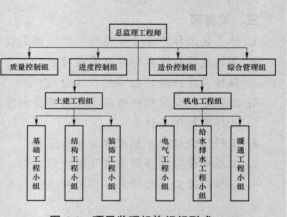

图 4-1　项目监理机构组织形式

事件3：专业监理工程师编写的深基坑工程监理实施细则主要内容包括专业工程特点、监理工作方法及措施。其中，在监理工作方法及措施中提出：一是要加强对深基坑工程施工巡视检查；二是发现施工单位未按深基坑工程专项施工方案施工的，应立即签发工程暂停令。

事件4：施工过程中，施工单位对需要见证取样的一批钢筋抽取试样后，报请项目监理机构确认。监理人员确认试样数量后，通知施工单位将试样送到检测单位检验。

【讨论】

1. 指出图4-1所示项目监理机构组织形式属哪种类型？并说明其主要优点。

2. 指出事件2中签发工程暂停令和监理通知单情形的不妥项，并写出正确做法。

3. 写出事件3中监理实施细则还应包括的内容，指出监理工作方法及措施中提到的具体要求是否妥当并说明理由。

4. 指出事件4中施工单位和监理人员的不妥之处，写出正确做法。

【分析】

1. 图4-1所示项目监理机构组织形式属于直线职能制，其主要优点包括直线领导、统一指挥、职责分明、管理专业化。

2. 事件2中，签发工程暂停令的不妥项及正确做法如下：

第(1)项不妥。

正确做法：建设单位要求暂停施工且工程需要暂停施工的。

第(3)项不妥。

正确做法：项目监理机构应签发监理通知单。

事件2中，签发监理通知单的不妥项及正确做法如下：

第(1)项不妥。

正确做法：应签发工程暂停令。

第(2)项不妥。

正确做法：应签发工程暂停令。

3. 事件3中监理实施细则还应包括的内容是监理工作流程、监理工作控制要点。

对监理工作方法及措施中提到的具体要求妥当与否的判断及理由如下：

第(1)项妥当。

理由：深基坑工程属危险性较大的分部分项工程。

第(2)项不妥。

理由：应签发监理通知单而不是签发工程暂停令。

4. 事件4中施工单位和监理人员的不妥之处及正确做法如下：

(1)施工单位的不妥之处：施工单位取样后报请项目监理机构确认。

正确做法：应通知监理人员见证现场取样。

(2)监理人员的不妥之处：监理人员确定试样数量后，通知施工单位将试样送到监测单位检验。

正确做法：应见证施工单位取样、封样和送检。

第一节　项目监理机构组织形式及组件

所谓组织，就是为了使系统达到其特定的目标，使全体参加者经分工与协作，以及设置不同层次的权力和责任制度而构成的一种人的组合体。

组织内部构成和各部分间所确立的较为稳定的相互关系和联系方式，称为组织结构。

一、项目监理机构组织形式

工程项目监理机构组织形式要根据工程项目的特点、发承包模式、业主委托的任务，依据建设监理行业特点和监理单位自身状况，科学、合理地进行确定。现行的建设监理组织形式主要有直线制监理组织、职能制监理组织、直线职能制监理组织和矩阵制监理组织等。

1. 直线制监理组织形式

直线制监理组织形式又可分为按子项目分解的直线制监理组织形式（图 4-2）和按建设阶段分解的直线制监理组织形式（图 4-3）。对于小型工程建设，也可以采用按专业内容分解的直线制监理组织形式（图 4-4）。

直线制监理组织形式简单，其中各种职位按垂直系统直线排列。总监理工程师负责整个项目的规划、组织、指导与协调，子项目监理组分别负责各子项目的目标控制，具体领导现场专业或专项组的工作。

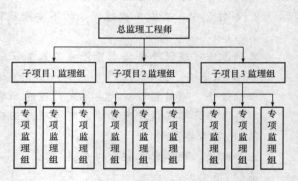

图 4-2　按子项目分解的直线制监理组织形式

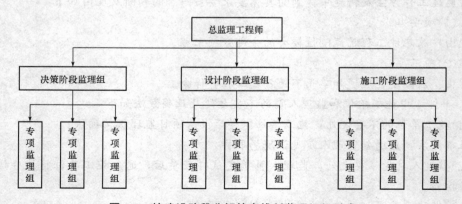

图 4-3　按建设阶段分解的直线制监理组织形式

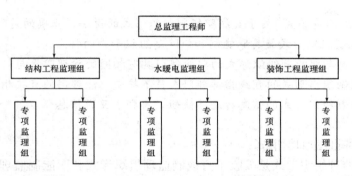

图4-4　按专业内容分解的直线制监理组织形式

直线制监理组织机构简单、权力集中、命令统一、职责分明、决策迅速、专属关系明确，但要求总监理工程师在业务和技能上是全能式人物，适用监理项目可划分为若干个相对独立子项目的大、中型建设项目。

2. 职能制监理组织形式

职能制监理组织是在总监理工程师下设置一些职能机构，分别从职能的角度对高层监理组进行业务管理。职能机构通过总监理工程师的授权，在授权范围内对主管的业务下达指令。其组织形式如图4-5所示。

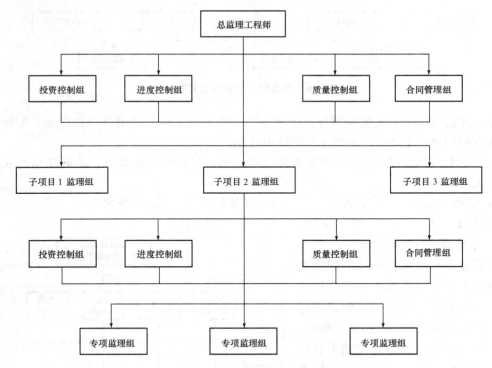

图4-5　职能制监理组织形式

职能制监理组织的目标控制分工明确，各职能机构通过发挥专业管理能力提高管理效率。总监理工程师负担减少，但容易出现多头领导，职能机构之间协调困难，主要适用于工程项目地理位置相对集中的建设项目。

【例 4-1】（2018 年真题)关于直线职能制组织形式的说法，正确的是( )。

A. 直线职能制组织形式兼具职能制和矩阵制组织形式的特点

B. 直线职能制与职能制组织形式的职能部门具有相同的管理职责与权力

C. 直线职能制组织形式的直线指挥部门人员不接受职能部门的直接指挥

D. 直线职能制组织形式的信息传递路线短，有利于互通信息

【答案】 C

3. 直线职能制监理组织形式

直线职能制监理组织形式是吸收了直线制监理组织形式和职能制监理组织形式的优点而形成的一种组织形式。指挥部门拥有对下级实行指挥和发布命令的权力，并对该部门的工作全面负责；职能部门是直线指挥人员的参谋，他们只能对指挥部门进行业务指导，而不能对指挥部门直接进行指挥和发布命令。其组织形式如图 4-6 所示。

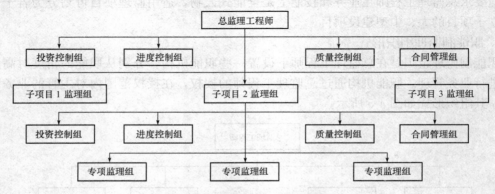

图 4-6 直线职能制监理组织形式

直线职能制组织形式集中领导、职责分明、管理效率高、适用范围较广泛，但职能部门与指挥部门易产生矛盾，不利于信息情报传递。

【例 4-2】（2017 年真题)下列监理组织形式中，信息传递线路长、不利于信息互通的组织形式是( )。

A. 直线职能制 B. 直线制 C. 职能制 D. 矩阵制

【答案】 A

4. 矩阵制监理组织形式

矩阵制监理组织由纵向的职能系统与横向的子项目系统组成矩阵组织结构，各专业监理组同时受职能机构和子项目组直接领导，如图 4-7 所示。

矩阵制监理组织形式加强了各职能部门的横向领导，具有较好的机动性和适应性，上下左右集权与分权达到最优结合，有利于复杂与疑难问题的解决，且有利于培养监理人员业务能力。但由于纵横向协调工作量较

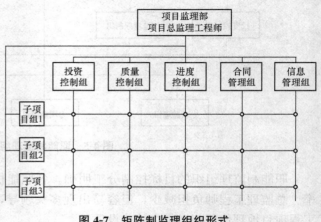

图 4-7 矩阵制监理组织形式

大，因此容易产生矛盾。

矩阵制监理组织形式适用于监理项目能划分为若干个相对独立子项的大、中型建设项目，有利于总监理工程师对整个项目实施规划、组织、协调和指导，有利于统一监理工作的要求和规范化，同时又能发挥子项工作班子的积极性，强化责任制。

但采用矩阵制监理组织形式时需注意，在具体工作中要确保指令的唯一性，明确规定当指令发生矛盾时，应执行哪一个指令。

【例 4-3】 (2018 年真题)矩阵制监理组织形式的优点有(　　　)。

A. 部门之间协调工作量小

B. 有利于监理人员业务能力的培养

C. 有利于解决复杂问题

D. 具有较好的适应性

E. 具有较好的动机性

【答案】 BCDE

二、项目监理机构的组建

(一)项目监理机构的组建步骤

项目监理机构一般按图 4-8 所示的步骤组建。

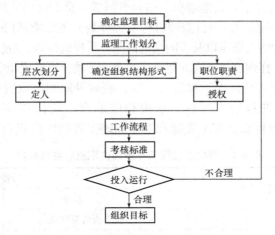

图 4-8　项目监理机构设置步骤

1. 项目监理机构目标确定

工程建设监理目标是项目监理机构建立的前提，项目监理机构的建立应根据委托监理合同中确定的监理目标，制定总目标并明确划分监理机构的分解目标。

2. 监理工作内容与范围确定

根据监理目标和委托监理合同中规定的监理任务，明确列出监理工作内容，并进行分类归并及组合。监理工作的归并及组合应便于监理目标控制，并综合考虑监理工程的组织管理模式、工程结构特点、合同工期要求、工程复杂程度、工程管理及技术特点，还应考虑监理单位自身组织管理水平、监理人员数量、技术业务特点等。如果工程建设实施阶段全过程监理，监理工作划分可按设计阶段与施工阶段分别归并和组合，如图 4-9 所示。

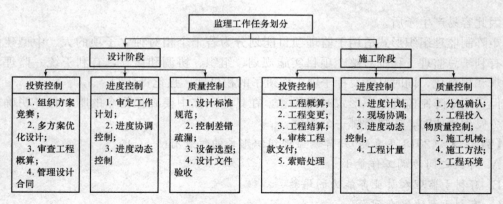

图 4-9　实施阶段监理工作划分

3. 组织结构设计

(1)确定组织结构形式。监理组织结构形式必须根据工程项目规模、性质、建设阶段等监理工作的需要，从有利于项目合同管理、目标控制、决策指挥、信息沟通等方面综合考虑。

(2)确定合理的管理层次。监理组织结构一般由决策层、中间控制层、作业层三个层次组成。决策层由总监理工程师及其助理组成，负责项目监理活动的决策；中间控制层即协调层与执行层，由专业监理工程师和子项目监理工程师组成，具体负责监理规划落实、目标控制和合同管理；作业层即操作层，由监理员、检查员组成，负责现场监理工作的具体操作。

(3)划分项目监理机构部门。项目监理机构中合理划分各职能部门，应依据监理机构目标、监理机构可利用的人力和物力资源以及合同结构情况，将投资控制、进度控制、质量控制、合同管理、组织协调等监理工作内容按不同的职能活动或按子项分解形成相应的管理部门。

(4)制定岗位职责和考核标准。根据责、权、利对等原则，设置各组织岗位并制定岗位职责。岗位因事而设，进行适当授权，承担相应职责，获得相应利益，避免因人设岗。表 4-1 和表 4-2 分别为项目总监理工程师和专业监理工程师岗位职责和考核标准。

表 4-1　项目总监理工程师岗位职责和考核标准

项目	职责内容	考核要求	
		标准	完成时间
工作指标	项目投资控制	符合投资分解规划	每月(季)末
	项目进度控制	符合合同工期及总控制进度计划	每月(季)末
	项目质量控制	符合质量评定验收标准	工程各阶段末
基本职责	根据业主的委托与授权，负责和组织项目的监理工作	协调各方面的关系 组织监理活动的实施	—
	根据监理委托合同主持制定项目监理规划，并组织实施	对项目监理工作进行系统的策划 组建好项目监理班子	合同生效后 1 个月
	审核各子项、各专业监理工程师编制的监理工作计划或实施细则	应符合监理规划，并具有可行性	各子项专业监理开展前 15 天

项目	职责内容	考核要求	
		标准	完成时间
基本职责	监督和指导各子项、各专业监理工程师对投资、进度、质量进行监控，并按合同进行管理	使监理工作进入正常工作状态 使工程处于受控状态	每月末检查
	做好建设过程中有关各方面的协调工作	使工程处于受控状态	每月末检查、协调
	签署监理组对外发出的文件、报表及报告	及时、完整、准确	每月(季)末
	审核、签署项目的监理档案资料	完整、准确、真实	竣工后15天或依合同约定

表4-2　专业监理工程师岗位职责和考核标准

项目	职责内容	考核要求	
		标准	完成时间
工作指标	投资控制	符合投资分解规划	月末
	进度控制	符合控制进度计划	月末
	质量控制	符合质量评定验收标准	工程各阶段
	合同管理	按合同约定	月末
基本职责	在项目总监理工程师领导下，熟悉项目情况，清楚本专业监理的特点和要求	制定本专业监理工作计划或实施细则	实施前1个月
	具体负责组织专业监理工作	监理工作有序，工程处于受控状态	每周(月)检查
	做好与有关部门之间的协调工作	保证监理工作及工程顺利进展	每周(月)检查、协调
	处理与本专业有关的重大问题并及时向总监理工程师报告	及时、如实	问题发生后10天内
	负责与本专业有关的签证、对外通知、备忘录，以及及时向总监理工程师送交的报告、报表资料	及时、如实、准确	—
	负责整理本专业有关的竣工验收资料	完整、准确、真实	竣工后10天或依合同约定

(5)选派监理人员。根据组织各岗位的需要，考虑监理人员个人素质与组织整体合理配置、相互协调，有针对性地选择监理人员。

【例4-4】(2019年真题)下列工作内容中，属于项目监理机构组织结构设计内容的有( )。

A. 确定管理层次与管理跨度　　　B. 确定项目监理机构目标

C. 确定监理工作内容　　　　　　D. 确定工作流程和信息流程

E. 确定项目监理机构部门划分

【答案】　AE

【例4-5】(2018年真题)关于项目监理机构中管理层次与管理跨度的说法，正确的是( )。

A. 管理层次是指组织中相邻两个层次之间人员的管理关系

B. 管理跨度的确定应考虑管理活动的复杂性和相似性

C. 管理跨度是指组织的最高管理者所管理的下级人员数量总和

D. 管理层次一般包括决策、计划、组织、控制五个层次

【答案】 B

4. 工作流程制定

监理工作要求按照客观规律规范化地开展，必须制定科学、有序的工作流程，并且要根据工作流程对监理人员的工作进行定期考核。图 4-10 所示为施工阶段监理工作流程。

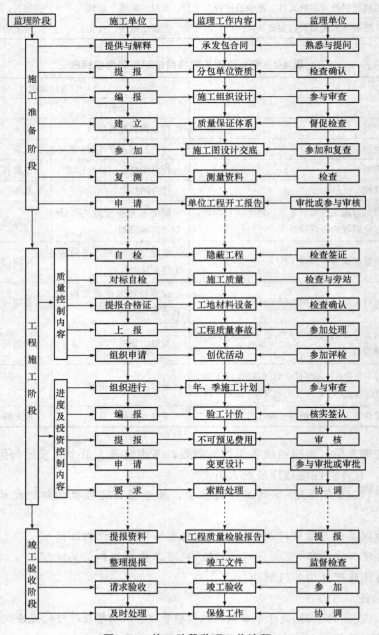

图 4-10　施工阶段监理工作流程

(二)项目监理机构人员配置及职责分工

1. 项目监理机构人员配置

项目监理机构中配备监理人员的数量和专业应根据监理的任务范围、内容、期限，以及工程的类别、规模、技术复杂程度、工程环境等因素综合考虑，并应符合委托监理合同中对监理深度和密度的要求，能体现项目监理机构的整体素质，满足监理目标控制的要求。

（1）项目监理机构的人员结构。项目监理机构应具有合理的人员结构，主要包括以下几个方面的内容：

1）合理的专业结构。项目监理人员结构应根据监理项目的性质及业主的要求进行配套。不同性质的项目和业主对项目监理要求需要有针对性地配备专业监理人员，做到专业结构合理，适应项目监理工作的需要。

2）合理的技术职称结构。监理组织的结构要求高、中、初级职称与监理工作要求相称，比例合理，而且要根据不同阶段的监理进行适当调整。施工阶段项目监理机构监理人员要求的技术职称结构见表 4-3。

表 4-3　施工阶段项目监理机构监理人员要求的技术职称结构

层次	人员	职能	职称职务要求
决策层	总监理工程师、总监理工程师代表、专业监理工程师	项目监理的策划、规划、组织、协调、监控、评价等	高级职称
执行层/协调层	专业监理工程师	项目监理实施的具体组织、指挥、控制、协调	中级职称
作业层/操作层	监理员	具体业务的执行	初级职称

3）合理的年龄结构。监理组织的结构要做到老、中、青年龄结构合理，老年人经验丰富，中年人综合素质好，青年人精力充沛。根据监理工作的需要形成合理的人员年龄结构，充分发挥不同年龄层次的优势，有利于提高监理工作的效率与质量。

（2）项目监理机构监理人数的确定。

1）影响项目监理机构监理人数的因素。它主要包括工程建设强度、工程建设复杂程度、监理单位业务水平及项目监理机构的组织结构和任务职能分工。

工程建设强度是指单位时间内投入的工程建设资金的数量，用下式表示：

$$工程建设强度＝投资÷工期$$

其中，投资和工期是指由监理单位所承担的那部分工程的建设投资和工期。一般投资费用可按工程估算、概算或合同价计算，工期根据进度总目标及其分目标计算。显然，工程建设强度越大，需投入的项目监理人数越多。

工程复杂程度是根据设计活动多少、工程地点位置、气候条件、地形条件、工程性质、施工方法、工期要求、材料供应及工程分散程度等因素把各种情况的工程从简单到复杂划分为不同级别，简单的工程需配置的人员较少，复杂的工程需配置的人员较多。

监理单位业务水平也是影响项目监理机构监理人数的重要因素。监理单位由于人员素质、专业能力、管理水平、工程经验、设备手段等方面的差异导致业务水平的不同。同样的工程项目，水平低的监理单位往往比水平高的监理单位投入的人力多。

项目监理机构的组织结构和任务职能分工关系到具体的监理人员配备，务必使项目监理机构任务职能分工的要求得到满足。必要时，还需要根据项目监理机构的职能分工对监理人员的配备做进一步的调整。

有时监理工作需要委托专业咨询机构或专业监测、检验机构进行。这时，项目监理机构的监理人员数量可适当减少。

2)项目监理机构监理人员数量的确定方法。下面通过举例来说明项目监理机构监理人员数量的确定方法。

【例4-6】 某工程由两个子项目组成，合同总价为4 500万美元，其中子项目1合同价为1 800万美元，子项目2合同价为2 700万美元，合同工期为25个月。

解： (1)确定工程建设强度。

根据题意，工程建设强度=4 500×12/25=2 160=21.6×100(万美元/年)。

(2)确定工程复杂程度。

工程复杂程度是一种等级尺度，由0(很简单)到10(很复杂)分五个等级来评定，见表4-4。

表4-4 工程复杂程度等级表

分值	工程复杂程度及等级	分值	工程复杂程度及等级
0~3	简单工程	7~9	复杂工程
3~5	一般工程	9~10	很复杂工程
5~7	一般复杂工程	—	—

每一项工程又可列出10种工程特征(表4-5)，对这10种工程特征中的每一种，都可以用10分制来打分，求出10种工程特征的平均数，即为工程复杂程度的等级。如平均分数为8，则可按表4-4确定为复杂工程。

在本例中，根据工程的实际情况，具体打分情况见表4-5。

表4-5 工程复杂程度等级评定表

项次	因素	子项目1	子项目2
1	设计活动	5	8
2	工程位置	9	4
3	气候条件	7	4
4	地形条件	7	7
5	工程地质	6	8
6	施工方法	3	4
7	工期要求	5	4
8	工程性质	4	6
9	材料供应	4	4
10	工程分散程度	3	3
—	平均分值	5.3	5.5

注：根据计算结果，此工程列为一般复杂等级。

根据工程复杂程度和工程建设强度套用监理人员需要量定额(表4-6)。

表 4-6　监理人员需要量定额　　　　　　人·年/百万美元

工程复杂程度	监理工程师	监理员	行政文秘人员
简单	0.20	0.75	0.1
一般	0.25	1.00	0.1
一般复杂	0.35	1.10	0.25
复杂	0.50	1.50	0.35
很复杂	>0.50	>1.50	>0.35

从定额中可查到相应项目监理机构监理人员需要量(人·年/百万美元)如下:

监理工程师为0.35,监理员为1.10,行政文秘人员为0.25。

各类监理人员数量如下:

监理工程师:0.35×21.6=7.56(人),按8人考虑;

监理员:1.10×21.6=23.76(人),按24人考虑;

行政文秘人员:0.25×21.6=5.4(人),按6人考虑。

根据实际情况确定监理人员数量。本工程项目的项目监理机构采用直线制监理组织形式,如图4-11所示。

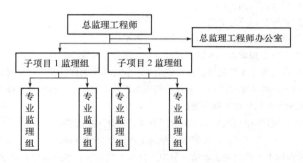

图 4-11　项目监理机构的直线制组织形式

根据监理组织结构情况决定每个机构各类监理人员数量如下:

监理总部(含总监理工程师、总监理工程师代表和总监理工程师办公室):总监理工程师1人,总监理工程师代表1人,行政文秘人员3人。

子项目1监理组:监理工程师3人,监理员10人,行政文秘人员1人。

子项目2监理组:监理工程师3人,监理员14人,行政文秘人员2人。

另外,施工阶段项目监理机构的监理人员数量一般不少于3人。

【例4-7】(2019年真题)影响项目监理机构监理工作效率的主要因素有(　　)。

A. 工程复杂程度

B. 工程规模的大小

C. 对工程的熟练程度

D. 管理水平

E. 设备手段

【答案】　CDE

2. 项目监理组织各类人员的基本职责

监理人员应包括总监理工程师、专业监理工程师和监理员，必要时，项目监理机构可配备总监理工程师代表。总监理工程师、专业监理工程师应是取得注册师资格的监理工程师，监理员应具备监理员上岗证书。根据《建设工程监理规范》(GB/T 50319—2013)，总监理工程师应由具有 3 年以上同类工程监理工作经验的人员担任，总监理工程师代表应由具有 3 年以上同类工程监理工作经验的人员担任，专业监理工程师应由具有 2 年以上同类工程监理工作经验的人员担任。

项目监理组织各类人员的基本职责见表 4-7。

表 4-7 项目监理组织各类人员的基本职责

序号	项目	内容
1	总监理工程师及总监理工程师代表岗位职责	一名总监理工程师只宜担任一项委托监理合同的项目总监理工程师工作。当需要同时担任多项委托监理合同的项目总监理工程师工作时，需经建设单位同意，且最多不得超过 3 项。 (1)总监理工程师应履行的职责。 1)确定项目监理机构人员及其岗位职责； 2)组织编制监理规划，审批监理实施细则； 3)根据工程进展及监理工作情况调配监理人员，检查监理人员工作； 4)组织召开监理例会； 5)组织审核分包单位资格； 6)组织审查施工组织设计、(专项)施工方案； 7)审查开复工报审表，签发工程开工令、暂停令和复工令； 8)组织检查施工单位现场质量、安全生产管理体系的建立及运行情况； 9)组织审核施工单位的付款申请，签发工程款支付证书，组织审核竣工结算； 10)组织审查和处理工程变更； 11)调解建设单位与施工单位的合同争议，处理工程索赔； 12)组织验收分部工程，组织审查单位工程质量检验资料； 13)审查施工单位的竣工申请，组织工程竣工预验收，组织编写工程质量评估报告，参与工程竣工验收； 14)参与或配合工程安全事故的调查和处理； 15)组织编写监理月报、监理工作总结，组织处理监理文件资料。 (2)总监理工程师代表应履行的职责。 按总监理工程师的授权，负责总监理工程师指定或交办的监理工作，行使总监理工程师的部分职责和权力。但其中涉及工程质量、安全生产管理及工程索赔等重要职责不得委托给总监理工程师代表。具体而言，总监理工程师不得将下列工作委托给总监理工程师代表： 1)组织编制监理规划，审批监理实施细则； 2)根据工程进展及监理工作情况调配监理人员； 3)组织审查施工组织设计、(专项)施工方案； 4)签发工程开工令、暂停令和复工令； 5)签发工程款支付证书，组织审核竣工结算； 6)调解建设单位与施工单位的合同争议，处理工程索赔； 7)审查施工单位的竣工申请，组织工程竣工预验收，组织编写工程质量评估报告，参与工程竣工验收； 8)参与或配合工程质量安全事故的调查和处理

序号	项目	内容
2	专业监理工程师岗位职责	(1)参与编制监理规划，负责编制监理实施细则； (2)审查施工单位提交的涉及本专业的报审文件，并向总监理工程师报告； (3)参与审核分包单位资格； (4)指导、检查监理员工作，定期向总监理工程师报告本专业监理工作实施情况； (5)检查进场的工程材料、构配件、设备的质量； (6)验收检验批、隐蔽工程、分项工程，参与验收分部工程； (7)处置发现的质量问题和安全事故隐患； (8)进行工程计量； (9)参与工程变更的审查和处理； (10)组织编写监理日志，参与编写监理月报； (11)收集、汇总、参与整理监理文件资料； (12)参与工程竣工预验收和竣工验收
3	监理员岗位职责	(1)检查施工单位投入工程的人力、主要设备的使用及运行状况； (2)进行见证取样； (3)复核工程计量有关数据； (4)检查工序施工结果； (5)发现施工作业中的问题，及时指出并向专业监理工程师报告

【例4-8】 (2019年真题)根据《建设工程监理规范》(GB/T 50319—2013)，属于监理员职责的有(   )。

A. 复核工程计算有关数据　　　　B. 检查工序施工结果

C. 检查进场工程材料质量　　　　D. 进行见证取样

E. 进行工程计量

【答案】 ABD

【例4-9】 (2015年真题)组织中从最高管理者到最基层实际工作人员的人数及权责的基本规律是(   )。

A. 人数逐层递减，权责逐层递减　　B. 人数逐层递增，权责逐层递减

C. 人数逐层递减，权责逐层递增　　D. 人数逐层递增，权责逐层递增

【答案】 B

【例4-10】 (2015年真题)某项目监理机构的组织结构如图4-12所示，这种组织结构形式的优点是(   )。

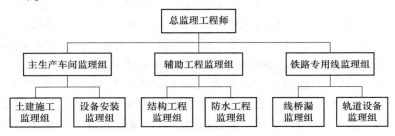

图4-12 某项目监理机构的组织结构

A. 目标控制职能分工明确

B. 权力集中、隶属关系明确

C. 可减轻总监理工程师负担

D. 强化了各职能部门横向联系

【答案】　B

第二节　工程建设监理委托方式及实施程序

一、建设监理委托方式

建设工程项目组织管理的模式主要有平行承发包模式、设计或施工总分包模式、项目总承包模式、项目总承包管理模式、设计和(或)施工联合体承包模式等。

(一)平行承发包模式下建设工程监理委托模式

平行承发包模式是指业主将工程项目的设计、施工等任务经过分解分别发包给若干设计单位和施工单位，并分别与各方签订承包合同。各设计单位之间关系是平行的，各施工单位之间的关系也是平行的，如图 4-13 所示。

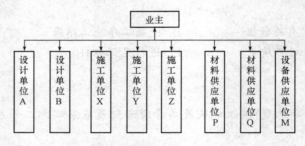

图 4-13　平行承发包模式

采用平行承发包模式，由于各承包单位在其承包范围内同时进行相关工作，有利于缩短工期、控制质量，也有利于建设单位在更广的范围内选择施工单位。但该模式的缺点：合同数量多，会造成合同管理困难；工程造价控制难度大。表现：一是工程总价不易确定，影响工程造价控制的实施；二是工程招标任务量大，需控制多项合同价格，增加了工程造价控制难度；三是在施工过程中设计变更和修改较多，导致工程造价增加。

在建设工程平行承发包模式下，建设工程监理委托方式主要有以下两种形式：

(1)业主委托一家工程监理单位实施监理。这种委托方式要求被委托的工程监理单位应具有较强的合同管理与组织协调能力，并能做好全面规划工作。工程监理单位的项目监理机构可以组建多个监理分支机构对各施工单位分别实施监理。在建设工程监理过程中，总监理工程师应重点做好总体协调工作，加强横向联系，保证建设工程监理工作的有效运行。该委托方式如图 4-14 所示。

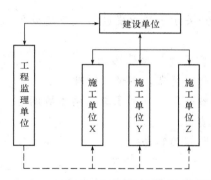

图 4-14 平行承发包模式下委托一家工程监理单位的组织方式

(2)建设单位委托多家工程监理单位实施监理。建设单位委托多家工程监理单位针对不同施工单位实施监理，需要分别与多家工程监理单位签订工程监理合同，这样，各工程监理单位之间的相互协作与配合需要建设单位进行协调。采用这种委托方式，工程监理单位的监理对象相对单一，便于管理，但建设工程监理工作被肢解，各家工程监理单位各负其责，缺少一个对建设工程进行总体规划与协调控制的工程监理单位。该委托方式如图 4-15 所示。

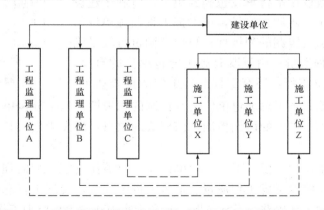

图 4-15 平行承发包模式下委托多家工程监理单位的组织方式

为了克服上述不足，在某些大、中型建设工程监理实践中，建设单位首先委托一个"总监理工程师单位"，总体负责建设工程总规划和协调控制，再由建设单位与总监理工程师单位共同选择几家工程监理单位分别承担不同施工合同段监理任务。在建设工程监理工作中，由总监理工程师单位负责协调、管理各工程监理单位工作，从而可大大减轻建设单位的管理压力。该委托方式如图 4-16 所示。

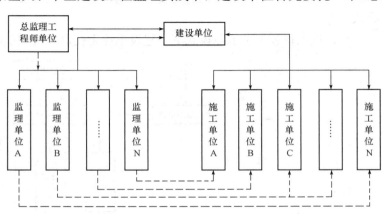

图 4-16 平行承发包模式下委托总监理工程师单位的组织方式

【例 4-11】　（2017 年真题）关于平行承发包模式下建设单位委托多家监理单位实施监理的说法，正确的有（　　　）。

A. 监理单位之间的配合需要建设单位协调

B. 监理单位的监理对象相对复杂，不便于管理

C. 建设工程监理工作易被肢解，不利于工程总体协调

D. 各家监理单位各负其责

E. 建设单位合同管理工作较为容易

【答案】　ACD

(二)施工总承包模式下建设工程监理委托模式

施工总承包模式是指建设单位将全部施工任务发包给一家施工单位作为总承包单位，总承包单位可以将其部分任务分包给其他施工单位，形成一个施工总包合同及若干个分包合同的组织管理模式，如图 4-17 所示。

采用施工总承包模式的优点：有利于建设工程的组织管理；由于施工合同数量比平行承发包模式更少，有利于建设单位的合同管理，减少协调工作量，可发挥工程监理单位与施工总承包单位多层次协调的积极性；总包合同价可较早确定，有利于控制工程造价；由于既有施工分包单位的自控，又有施工总承包单位监督，还有工程监理单位的检查认可，

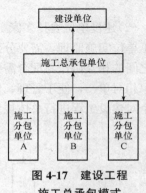

图 4-17　建设工程施工总承包模式

有利于工程质量控制；施工总承包单位具有控制的积极性，施工分包单位之间也有相互制约的作用，有利于总体进度的协调控制。该模式的缺点：建设周期较长；施工总承包单位的报价可能较高。

在建设工程施工总承包模式下，建设单位通常应委托一家工程监理单位实施监理，这样有利工程监理单位统筹考虑工程质量、造价、进度控制，合理进行总体规划协调，更可以使监理工程师掌握设计思路与设计意图，有利于实施建设工程监理工作。

虽然施工总承包单位对施工合同承担承包方的最终责任，但分包单位的资格、能力直接影响工程质量、进度等目标的实现，因此，监理工程师必须做好对分包单位资格的审查、确认工作。

在建设工程施工总承包模式下，建设单位委托监理模式如图 4-18 所示。

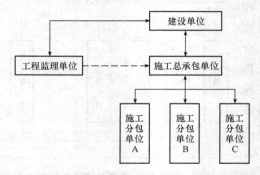

图 4-18　施工总承包模式下委托工程监理单位的组织方式

(三)工程总承包模式下建设工程监理委托模式

工程总承包模式是指建设单位将工程设计、施工、材料设备采购等工作全部发包给一家承包单位，由其进行实质性设计、施工和采购工作，最后向建设单位交出一个已达到动用条件的工程。按这种模式发包的工程也称"交钥匙工程"。工程总承包模式如图 4-19 所示。

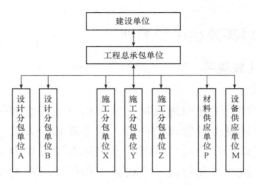

图 4-19 工程总承包模式

采用工程总承包模式的优点：建设单位的合同关系简单，组织协调工作量小；由于工程设计与施工由一个承包单位统筹安排，一般能做到工程设计与施工的相互搭接，有利于控制工程进度，可缩短建设周期；通过统筹考虑工程设计与施工，可以从价值工程或全寿命期费用角度取得明显的经济效果，有利于工程造价控制。该模式的缺点：合同条款不易准确确定，容易造成合同争议；合同数量虽少，但合同管理难度一般较大，造成招标发包工作难度大；由于承包范围大，介入工程项目时间早，工程信息未知数多，总承包单位要承担较大风险；由于有工程总承包能力的单位数量相对较少，建设单位择优选择工程总承包单位的范围小；工程质量标准和功能要求不易做到全面、具体、准确，"他人控制"机制薄弱，使工程质量控制难度加大。

在工程总承包模式下，建设单位一般应委托一家工程监理单位实施监理。在该委托模式下，监理工程师需具备较全面的知识，做好合同管理工作。该委托模式如图 4-20 所示。

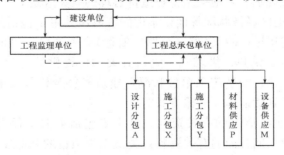

图 4-20 工程总承包模式下委托工程监理单位的组织方式

【例 4-12】（2019 年真题）建设单位采用工程总承包模式的优点有（　　　）。

A. 有利于缩短建设周期　　　　　　B. 组织协调工作量小

C. 有利于合同管理　　　　　　　　D. 有利于招标发包

E. 有利于造价控制

【答案】 ABE

【例 4-13】 (2018 年真题)建设工程采用平行承发包模式的优点是( )。

A. 有利于缩短建设工期
B. 有利于业主方的合同管理
C. 有利于工程总价的确定
D. 有利于减少工程招标任务量

【答案】 A

二、建设工程监理实施程序和原则

(一)建设工程监理实施程序

1. 组建项目监理机构

工程监理单位在参与建设工程监理投标、承接建设工程监理任务时，应根据建设工程规模、性质、建设单位对建设工程监理的要求，选派称职的人员主持该项工作。在建设工程监理任务确定并签订建设工程监理合同时，该主持人即可作为总监理工程师在建设工程监理合同中予以明确。总监理工程师是一个建设工程监理工作的总负责人，他对内向工程监理单位负责，对外向建设单位负责。

项目监理机构人员构成是建设工程监理投标文件中的重要内容，是建设单位在评标过程中认可的。总监理工程师应根据监理大纲和签订的建设工程监理合同组建项目监理机构，并在监理规划和具体实施计划执行中进行及时调整。

2. 进一步收集建设工程监理有关资料

项目监理机构应收集建设工程监理有关资料，作为开展监理工作的依据。这些资料包括以下几项：

(1)反映工程项目特征的有关资料。其主要包括工程项目的批文，规划部门关于规划红线范围和设计条件的通知，土地管理部门关于准予用地的批文，批准的工程项目可行性研究报告或设计任务书，工程项目地形图，工程勘察成果文件，工程设计图纸及有关说明等。

(2)反映当地工程建设政策、法规的有关资料。其主要包括关于工程建设报建程序的有关规定，当地关于拆迁工作的有关规定，当地有关建设工程监理的有关规定，当地关于工程建设招标投标的有关规定，当地关于工程造价管理的有关规定等。

(3)反映工程所在地区经济状况等建设条件的资料。其主要包括气象资料，工程地质及水文地质资料，与交通运输(包括铁路、公路、航运)有关的可提供的能力、时间及价格等的资料，与供水、供电、供热、供燃气、电信有关的可提供的容(用)量、价格等的资料，勘察设计单位状况，土建、安装施工单位状况，建筑材料及构件、半成品的生产、供应情况，进口设备及材料的到货口岸、运输方式等。

(4)类似工程项目建设情况的有关资料。其主要包括类似工程项目投资方面的有关资料，类似工程项目建设工期方面的有关资料，类似工程项目的其他技术经济指标等。

3. 编制监理规划及监理实施细则

监理规划是项目监理机构全面开展建设工程监理工作的指导性文件。监理实施细则是在监理规划的基础上，根据有关规定，监理工作需要针对某一专业或某一方面建设工程监理工作而编制的操作性文件。

4. 规范化地开展监理工作

项目监理机构应按照建设工程监理合同约定，依据监理规划及监理实施细则规范化地开展建设工程监理工作。建设工程监理工作的规范化体现在以下几个方面：

（1）工作的时序性。工作的时序性是指建设工程监理各项工作都应按一定的逻辑顺序展开，使建设工程监理工作能有效地达到目的而不致造成工作状态的无序和混乱。

（2）职责分工的严密性。建设工程监理工作是由不同专业、不同层次的专家群体共同来完成的，他们之间严密的职责分工是协调进行建设工程监理工作的前提和实现建设工程监理目标的重要保证。

（3）工作目标的确定性。在职责分工的基础上，每一项监理工作的具体目标都应确定，完成的时间也应有明确的限定，从而能通过书面资料对建设工程监理工作及其效果进行检查和考核。

5. 参与工程竣工验收

建设工程施工完成后，项目监理机构应在正式验收前组织工程竣工预验收。在预验收中发现的问题，应及时与施工单位沟通，提出整改要求。项目监理机构人员应参加由建设单位组织的工程竣工验收，签署工程监理意见。

6. 向建设单位提交建设工程监理文件资料

建设工程监理工作完成后，项目监理机构应向建设单位提交工程变更资料、监理指令性文件、各类签证等文件资料。

7. 进行监理工作总结

监理工作完成后，项目监理机构应及时从以下两个方面进行监理工作总结：

（1）向建设单位提交的监理工作总结。其主要内容包括建设工程监理合同履行情况概述，监理任务或监理目标完成情况评价，由建设单位提供的供项目监理机构使用的办公用房、车辆、试验设施等的清单，表明建设工程监理工作终结的说明等。

（2）向工程监理单位提交的监理工作总结。其主要内容包括建设工程监理工作的成效和经验，可以是采用某种监理技术、方法的成效和经验，也可以是采用某种经济措施、组织措施的成效和经验，以及建设工程监理合同执行方面的成效和经验或如何处理好与建设单位、施工单位关系的经验等；建设工程监理工作中发现的问题、处理情况及改进建议。

【例 4-14】 （2017 年真题）组建项目监理机构时，总监理工程师应根据的监理文件是（　　　）。

A. 建设工程监理规范

B. 建设工程监理与相关服务收费管理规定

C. 施工单位与建设单位签订的工程合同

D. 监理大纲和监理合同

【答案】　D

（二）建设工程监理实施原则

建设工程监理单位受建设单位委托实施建设工程监理时，应遵循以下基本原则。

1. 公平、独立、诚信、科学的原则

监理工程师在建设工程监理中必须尊重科学、尊重事实、组织各方协同配合，既要维护建设单位合法权益，也不能损害其他有关单位的合法权益。为使这一职能顺利实施，必须坚持公平、独立、诚信、科学的原则。建设单位与施工单位虽然都是独立运行的经济主体，但他们追求的经济目标有差异，各自的行为也有差别，监理工程师应在按合同约定的

权、责、利关系基础上，协调双方的一致性。独立是公平地开展监理活动的前提，诚信、科学是监理工作质量的根本保证。

2. 权责一致的原则

工程监理单位实施监理是受建设单位的委托授权并根据有关建设工程监理法律法规而进行的。这种权力的授予，除体现在建设单位与工程监理单位签订的建设工程监理合同之外，还应体现在建设单位与施工单位签订的建设工程施工合同中。工程监理单位履行监理职责、承担监理责任，需要建设单位授予相应的权力。同样，由于总监理工程师是工程监理单位履行建设工程监理合同的全权代表，由总监理工程师代表工程监理单位履行建设工程监理职责、承担建设工程监理责任，因此，工程监理单位应给予总监理工程师充分授权，体现权责一致原则。

3. 总监理工程师负责制的原则

总监理工程师负责制指由总监理工程师全面负责建设工程监理实施工作，其内涵包括以下几项：

(1)总监理工程师是建设工程监理的责任主体。总监理工程师是实现建设工程监理目标的最高责任者，应是向建设单位和工程监理单位所负责任的承担者。责任是总监理工程师负责制的核心，它构成了对总监理工程师的工作压力和动力，也是确定总监理工程师权力和利益的依据。

(2)总监理工程师是建设工程监理的权力主体。根据总监理工程师承担责任的要求，总监理工程师负责制体现了总监理工程师全面领导工程项目监理工作。总监理工程师的职责包括组建项目监理机构，组织编制监理规划，组织实施监理活动，对监理工作进行总结、监督、评价等。

(3)总监理工程师是建设工程监理的利益主体。总监理工程师对社会公众利益负责，对建设单位投资效益负责，同时也对所监理项目的监理效益负责，并负责项目监理机构所有监理人员利益的分配。

4. 严格监理，热情服务的原则

严格监理就是要求监理人员严格按照法规、政策、标准和合同控制工程项目目标，严格把关，依照规定的程序和制度，认真履行监理职责，建立良好的工作作风。

监理工程师还应为建设单位提供热情服务，"应运用合理的技能，谨慎而勤奋地工作"。监理工程师应按照建设工程监理合同的要求，多方位、多层次地为建设单位提供良好服务，维护建设单位的正当权益。但不顾施工单位的正当经济利益，一味向施工单位转嫁风险，也非明智之举。

5. 综合效益的原则

建设工程监理活动既要考虑建设单位的经济利益，也必须考虑与社会效益和环境效益的有机统一。建设工程监理活动虽经建设单位的委托和授权才得以进行，但监理工程师应首先严格遵守工程建设管理有关法律、法规及标准，既要对建设单位负责，谋求最大的经济效益，又要对国家和社会负责，取得最佳的综合效益。只有在符合宏观经济效益、社会效益和环境效益的条件下，业主投资项目的微观经济效益才能得以实现。

6. 实事求是的原则

在监理工作中，监理工程师应尊重事实。监理工程师的任何指令、判断应以事实为依据，依据有证明、检验、试验资料等。

【例 4-15】 （2018 年真题）总监理工程师负责制的"核心"内容是指（   ）。

A. 总监理工程师是建设工程监理的权力主体

B. 总监理工程师是建设工程监理的义务主体

C. 总监理工程师是建设工程监理的责任主体

D. 总监理工程师是建设工程监理的利益主体

【答案】 C

【例 4-16】 （2017 年真题）下列原则中，属于实施建设工程监理应遵循的原则有（   ）。

A. 权责一致　　　B. 综合效益　　　C. 严格把关

D. 利益最大　　　E. 热情服务

【答案】 ABE

第三节　工程建设监理组织协调

协调就是联结、联合、调节所有的活动及力量，使各方配合得当。其目的是促使各方协同一致，以实现预定目标。协调工作应贯穿整个工程建设实施及其管理过程。

工程建设系统就是一个由人员、物质、信息等构成的人为组织系统。用系统方法分析，工程建设的协调一般有三大类：一是"人员/人员界面"；二是"系统/系统界面"；三是"系统/环境界面"。

项目监理机构的协调管理就是在"人员/人员界面""系统/系统界面""系统/环境界面"之间，对所有的活动及力量进行联结、联合、调节的工作。系统方法强调，要把系统作为一个整体来研究和处理，因为总体的作用规模要比各子系统的作用规模之和大。为了顺利实现工程建设系统目标，必须重视协调管理，发挥系统整体功能。在工程建设监理中，要保证项目的参与各方围绕工程建设开展工作，使项目目标顺利实现。组织协调工作是最重要、最困难的一个环节，也是监理工作能否成功的关键。只有通过积极的组织协调才能达到对整个系统全面协调控制的目的。

一、项目监理机构组织协调的工作内容

从系统工程角度看，项目监理机构组织协调内容可分为系统内部（项目监理机构）协调和系统外部协调两大类，系统外部协调又可分为系统近外层协调和系统远外层协调。近外层和远外层的主要区别是，建设单位与近外层关联单位之间有合同关系，与远外层关联单位之间没有合同关系。

1. 项目监理机构内部的协调

（1）项目监理机构内部人际关系的协调。项目监理机构是由工程监理人员组成的工作体系，工作效率在很大程度上取决于人际关系的协调程度。总监理工程师应首先协调好人际关系，激励项目监理机构人员。

1）在人员安排上要量才录用。要根据项目监理机构中每个人的专长进行安排，做到人

尽其才。工程监理人员的搭配要注意能力互补和性格互补，人员配置要尽可能少而精，避免力不胜任和忙闲不均。

2）在工作委任上要职责分明。对项目监理机构中的每一个岗位，都要明确岗位目标和责任，应通过职位分析，使管理职能不重不漏，做到事事有人管，人人有专责，同时明确岗位职权。

3）在绩效评价上要实事求是。要发扬民主作风，实事求是地评价工程监理人员工作绩效，以免人员无功自傲或有功受屈，使每个人热爱自己的工作，并对工作充满信心和希望。

4）在矛盾调解上要恰到好处。人员之间的矛盾总是存在的，一旦出现矛盾，就要进行调解，要多听取项目监理机构成员的意见和建议，及时沟通，使工程监理人员始终处于团结、和谐、热情高涨的工作氛围之中。

（2）项目监理机构内部组织关系的协调。项目监理机构是由若干部门（专业组）组成的工作体系，每个专业组都有自己的目标和任务。如果每个专业组都从建设工程整体利益出发，理解和履行自己的职责，则整个建设工程就会处于有序的良性状态，否则，整个系统便处于无序的紊乱状态，导致功能失调，效率下降。为此，应从以下几方面协调项目监理机构内部组织关系：

1）在目标分解的基础上设置组织机构，根据工程特点及建设工程监理合同约定的工作内容，设置相应的管理部门。

2）明确规定每个部门的目标、职责和权限，最好以规章制度形式做出明确规定。

3）事先约定各个部门在工作中的相互关系。工程建设中的许多工作是由多个部门共同完成的，其中有主办、牵头和协作、配合之分，事先约定可避免误事、脱节等贻误工作现象的发生。

4）建立信息沟通制度。如采用工作例会、业务碰头会，发送会议纪要、工作流程图、信息传递卡等来沟通信息，这样有利于从局部了解全局，服从并适应全局需要。

5）及时消除工作中的矛盾或冲突。坚持民主作风，注意从心理学、行为科学角度激励各个成员的工作积极性；实行公开信息政策，让大家了解建设工程实施情况、遇到的问题或危机；经常性地指导工作，与项目监理机构成员一起商讨遇到的问题，多倾听他们的意见、建议，鼓励大家同舟共济。

（3）项目监理机构内部需求关系的协调。建设工程监理实施中有人员需求、检测试验设备需求等，而资源是有限的，因此，内部需求平衡至关重要。协调平衡需求关系需要从以下环节考虑：

1）对建设工程监理检测试验设备的平衡。建设工程监理开始实施时，要做好监理规划和监理实施细则的编写工作，合理配置建设工程监理资源，要注意期限的及时性、规格的明确性、数量的准确性、质量的规定性。

2）对工程监理人员的平衡。要抓住调度环节，注意各专业监理工程师的配合。工程监理人员的安排必须考虑工程进展情况，根据工程实际进展安排工程监理人员进退场计划，以保证建设工程监理目标的实现。

2. 项目监理机构与建设单位的协调

建设工程监理实践证明，项目监理机构与建设单位组织协调关系的好坏，在很大程度上决定了建设工程监理目标能否顺利实现。

我国长期计划经济体制的惯性思维，使得多数建设单位合同意识差、工作随意性大，主要体现在：一是沿袭计划经济时期的基建管理模式，搞"大业主、小监理"，建设单位的工程建设管理人员有时比工程监理人员多，或者由于建设单位的管理层次多，对建设工程监理工作干涉多，并插手工程监理人员的具体工作；二是不能将合同中约定的权力交给工程监理单位，致使监理工程师有职无权，不能充分发挥作用；三是科学管理意识差，随意压缩工期、压低造价，工程实施过程中变更多或不能按时履行职责，给建设工程监理工作带来困难。因此，与建设单位的协调是建设工程监理工作的重点和难点。监理工程师应从以下几方面加强与建设单位的协调：

（1）监理工程师要理解建设工程总目标和建设单位的意图。对于未能参加工程项目决策过程的监理工程师，必须了解项目构思的基础、起因、出发点，否则，可能会对建设工程监理目标及任务有不完整、不准确的理解，从而给监理工作造成困难。

（2）利用工作之便做好建设工程监理宣传工作，增进建设单位对建设工程监理的理解，特别是对建设工程管理各方职责及监理程序的理解；主动帮助建设单位处理工程建设中的事务性工作，以自己规范化、标准化、制度化的工作去影响和促进双方工作的协调一致。

（3）尊重建设单位，让建设单位一起投入工程建设全过程。尽管有预定目标，但建设工程实施必须执行建设单位指令，使建设单位满意。对建设单位提出的某些不适当要求，只要不属于原则问题，都可先执行，然后在适当时机、采取适当方式加以说明或解释；对于原则性问题，可采取书面报告等方式说明原委，尽量避免发生误解，以使建设工程顺利实施。

3. 项目监理机构与施工单位的协调

监理工程师对工程质量、造价、进度目标的控制，以及履行建设工程安全生产管理的法定职责，都是通过施工单位的工作来实现的，因此，做好与施工单位的协调工作是监理工程师组织协调工作的重要内容。

（1）与施工单位的协调应注意以下问题：

1）坚持原则，实事求是，严格按规范、规程办事，讲究科学态度。监理工程师应强调各方面利益的一致性和建设工程总目标；应鼓励施工单位向其汇报建设工程实施状况、实施结果和遇到的困难等，以寻求对建设工程目标控制的有效解决办法。双方了解得越多越深刻，建设工程监理工作中的对抗和争执就越少。

2）协调不仅是方法、技术问题，更多的是语言艺术、感情交流和用权适度问题。有时尽管协调意见是正确的，但由于方式或表达不妥，反而会激化矛盾。高超的协调能力则往往能起到事半功倍的效果，令各方面都满意。

（2）与施工单位的协调工作的主要内容。

1）与施工项目经理关系的协调。施工项目经理及工地工程师最希望监理工程师能够公平、通情达理，指令明确而不含糊，并且能及时答复所询问的问题。监理工程师既要懂得坚持原则，又要善于理解施工项目经理的意见，工作方法灵活，能够随时提出或愿意接受变通办法解决问题。

2）施工进度和质量问题的协调。由于工程施工进度和质量的影响因素错综复杂，因而施工进度和质量问题的协调工作也十分复杂。监理工程师应采用科学的进度和质量控制方法，设计合理的奖罚机制及组织现场协调会议等协调工程施工进度和质量问题。

3)对施工单位违约行为的处理。在工程施工过程中，监理工程师对施工单位的某些违约行为进行处理是一件需要慎重而又难免的事情。当发现施工单位采用不适当的方法进行施工，或采用不符合质量要求的材料时，监理工程师除应立即制止外，还需要采取相应的处理措施。遇到这种情况，监理工程师需要在其权限范围内采用恰当的方式及时做出协调处理。

4)施工合同争议的协调。对于工程施工合同争议，监理工程师应首先采用协商解决方式，协调建设单位与施工单位的关系。协商不成时，才由合同当事人申请调解，甚至申请仲裁或诉讼。遇到非常棘手的合同争议时，不妨暂时搁置等待时机，另谋良策。

5)对分包单位的管理。监理工程师虽然不直接与分包合同发生关系，但可对分包合同中的工程质量、进度进行直接跟踪监控，然后通过总承包单位进行调控、纠偏。分包单位在施工中发生的问题，由总承包单位负责协调处理。分包合同履行中发生的索赔问题，一般应由总承包单位负责，涉及总包合同中建设单位的义务和责任时，由总承包单位通过项目监理机构向建设单位提出索赔，由项目监理机构进行协调。

4. 项目监理机构与设计单位的协调

工程监理单位与设计单位都是受建设单位委托进行工作的，两者之间没有合同关系，因此，项目监理机构要与设计单位做好交流工作，需要建设单位的支持。

(1)真诚地尊重设计单位的意见，在设计交底和图纸会审时，要理解和掌握设计意图、技术要求、施工难点等，将标准过高、设计遗漏、图纸差错等问题解决在施工之前。进行结构工程验收、专业工程验收、竣工验收等工作，要约请设计代表参加。发生质量事故时，要认真听取设计单位的处理意见等。

(2)施工中发现设计问题，应及时按工作程序通过建设单位向设计单位提出，以免造成更大的直接损失。监理单位掌握比原设计更先进的新技术、新工艺、新材料、新结构、新设备时，可主动通过建设单位与设计单位沟通。

(3)注意信息传递的及时性和程序性。监理工作联系单、工程变更单等要按规定的程序进行传递。

5. 项目监理机构与政府部门及其他单位的协调

建设工程实施过程中，政府部门、金融组织、社会团体、新闻媒介等也会起到一定的控制、监督、支持、帮助作用，如果这些关系协调不好，建设工程实施也可能严重受阻。

(1)与政府部门的协调。与政府部门的协调主要包括与工程质量监督机构的交流和协调；建设工程合同备案；协助建设单位在征地、拆迁、移民等方面的工作争取得到政府有关部门的支持；现场消防设施的配置得到消防部门检查认可；现场环境污染防治得到环保部门认可等。

(2)与社会团队、新闻媒介等的协调。建设单位和项目监理机构应把握机会，争取社会各界对建设工程的关心和支持。这是一种争取良好社会环境的远外层关系的协调，建设单位应起主导作用。如果建设单位确需将部分或全部远外层关系协调工作委托工程监理单位承担，则应在建设工程监理合同中明确委托的工作和相应报酬。

【例4-17】 （2018年真题）项目监理机构对监理单位内部检测设备需求进行协调平衡时应注意的内容有（　　）。

A. 规格的明确性　　　　　　　　　　　B. 数量的准确性

C. 质量的规定性   D. 期限的及时性

E. 使用的规范性

【答案】 ABCD

【例 4-18】 (2016 年真题)根据工程实际进展安排工程监理人员及时进场或退场的关键是抓好监理人员的( )环节。

A. 招聘   B. 培训   C. 调度   D. 委任

【答案】 C

二、监理组织协调的方法

工程建设监理组织协调的常用方法主要包括会议协调法、交谈协调法、书面协调法、访问协调法、情况介绍法。

1. 会议协调法

会议协调法是工程建设监理中最常用的一种协调方法。常用的会议协调法包括第一次工地会议、工地例会、专业工地会议。

(1)第一次工地会议。第一次工地会议是指工程项目开工前,监理人员应参加由建设单位主持召开的第一次工地会议。承包单位的授权代表参加,必要时邀请分包单位和有关设计单位人员参加。

(2)工地例会。工地例会是指在施工过程中,总监理工程师定期主持召开的工地例会。工地例会是履约沟通情况、交流信息、协调处理、研究解决合同履行中存在的各方面问题的主要协调方式。工地例会宜每周召开一次,参加人员包括监理单位项目总监理工程师、其他有关监理人员、承包单位项目经理及其他有关人员、建设单位代表。需要时,可邀请其他有关单位代表参加。

(3)专业工地会议是为解决施工过程中的专门问题而召开的会议,由总监理工程师或其授权的监理工程师主持。工程项目各主要参建单位均可向项目监理机构书面提出召开专题工地会议的动议。动议内容包括主要议题、与会单位、人员及召开时间。经总监理工程师与有关单位协商,取得一致意见后,由总监理工程师签发召开专题工地会议的书面通知,与会各方应认真做好会前准备。

2. 交谈协调法

在实践中,并不是所有问题都需要开会来解决,有时可采用"交谈"这一方法。交谈包括面对面的交谈和电话交谈两种形式。

无论是内部协调还是外部协调,这种方法使用频率都是相当高的,因为它是一条保持信息畅通的最好渠道和寻找协作、帮助的最好方法,也是正确及时地发布工程指令的有效方法。

3. 书面协调法

当会议交谈不方便或者需要精确地表达自己的意见时,就会用到书面协调的方法。书面协调法的特点是具有合同效力,其常用于:

(1)不需双方直接交流的书面报告、报表、指令和通知等。

(2)需要以书面形式向各方提供详细信息和情况通报的报告、信函和备忘录等。

(3)事后对会议记录、交谈内容或口头指令的书面确认。

4. 访问协调法

访问协调法包括走访和邀访两种形式，主要用于外部协调。走访是指监理工程师在工程建设施工前或施工过程中，对与工程施工有关的各政府部门、公共事业机构、新闻媒介或工程毗邻单位进行访问，向他们解释工程情况，了解他们的意见。邀访是指监理工程师邀请上述各单位(包括业主)代表到施工现场对工程进行指导性巡视，了解现场工作。

5. 情况介绍法

情况介绍法通常是与其他协调方法紧密结合在一起的，它可能是在一次会议前，或是一次交谈前，或是一次走访或邀访前向对方进行的情况介绍。形式上主要是口头的，有时也伴有书面的。介绍往往作为其他协调的引导，目的是使别人首先了解情况。因此，监理工程师应重视任何场合下的每一次介绍，要使别人能够理解你介绍的内容、问题和困难以及你想得到的协助等。

【例 4-19】 (2016 年真题)关于项目监理机构专业分工与协调配合的说法，正确的是(   )。

A. 监理部门和人员应根据组织目标和工作内容合理分工和相互配合

B. 监理工作的专业特点要求监理部门和人员应严格分工，弱化协作

C. 监理工作的综合管理要求监理部门和人员应相互配合，弱化分工

D. 监理工作的专业决策特点要求监理部门和人员独立工作，弱化分工与协作

【答案】 A

【例 4-20】 (2018 年真题)关于第一次工地会议的说法，正确的是(   )。

A. 第一次工地会议应由总监理工程师组织召开

B. 第一次工地会议应在总监理工程师下达开工令后召开

C. 第一次工地会议的会议纪要由建设单位负责整理

D. 第一次工地会议总监理工程师应介绍监理规划等相关内容

【答案】 D

【例 4-21】 (2016 年真题)项目监理机构实施组织协调的常用方法有(   )。

A. 会议协调

B. 行政协调

C. 交谈协调

D. 指令协调

E. 书面协调

【答案】 ACE

本章小结

建设工程监理组织是完成建设工程监理工作的基础和前提。在建设工程的不同组织管理模式下，可采用不同的建设工程监理委托方式，工程监理单位接受建设单位委托后，需要按照一定的程序和原则实施监理。本章主要介绍了项目监理机构组织形式及组建步骤、工程建设监理委托方式及实施程序、工程建设监理组织协调。

一、填空题

1. 组织内部构成和各部分之间所确立的较为稳定的相互关系和联系方式，称为_____。

2. 直线制监理组织形式又可分为按子项目分解的_____和按建设阶段分解的_____。

3. _____是在总监理工程师下设置一些职能机构，分别从职能的角度对高层监理组进行业务管理。

4. _____是吸收了直线制监理组织形式和职能制监理组织形式的优点而形成的一种组织形式。

5. 交谈协调法中交谈包括_____和_____两种形式。

6. 访问协调法包括_____和_____两种形式。

二、选择题

1. 影响项目监理机构监理人数的因素不包括( )。

A. 工程建设强度

B. 工程建设单位的资金多少

C. 监理单位业务水平

D. 项目监理机构的组织结构和任务职能分工

2. 项目监理组织中监理人员不应包括( )。

A. 总监理工程师   B. 分包单位监理工程师

C. 监理员   D. 总监理工程师代表

3. 总监理工程师需要同时担任多项委托监理合同的项目总监理工程师工作时，需经建设单位同意，且最多不得超过( )项。

A. 一   B. 二   C. 三   D. 四

三、简答题

1. 现行的建设工程监理组织形式主要有哪些？

2. 项目监理机构应具有合理的人员结构，主要包括哪几个方面的内容？

3. 建设工程项目组织管理的模式主要有哪些？

4. 在建设工程平行承发包模式下，建设工程监理委托方式有哪两种主要形式？

5. 采用施工总承包模式的优缺点有哪些？

6. 简述建设工程监理实施程序。

7. 工程建设监理组织协调的常用方法有哪些？

第五章 监理规划与监理实施细则

教学内容	第一节　监理大纲 第二节　监理规划 第三节　监理实施细则	学时	4
教学目标	(1)了解监理大纲的编制依据和主要内容、工程监理规划的编制程序和原则、工程监理规划的编制依据；熟悉监理规划的编制要求；掌握监理规划的编制内容和监理规划的报审。 (2)了解监理实施细则编写依据和要求；熟悉监理实施细则主要内容；掌握监理实施细则的报审		
关键词	监理大纲　监理规划　监理实施细则		
重点	监理规划的编制内容，监理实施细则主要内容		
能力目标	能够编制工程建设监理规划		
素质目标	(1)监理工程师对工作、对事业具有责任心。 (2)守住监理职业道德界线，管好自己，控制好自己的言行，要求总监理工程师具有良好的思想修养		

导入案例

某工程在实施过程中发生如下事件：

事件1：总监理工程师组织编写监理规划时，明确建立工作的部分内容如下：①审核分包单位资格；②核查施工机械和设备的安全许可验收手续；③检查试验室资质；④审核费用索赔；⑤审查施工总进度计划；⑥工程计量和付款签证；⑦审查施工单位提交的工程款支付报审表；⑧参与工程竣工验收。

事件2：在第一次工地会议上，总监理工程师明确签发《工程暂停令》的情形包括：①隐蔽工程验收不合格的；②施工单位拒绝项目监理机构管理的；③施工存在重大质量、安全事故隐患的；④发生质量、安全事故的；⑤调整工程施工进度计划的。

事件3：某专业工程施工前，总监理工程师指派监理员依据监理规划、工程设计文件和施工组织设计组织编制监理实施细则，并报送建设单位审批。

事件4：工程竣工验收阶段，建设单位要求项目监理机构将整理完成的归档监理文件资料直接移交城建档案管理机构存档。

【讨论】

1. 针对事件1，将所列的监理工作内容按质量控制、造价控制、进度控制和安全生产管理分别进行归类。

2. 指出事件 2 中总监理工程师的不妥之处，依据《建设工程监理规范》(GB/T 50319—2013)，还有哪些情形应签发《工程暂停令》?

3. 针对事件 3，总监工程师的做法有什么不妥? 写出正确做法。监理实施细则的编制依据还有哪些?

4. 针对事件 4，建设单位的做法有什么不妥? 写出监理文件资料的归档移交程序。

【分析】

1. 事件 1 中:

(1)质量控制工作: 审核分包单位资格、检查试验室资质、参与工程竣工验收。

(2)造价控制工作: 审核费用索赔、工程计量和付款签证、审查施工单位提交的工程款支付报审表。

(3)进度控制工作: 审查施工总进度计划。

(4)安全生产管理工作: 核查施工机械和设备的安全许可验收手续。

2. 事件 2 中总监理工程师的不妥之处: 隐蔽工程验收不合格与调整工程施工进度计划时不应该签发工程暂停令。

依据《建设工程监理规范》(GB/T 50319—2013)，还有以下情形应签发《工程暂停令》:

(1)建设单位要求暂停施工且工程需要暂停施工的;

(2)施工单位未经批准擅自施工的;

(3)施工单位未按审查通过的工程设计文件施工的;

(4)施工单位违反工程建设强制性标准的。

3. 针对事件 3，总监理工程师做法的不妥之处与正确做法:

(1)不妥之处: 总监理工程师指派监理员组织编制监理实施细则。

正确做法: 总监理工程师指派专业监理工程师组织编制监理实施细则。

(2)不妥之处: 监理实施细则报送建设单位审批。

正确做法: 监理实施细则经总监理工程师审核后实施。

监理实施细则的编制依据还有与专业工程相关的标准和技术资料、(专项)施工方案。

4. 针对事件 4，建设单位的做法的不妥之处: 要求项目监理机构将整理完成的归档监理文件资料直接移交城建档案管理机构存档。

监理文件资料的归档移交程序: 项目监理机构向监理单位移交归档资料，监理单位向建设单位移交归档资料，建设单位向城建档案管理机构移交归档资料。

第一节　监理大纲

一、监理大纲的编写依据

(1)业主的工程项目任务的招标文件。其中主要是工程项目概况和业主所要达到的监理目标和要求。工程项目概况包括项目的种类和性质、项目施工的具体过程、复杂性和技术含量水平、工程项目的投资规模、所处地点、工程项目的承包情况等；业主所要达到的监理目标和要求主要是针对设备工作的质量控制效果、进度控制效果、投资控制效果和承包履约效果以及协助管理的工程项目的技术资料和合同档案资料。

（2）对业主所招标的工程项目的实际考察资料，有些工作是可以实地进行勘察或必须进行实地勘察的，有些工作则只需查看文献资料。

（3）国家政府、地方政府、各行业部门对设备的有关法规和政策；对于跨国的工程项目，还应依据国际通用准则与相关国家的法规和政策。

（4）监理大纲的编制应从监理机构的实际出发，考虑监理机构的资质等级、专业技术和监理人员及监理设施等条件。

二、监理大纲的主要内容

（1）列出监理企业拟派往监理项目的主要监理人员，并对这些人员的资格情况做介绍。

（2）监理企业根据业主所提供的和自己初步掌握的工程信息，制定准备采用的监理方案（如监理组织方案、合同管理方案、目标控制方案、组织协调等）。

（3）明确说明将提供给业主的、反映监理阶段性成果的文件。

第二节　监理规划

一、工程监理规划的编制程序和原则

（1）监理规划应在签订委托监理合同及收到设计文件后开始编制，完成后必须经监理单位技术负责人审核批准，并应在召开第一次工地会议前报送建设单位。

（2）监理规划应由总监理工程师主持、专业监理工程师参加编制。

（3）监理规划的内容应有针对性，做到控制目标明确、控制措施有效、工作程序合理、工作制度健全、职责分工清楚，对监理实施工作有指导作用。

（4）监理规划应有时效性，在项目实施过程中，视情况变化宜做必要的调整。在调整时应由总监理工程师组织监理工程师研究修改，按原报审程序经过批准后报建设单位。

二、工程监理规划的编制依据

编制监理规划时，必须详细了解有关项目的下列资料。

1. 工程建设方面的法律、法规

工程建设方面的法律、法规具体包括以下三个方面：

（1）国家颁布的有关工程建设的法律、法规。这是工程建设相关法律、法规的最高层次。在任何地区或任何部门进行工程建设，都必须遵守国家颁布的工程建设方面的法律、法规。

（2）工程所在地或所属部门颁布的工程建设相关的法规、规定和政策。一项工程建设必然是在某一地区实施的，也必然是归属于某一部门的，这就要求工程建设必须遵守工程建设所在地颁布的工程建设相关的法规、规定和政策，同时也必须遵守工程所属部门颁布的工程建设相关规定和政策。

（3）工程建设的各种标准、规范。工程建设的各种标准、规范也具有法律地位，也必须遵守和执行。

2. 政府批准的工程建设文件

政府批准的工程建设文件包括以下两个方面：

（1）政府工程建设主管部门批准的可行性研究报告、立项批文。

（2）政府规划部门确定的规划条件、土地使用条件、环境保护要求、市政管理规定。

3. 工程建设监理合同

在编写监理规划时，必须依据工程建设监理合同中的以下内容：

（1）监理单位和监理工程师的权利和义务。

（2）监理工作范围和内容。

（3）有关监理规划方面的要求。

4. 其他工程建设合同

在编写监理规划时，也要考虑其他工程建设合同关于业主与承建单位权利和义务的内容。

5. 项目业主的正当要求

根据监理单位应竭诚为客户服务的宗旨，在不超出合同职责范围的前提下，监理单位应最大限度地满足业主的正当要求。

6. 工程实施过程输出的有关工程信息

（1）方案设计、初步设计、施工图设计。

（2）工程实施状况。

（3）工程招标投标情况。

（4）重大工程变更。

（5）外部环境变化等。

7. 监理大纲

监理大纲中的监理组织计划，拟投入的主要监理人员，投资、进度、质量控制方案，合同管理方案，信息管理方案，定期提交给业主的监理工作阶段性成果等内容都是监理规划编制的依据。

三、监理规划的编制要求

1. 监理规划的基本内容构成应力求统一

监理规划在总体内容组成上应力求做到统一，这是监理工作规范化、制度化、科学化的要求。

监理规划的基本构成内容的确定，应当考虑整个建设监理制度对工程建设监理的内容要求。《建设工程监理规范》(GB/T 50319—2013)明确指出了监理规划的基本组成内容，其中包括工程概况，监理工作的范围、内容、目标，监理工作依据，建立组织形式、人员配备及进退场计划、监理人员岗位职责，监理工作制度，工程质量控制，工程造价控制，工程进度控制，安全生产管理的监理工作，合同与信息管理，组织协调，监理工作实施。根据工程建设监理的指导思想，目标控制将成为规划的中心内容。这样，监理规划构成的基本内容就可以在上述的原则下统一起来。至于一个具体工程项目的监理规划，则要根据监理单位与项目业主签订的监理合同所确定的监理实际范围和深度来加以取舍。

归纳起来，监理规划基本构成内容应当包括目标规划、监理组织、目标控制、合同管理和信息管理。施工阶段监理规划统一的内容要求应当在建设监理法规文件或监理合同中明确下来。

2. 监理规划的具体内容应有针对性

监理规划基本构成内容应当统一，但各项具体的内容则要有针对性。这是因为，监理规划是指导某一个特定工程建设监理工作的技术组织文件，它的具体内容应与这个工程建设相适应。由于所有工程建设都具有单件性和一次性的特点，也就是说每个工程建设都有自身的特点，而且每一个监理单位和每一位总监理工程师对某一个具体工程建设在监理思想、监理方法和监理手段等方面都会有自己的独到之处，因此，不同的监理单位和不同的监理工程师在编写监理规划的具体内容时，必然会体现出自己鲜明的特色。或许有人会认为这样难以有效辨别工程建设监理规划编写的质量。实际上，由于工程建设监理的目的就是协助业主实现其投资目的，因此，某一个工程建设监理规划只要能够为有效实施该工程监理做好指导工作，能够圆满地完成所承担的工程建设监理业务，就是一个合格的工程建设监理规划。

所以，针对一个具体工程项目的监理规划，要有自己的投资、进度和质量目标，有自己的项目组织形式，有自己的监理组织机构，有自己的信息管理制度，有自己的合同管理措施，有自己的目标控制措施、方法和手段。只有具有针对性，监理规划才能真正起到指导监理工作的作用。

3. 监理规划的表达方式应当格式化、标准化

现代科学管理应当讲究效率、效能和效益。在监理规划的内容表达上应当考虑采用哪一种方式、方法才能使监理规划表现得更明确、更简洁、更直观，使它便于记忆且一目了然。因此，需要选择最有效的方式和方法以表示出规划的各项内容。编写监理规划各项内容时，应对采用什么表格、图示以及哪些内容需要使用简单的文字说明做出统一规定。

4. 项目总监理工程师是监理规划编写的主持人

监理规划应当在项目总监理工程师的主持下编写制定，这是工程建设监理实行项目总监理工程师负责制的要求。监理规划编写过程中还应有专业监理工程师参加，共同分析项目特点，提出项目监理措施和方法，确定项目监理工作的程序和制度。同时，要广泛征求各专业和各子项目的状况资料和环境资料作为规划的依据。监理规划在编写过程中应当听取项目业主的意见，最大限度地满足他们的合理要求；监理规划编写过程中还要听取被监理方的意见，这不仅仅包括承建本工程项目的单位（当然其是重要的和主要的），还应当向富有经验的承包商广泛地征求意见。作为监理单位的业务工作，在编写监理规划时还应当按照本单位的要求进行编写。

5. 监理规划应当把握工程项目运行的脉搏

监理规划是针对一个具体工程建设编写的，而不同的工程建设具有不同的工程特点、工程条件和运行方式。这也决定了工程建设监理规划必然与工程运行客观规律具有一致性，

必须把握、遵循工程建设运行的规律。只有把握工程建设运行的客观规律，监理规划的运行才是有效的，才能实施对这项工程的有效监理。

另外，监理规划要随着工程建设的展开不断进行补充、修改和完善。它由开始的"粗线条"或"近细远粗"逐步变得完整、完善起来。在工程建设的运行过程中，内外因素和条件不可避免地要发生变化，造成工程的实施情况偏离计划，往往需要调整计划乃至目标，这就必然造成监理规划也要相应地调整内容。其目的是使工程建设能够在监理规划的有效控制之下，不能让它成为脱缰的野马，变得无法驾驭。

监理规划要把握工程运行的脉搏，还由于它所需要的编写信息是逐步提供的。当只知道关于项目的很少一点信息时，不可能对项目进行详尽规划。随着设计的不断进展，随着工程招标方案的出台和实施，工程信息量越来越多，于是规划也就越趋于完整。就一项工程项目的全过程监理规划来说，那些想一气呵成的做法是不实际的，也是不科学的，编写出来的将是一纸空文，没有任何实施的价值。

6. 监理规划需分阶段编写

如前所述，监理规划的内容与工程进展密切相关，没有规划信息也就没有规划内容。因而，监理规划的编写需要有一个过程。我们可以将编写的整个过程分为若干个阶段，每个编写阶段都可与工程实施各阶段相对应，这样，项目实施各阶段所输出的工程信息成为相应的规划信息，从而使监理规划编写能够遵循管理法律，变得有的放矢。

监理规划编写阶段可按工程实施的各阶段来划分。如可划分为设计阶段、施工招标阶段和施工阶段。设计的前期阶段，即设计准备阶段应完成规划的总框架，并将设计阶段的监理工作进行"近细远粗"的规划，使监理规划内容与已经掌握的工程信息紧密结合。设计阶段结束，大量的工程信息能够提供出来，所以施工招标阶段监理规划的大部分内容能够落实。随着施工招标的进展，各承包单位逐步确定下来，工程施工合同逐步签订，施工阶段监理规划所需的工程信息基本齐备，足以编写出完整的施工阶段监理规划。在施工阶段，有关监理规划的主要工作是根据工程进展情况进行调整、修改，使监理规划能够动态地控制整个工程建设，并使其正常进行。

7. 监理规划需审核

监理规划的编写过程中需要进行审查和修改。编写完成后需要进行审核并批准。因此，监理规划的编写还要留出必要的审查和修改的时间。为此，应当对监理规划的编写时间事先做出明确的规定。监理单位的技术主管部门是内部审核单位，其技术负责人应当签认。同时，最好还要提交给业主，由其对监理规划进行确认。

【例 5-1】（2018 年真题）关于监理规划编写要求的说法，正确的是（　　）。

A. 监理规划的内容审批单位是监理单位的商务合同管理部门

B. 监理规划应由专业监理工程师参与编写并报监理单位法定代表审批

C. 监理规划应根据工程监理合同所确定的监理范围与内容进行编写

D. 监理规划中的监理方法和措施应与施工方案相符

【答案】　C

【例 5-2】（2017 年真题）为使监理工作得到有关各方的理解与支持，编写监理规划时应充分听取（　　）的意见。

A. 建设单位　　　　　　　　　B. 施工单位

C. 监理单位   D. 工程建设协会的专家

【答案】　A

【例5-3】　（2014年真题）根据《建设工程监理规范》（GB/T 50319—2013），监理规划应在（　　　）编制。

　　A. 接到监理中标通知书及签订建设工程监理合同后

　　B. 签订建设工程监理合同及收到施工组织设计文件后

　　C. 接到监理投标邀请书及递交监理投标文件前

　　D. 签订建设工程监理合同及收到工程设计文件后

【答案】　D

四、工程建设监理规划的编制内容

1. 工程项目概况

（1）工程的性质和作用。工程的性质和作用主要包括工程类型、使用功能、建设工期、质量要求和投资额及工程建成后的地位和作用。

（2）工程项目的建设、设计、承包单位和建设监理单位。工程项目的建设、设计、承包单位和建设监理单位主要包括建设项目的建设、勘察、设计、总承包和分包单位名称以及建设单位委托的建设监理单位的名称及其监理班子组织状况。

（3）工程环境。工程环境主要包括工程所在的区域位置，周边道路与四邻单位，工程占地面积，场区拆迁情况，施工现场道路、水、电、通信等情况，场区仓储设施及材料存放场地情况等。

（4）工程地质水文条件。工程地质水文条件主要包括场区工程地质、水文地区勘察报告给出的场区地形、地貌情况；地层土质概况；地下水概况；土层的物理、力学指标、承载力标准值、压缩模量值；场地与地基的抗震条件评价；工程地质勘察结论和地区与基础设计的建议；对地基进行加固处理的建议等。

（5）建筑设计。如建筑物只有一栋或栋数不多，可用文字说明每栋建筑物的名称，使用功能，平面布置，底层面积，建筑面积，地下层数（有无人防、人防级别、用途），地上层数，檐高，楼层高度，电梯设置，建筑物耐火等级，是否为节能建筑，室内地面±0.000相当的绝对高程，室内外高差，门窗形式，屋面做法，厕、浴间防水做法，外墙保温做法等。

（6）结构设计。结构设计主要包括地基基础形式、埋深；持力土层的类别及承载力标准值；地基处理的形式及要求；主体结构形式；抗震设防烈度及构件的抗震等级；阳台、楼梯构造；钢筋混凝土结构的混凝土强度等级和抗渗等级；钢筋级别；砌体结构所用砌体种类及强度等级；砌筑砂浆强度等级；楼板及屋面板形式；大跨度构件的说明等。

2. 监理工作范围

工程监理单位所承担的建设工程监理任务，可能是全部工程项目，也可能是某单位工程，也可能是某专业工程，监理工作范围虽然已在建设工程监理合同中明确，但需要在监理规划中列明并做进一步说明。

3. 监理工作内容

建设工程监理基本工作内容包括工程质量、造价、进度三大目标控制，合同管理和信

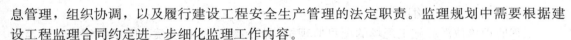

息管理，组织协调，以及履行建设工程安全生产管理的法定职责。监理规划中需要根据建设工程监理合同约定进一步细化监理工作内容。

4. 监理工作目标

工程项目建设监理目标是指监理单位所承担的工程项目的监理目标。通常以工程项目的建设投资、进度、质量三大控制目标来表示。

(1)投资目标。以_____年预算为基价，静态投资为_____万元(合同承包价为_____万元)。

(2)工期目标。___个月或自_____年___月___日至_____年___月___日。

(3)质量等级。工程项目质量等级要求：优良或合格；主要单项工程质量等级要求：优良或合格；重要单位工程质量等级要求：优良或合格。

5. 监理工作依据

依据《建设工程监理规范》(GB/T 50319—2013)，实施建设工程监理的依据主要包括法律法规及工程建设标准、建设工程勘察设计文件、建设工程监理合同及其他合同文件等。编制特定工程的监理规划，不仅要以上述内容为依据，而且还要收集有关资料作为编制依据，见表5-1。

表 5-1　监理规划的编制依据

编制依据		文件资料名称
反映工程特征的资料	勘察设计阶段监理相关服务	(1)可行性研究报告或设计任务书； (2)项目立项批文； (3)挖掘红线范围； (4)用地许可证； (5)设计条件通知书； (6)地形图
	施工阶段监理	(1)设计图纸和施工说明书； (2)地形图； (3)施工合同及其他建设工程合同
反映建设单位对项目监理要求的资料	监理合同：反映监理工作范围和内容、监理大纲、监理投标文件	
反映工程建设条件的资料	(1)当地气象资料和工程地质及水文资料； (2)当地建筑材料供应状况的资料； (3)当地勘察设计和土建安装力量的资料； (4)当地交通、能源和市政公用设施的资料； (5)检测、监测、设备租赁等其他工程参建方的资料	
反映当地工程建设法规及政策方面的资料	(1)工程建设程序； (2)招标投标和工程监理制度； (3)工程造价管理制度等； (4)有关法律法规及政策	
工程建设法律、法规及标准	法律法规，部门规章，建设工程监理规范，勘察、设计、施工、质量评定、工程验收方面的规范、规程、标准等	

6. 项目监理机构的组织形式

工程监理单位派驻施工现场的项目监理机构的组织形式和规模，应根据建设工程监理合同约定的服务内容、服务期限，以及工程特点、规模、技术复杂程度、环境等因素确定。

项目监理机构组织形式可用项目组织机构图来表示。图 5-1 所示为某项目监理机构组织示例。在监理规划的组织机构图中可注明各相关部门所任职监理人员的姓名。

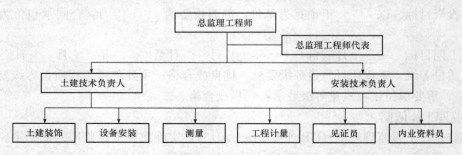

图 5-1　某项目监理机构组织示例

7. 项目监理机构的人员配备计划

项目监理机构监理人员应由总监理工程师、专业监理工程师和监理员组成，且专业配套、数量应满足建设工程监理工作需要，必要时可设总监理工程师代表。

项目监理机构配备的监理人员应与监理投标文件或监理项目建议书的内容一致，并详细注明职称及专业等，可按表 5-2 格式填报。要求填入真实到位人数。对于某些兼职监理人员，要说明参加本建设工程监理的确切时间，以便核查，以免名单开列数与实际数不相符而发生纠纷，这是监理工作中易出现的问题，必须避免。

表 5-2　项目监理机构人员配备计划表

序号	姓名	性别	年龄	职称或服务	本工程拟担任岗位	专业特长	以往承担过的主要工程及岗位	进场时间	退场时间
1									
...									

项目监理机构人员配备计划应根据建设工程监理进程合理安排，可用表 5-3 或表 5-4 等形式表示。

表 5-3　项目监理机构人员配备计划

月份	3	4	5	...	12
专业监理工程师/人	8	9	10		6
监理员/人	24	26	30		20
文秘人员/人	3	4	4		4

表 5-4　某工程项目监理机构人员配备计划

月份	3	4	5	6	7	8	9	10	11	12	...	合计
总监理工程师	★	★	★	★	★	★	★	★	★	★		18

月份	3	4	5	6	7	8	9	10	11	12	…	合计
总监理工程师代表	★				★	★	★		★			9
土建监理工程师	★	★	★	★	★	★	★					10
机电监理工程师					★	★	★	★	★	★		8
造价监理工程师	★	★	★	★	★	★	★	★	★	★		18
造价监理员	★	★	★	★	★	★	★	★				10
土建监理员	★	★	★	★	★	★	★		★			11
机电监理员							★		★	★		9
资料员	★	★	★	★	★	★	★	★	★			18
……												
合计/人	7	6	6	6	8	8	9	5	7	6		101

8. 监理工作制度

为全面履行建设工程监理职责，确保建设工程监理服务质量，监理规划中应根据工程特点和工作重点明确相应的监理工作制度。监理工作制度主要包括项目监理机构现场监理工作制度、项目监理机构内部工作制度及相关服务工作制度（必要时）。

（1）项目监理机构现场监理工作制度。

1）图纸会审及设计交底制度；

2）施工组织设计审核制度；

3）工程开工、复工审批制度；

4）整改制度，包括签发监理通知单和工程暂停令等；

5）平行检验、见证取样、巡视检查和旁站制度；

6）工程材料、半成品质量检验制度；

7）隐蔽工程验收、分项（部）工程质量验收制度；

8）单位工程验收、单项工程验收制度；

9）监理工作报告制度；

10）安全生产监督检查制度；

11）质量安全事故报告和处理制度；

12）技术经济签证制度；

13）工程变更处理制度；

14）现场协调会及会议纪要签发制度；

15）施工备忘录签发制度；

16）工程款支付审核、签认制度；

17）工程索赔审核、签认制度等。

（2）项目监理机构内部工作制度。

1）项目监理机构工作会议制度，包括监理交底会议、监理例会、监理专题会、监理工作会议等；

2）项目监理机构人员岗位职责制度；

3)对外行文审批制度；

4)监理工作日志制度；

5)监理周报、月报制度；

6)技术、经济资料及档案管理制度；

7)监理人员教育培训制度；

8)监理人员考勤、业绩考核及奖惩制度。

(3)相关服务工作制度。

如果提供相关服务时，还需要建立以下制度：

1)项目立项阶段。项目立项阶段包括可行性研究报告评审制度和工程估算审核制度等。

2)设计阶段。设计阶段包括设计大纲、设计要求编写及审核制度，设计合同管理制度，设计方案评审办法，工程概算审核制度，施工图纸审核制度，设计费用支付签认制度，设计协调会制度等。

3)施工招标阶段。施工招标阶段包括招标管理制度，标底或招标控制价编制及审核制度，合同条件拟订及审核制度，组织招标实务有关规定等。

【例 5-4】（2018 年真题)下列工作制度中，仅属于相关服务工作制度的是(　　)。

A. 设计交底制度　　　　　　　　B. 设计方案评审制度

C. 设计变更处理制度　　　　　　D. 施工图纸会审制度

【答案】　B

【例 5-5】（2017 年真题)下列制度中，属于项目监理机构内部工作制度的有(　　)。

A. 施工备忘录签发制度　　　　　B. 施工组织设计审核制度

C. 工程变更处理制度　　　　　　D. 监理工作日志制度

E. 监理业绩考核制度

【答案】　DE

9. 工程质量控制

工程质量控制重点在于预防，即在既定目标的前提下，遵循质量控制原则，制定总体质量控制措施、专项工程预控方案及质量事故处理方案，其具体包括以下几项：

(1)工程质量控制目标描述。

1)施工质量控制目标；

2)材料质量控制目标；

3)设备质量控制目标；

4)设备安装质量控制目标；

5)质量目标实现的风险分析：项目监理机构宜根据工程特点、施工合同、工程设计文件及经过批准的施工组织设计对工程质量目标控制进行风险分析，并提出防范性对策。

(2)工程质量控制主要任务。

1)审查施工单位现场的质量保证体系，包括质量管理组织机构、管理制度及专职管理人员和特种作业人员的资格；

2)审查施工组织设计、（专项)施工方案；

3)审查工程使用的新材料、新工艺、新技术、新设备的质量认证材料和相关验收标准的适用性；

4)检查、复核施工控制测量成果及保护措施；

5)审核分包单位资格，检查施工单位为本工程提供服务的试验室；

6)审查施工单位用于工程的材料、构配件、设备的质量证明文件，并按要求对用于工程的材料进行见证取样、平行检验，对施工质量进行平行检验；

7)审查影响工程质量的计量设备的检查和检定报告；

8)采用旁站、巡视检查、平行检验等方式对施工过程进行检查监督；

9)对隐蔽工程、检验批、分项工程和分部工程进行验收；

10)对质量缺陷、质量问题、质量事故及时进行处置和检查验收；

11)对单位工程进行竣工验收，并组织工程竣工预验收；

12)参加工程竣工验收，签署建设工程监理意见。

(3)工程质量控制工作流程与措施。

1)工程质量控制工作流程。依据分解的目标编制质量控制工作流程图(略)。

2)工程质量控制的具体措施。

①组织措施：建立健全项目监理机构，完善职责分工，制定有关质量监督制度，落实质量控制责任。

②技术措施：协助完善质量保证体系；严格事前、事中和事后的质量检查监督。

③经济措施及合同措施：严格质量检查和验收，不符合合同规定质量要求的，拒付工程款；达到建设单位特定质量目标要求的，按合同支付工程质量补偿金或奖金。

(4)旁站方案。旁站是指项目监理机构对工程的关键部位或关键工序的施工质量进行的监督活动。关键部位、关键工序应根据工程类别、特点及有关规定确定。

每一项建设工程施工过程中都存在对结构安全、重要使用功能起着重要作用的关键部位和关键工序，对这些关键部位和关键工序的施工质量进行重点控制，直接关系到建设工程整体质量能否达到设计标准要求以及建设单位的期望。

旁站是建设工程监理工作中监督工程质量的一种手段，可以起到及时发现问题、第一时间采取措施、防止偷工减料、确保施工工艺、工序按施工方案进行、避免其他干扰正常施工的因素发生等作用。旁站与监理工作其他方法手段结合使用，成为工程质量控制工作中相当重要和必不可少的工作方式。

【例 5-6】 (2016 年真题)下列工程目标控制任务中，不属于工程质量控制任务的是（　　）。

A. 审查施工组织设计及专项施工方案

B. 审查工程中使用的新技术、新工艺

C. 分析比较实际完成工程量与计划工程量

D. 复核施工控制测量成果与保护措施

【答案】 C

【例 5-7】 (2015 年真题)下列监理工程师对质量控制的措施中，（　　）属于技术措施。

A. 落实质量控制责任　　　　　　　B. 严格质量控制工作流程

C. 制定质量控制协调程序　　　　　D. 严格质量检查监督

E. 协助完善质量保证体系

【答案】 CDE

10. 工程造价控制

项目监理机构应全面了解工程施工合同文件、工程设计文件、施工进度计划等内容，熟悉合同价款的计价方式、施工投标报价及组成、工程预算等情况，明确工程造价控制的目标和要求，制定工程造价控制工作流程、方法和措施，以及针对工程特点确定工程造价控制的重点和目标值，将工程实际造价控制在计划造价范围内。

(1)工程造价控制的目标分解。工程造价控制的目标可按以下几种方式分解：

1)按建设工程费用组成分解；

2)按年度、季度分解；

3)按建设工程实施阶段分解。

(2)工程造价控制的工作内容。

1)熟悉施工合同及约定的计价规则，复核、审查施工图预算；

2)定期进行工程计量，复核工程进度款申请，签署进度款付款签证；

3)建立月完成工程量统计表，对实际完成量与计划完成量进行比较分析，发现偏差的，应提出调整建议并报告建设单位；

4)按程序进行竣工结算款审核，签署竣工结算款支付证书。

(3)工程造价控制主要方法。在工程造价目标分解的基础上，依据施工进度计划、施工合同等条件，编制资金使用计划，可列表编制(表 5-5)，并运用动态控制原理，对工程造价进行动态分析、比较和控制。

表 5-5　资金使用计划表

工程名称	××年度				××年度				××年度				总额
	一	二	三	四	一	二	三	四	一	二	三	四	

工程造价动态比较的内容包括以下几项：

1)工程造价目标分解值与造价实际值的比较；

2)工程造价目标值的预测分析。

(4)工程造价目标实现的风险分析。项目监理机构宜根据工程特点、施工合同、工程设计文件及经过批准的施工组织设计对工程造价目标控制进行风险分析，并提出防范性对策。

(5)工程造价控制工作流程与措施。

1)工程造价控制工作流程。依据工程造价目标分解编制工程造价控制工作流程图。

2)工程造价控制具体措施：

①组织措施：建立健全项目监理机构，完善职责分工及有关制度，落实工程造价控制责任。

②技术措施：对材料、设备采购，通过质量价格比选，合理确定生产供应单位；通过审核施工组织设计和施工方案，使施工组织合理化。

③经济措施：及时进行计划费用与实际费用的分析比较；对原设计或施工方案提出合理化建议并被采用，由此产生的投资节约按合同规定予以奖励。

④合同措施：按合同条款支付工程款，防止过早、过量的支付。减少施工单位的索赔，正确处理索赔事宜等。

【例5-8】（2018年真题）下列工程造价控制工作中，属于项目监理机构在施工阶段控制工程造价的工作内容是（   ）。

A. 定期进行工程计量
B. 审查工程预算
C. 进行建设方案比选
D. 进行投资方案论证

【答案】 A

11. 工程进度控制

项目监理机构应全面了解工程施工合同文件、施工进度计划等内容，明确施工进度控制的目标和要求，制定施工进度控制工作流程、方法和措施，以及针对工程特点确定工程进度控制的重点和目标值，将工程实际进度控制在计划工期范围内。

（1）工程总进度目标分解。工程总进度目标可按以下几种方式分解：

1）年度、季度进度目标；

2）各阶段的进度目标；

3）各子项目进度目标。

（2）工程进度控制工作内容包括以下几项：

1）审查施工总进度计划和阶段性施工进度计划；

2）检查、督促施工进度计划的实施；

3）进行进度目标实现的风险分析，制定进度控制的方法和措施；

4）预测实际进度对工程总工期的影响，分析工期延误原因，制定对策和措施，并报告工程实际进展情况。

（3）工程进度控制方法包括以下几项：

1）加强施工进度计划的审查，督促施工单位制定和履行切实可行的施工计划。

2）运用动态控制原理进行进度控制。施工进度计划在实施过程中受各种因素的影响可能会出现偏差，项目监理机构应对施工进度计划的实施情况进行动态检查，对照施工实际进度和计划进度，判定实际进度是否出现偏差。当发现实际进度严重滞后且影响合同工期时，应签发监理通知单，召开专题会议，要求施工单位采取调整措施加快施工进度，并督促施工单位按调整后批准的施工进度计划实施。

工程进度动态比较的内容包括以下几项：

①工程进度目标分解值与进度实际值的比较；

②工程进度目标值的预测分析。

（4）工程进度控制工作流程与措施。

1）工程进度控制工作流程图（略）。

2）工程进度控制的具体措施：

①组织措施：落实进度控制的责任，建立进度控制协调制度。

②技术措施：建立多级网络计划体系，监控施工单位的实施作业计划。

③经济措施：对工期提前者实行奖励；对应急工程实行较高的计件单价；确保资金的及时供应等。

④合同措施：按合同要求及时协调有关各方的进度，以确保建设工程的形象进度。

【例 5-9】 (2014 年真题)监理规划中应明确的工程进度控制措施有( )。

A. 建立多级网络计划体系

B. 严格审核施工组织设计

C. 建立进度控制协调制度

D. 按施工合同及时支付工程款

E. 监控施工单位实施作业计划

【答案】 ACE

12. 安全生产管理的监理工作

项目监理机构应根据法律法规、工程建设强制性标准，履行建设工程安全生产管理的监理职责。项目监理机构应根据工程项目的实际情况，加强对施工组织设计中涉及安全技术措施的审核，加强对专项施工方案的审查和监督，加强对现场安全事故隐患的检查，发现问题及时处理，防止和避免安全事故的发生。

(1)安全生产管理的监理工作目标。履行法律法规赋予工程监理单位的法定职责，尽可能防止和避免施工安全事故的发生。

(2)安全生产管理的监理工作内容。

1)编制建设工程监理实施细则，落实相关监理人员；

2)审查施工单位现场安全生产规章制度的建立和实施情况；

3)审查施工单位安全生产许可证及施工单位项目经理、专职安全生产管理人员和特种作业人员的资格，核查施工机械和设施的安全许可验收手续；

4)审查施工承包人提交的施工组织设计，重点审查其中的质量安全技术措施、专项施工方案与工程建设强制性标准的符合性；

5)审查包括施工起重机械和整体提升脚手架、模板等自升式架设设施等在内的施工机械及设施的安全许可验收手续情况；

6)巡视检查危险性较大的分部分项工程专项施工方案实施情况；

7)施工单位拒不整改或不停止施工时，应及时向有关主管部门报送监理报告。

(3)专项施工方案的编制、审查和实施的监理要求。

1)专项施工方案编制要求。实行施工总承包的，专项施工方案应当由总承包施工单位组织编制。其中，起重机械安装拆卸工程、深基坑工程、附着式升降脚手架等专业工程实行分包的，其专项施工方案可由专业分包单位组织编制。实行施工总承包的，专项施工方案应当由总承包施工单位技术负责人及相关专业分包单位技术负责人签字。对于超过一定规模的危险性较大的分部分项工程专项方案，应当由施工单位组织召开专家论证会。

2)专项施工方案监理审查要求：

①对编制的程序进行符合性审查；

②对实质性内容进行符合性审查。

3)专项施工方案实施要求。施工单位应当严格按照专项方案组织施工，安排专职安全管理人员实施管理，不得擅自修改、调整专项施工方案。如因设计、结构、外部环境等因素发生变化确需修改的，应及时报告项目监理机构，修改后的专项施工方案应当按相关规定重新审核。

(4)安全生产管理的监理方法和措施。

1)通过审查施工单位现场安全生产规章制度的建立和实施情况，督促施工单位落实安全技术措施和应急救援预案，加强风险防范意识，预防和避免安全事故的发生。

2)通过项目监理机构安全管理责任风险分析，制定监理实施细则，落实监理人员，加强日常巡视和安全检查。发现安全事故隐患时，项目监理机构应当履行监理职责，采取会议、告知、通知、停工、报告等措施向施工单位管理人员指出，预防和避免安全事故的发生。

【例5-10】（2017年真题）对于超过一定规模的危险性较大的分部分项工程的专项施工方案，需要由（　　）组织召开专家论证会。

A. 建设单位　　　B. 监理单位　　　C. 施工单位　　　D. 分包单位

【答案】　C

【例5-11】（2017年真题）下列实行专业分包的工程中，专项施工方案不能由专业分包单位组织编制的有（　　）。

A. 深基坑工程

B. 附着式升降脚手架工程

C. 起重机械安装拆卸工程

D. 高大模板工程

E. 拆除、爆破工程

【答案】　DE

【例5-12】（2015年真题）监理规划中应明确的安全管理措施有（　　）。

A. 组织验收施工起重机械的安全性能

B. 督促施工单位落实安全技术措施

C. 审查施工单位的安全生产规章制度

D. 督促施工单位落实应急救援预案

E. 制定危险性较大的分部工程旁站方案

【答案】　BCD

13. 合同管理与信息管理

(1)合同管理。合同管理主要是对建设单位与施工单位、材料设备供应单位等签订的合同进行管理，从合同执行等各个环节进行管理，督促合同双方履行合同，并维护合同订立双方的正当权益。

1)合同管理的主要工作内容。

①处理工程暂停及复工、工程变更、索赔及施工合同争议、解除等事宜；

②处理施工合同终止的有关事宜。

2)合同结构。结合项目结构图和项目组织结构图，以合同结构图形式表示，并列出项目合同目录一览表(表5-6)。

表5-6　项目合同目录一览表

序号	合同编号	合同名称	施工单位	合同价	合同工期	质量要求

3)合同管理工作流程与措施：

①工作流程图（略）；

②合同管理具体措施（略）。

4)合同执行状况的动态分析（略）。

5)合同争议调解与索赔处理程序（略）。

6)合同管理表格（略）。

(2)信息管理。信息管理是建设工程监理的基础性工作，通过对建设工程形成的信息进行收集、整理、处理、存储、传递与运用，保证能够及时、准确地获取所需要的信息。信息管理的具体工作包括监理文件资料的管理内容，监理文件资料的管理原则和要求，监理文件资料的管理制度和程序，监理文件资料的主要内容，监理文件资料的归档和移交等。

1)信息分类表，见表5-7。

表5-7　信息分类表

序号	信息类别	信息名称	信息管理要求	责任人

2)项目监理机构内部信息流程图（略）。

3)信息管理工作流程与措施。

①工作流程图（略）；

②信息管理具体措施（略）。

4)信息管理表格（略）。

14. 组织协调

组织协调工作是指监理人员通过对项目监理机构内部人与人之间、机构与机构之间，以及监理组织与外部环境组织之间的工作进行协调与沟通，从而使工程参建各方相互理解、步调一致。组织协调具体包括编制工程项目组织管理框架，明确组织协调的范围和层次，制定项目监理机构内外协调的范围、对象和内容，制定监理组织协调的原则、方法和措施，明确处理危机关系的基本要求等。

(1)组织协调的范围和层次。

1)组织协调的范围。项目组织协调的范围包括建设单位、工程建设参与各方（政府管理部门）之间的关系。

2)组织协调的层次，包括以下几项：

①协调工程参与各方之间的关系；

②工程技术协调。

（2）组织协调的主要工作。

1）项目监理机构的内部协调。

①总监理工程师牵头，做好项目监理机构内部人员之间的工作关系协调；

②明确监理人员分工及各自的岗位职责；

③建立信息沟通制度；

④及时交流信息、处理矛盾，建立良好的人际关系。

2）与工程建设有关单位的外部协调。

①建设工程系统内的单位：进行建设工程系统内的单位协调重点分析，主要包括建设单位、设计单位、施工单位、材料和设备供应单位、资金提供单位等。

②建设工程系统外的单位：进行建设工程系统外的单位协调重点分析，主要包括政府建设行政主管机构、政府其他有关部门、工程毗邻单位、社会团体等。

（3）组织协调方法和措施。

1）组织协调方法。

①会议协调：监理例会、专题会议等方式；

②交谈协调：面谈、电话、网络等方式；

③书面协调：通知书、联系单、月报等方式；

④访问协调：走访或约见等方式。

2）不同阶段组织协调措施。

①开工前的协调：如第一次工地例会等；

②施工过程中协调；

③竣工验收阶段协调。

工程监理规划编制实例

（4）协调工作程序。

1）工程质量控制协调程序；

2）工程造价控制协调程序；

3）工程进度控制协调程序；

4）其他方面工作协调程序。

五、监理规划报审

1. 监理规划报审程序

依据《建设工程监理规范》（GB/T 50319—2013），监理规划应在签订建设工程监理合同及收到工程设计文件后编制，在召开第一次工地会议前报送建设单位。监理规划报审程序的时间节点安排、各节点工作内容及负责人见表5-8。

表5-8　监理规划报审程序

序号	时间节点安排	工作内容	负责人
1	签订监理合同及收到工程设计文件后	编制监理规划	总监理工程师组织 专业监理工程师参与
2	编制完成、总监理工程师签字后	监理规划审批	监理单位技术负责人审批
3	第一次工地会议前	报送建设单位	总监理工程师报送

序号	时间节点安排	工作内容	负责人
4	设计文件、施工组织计划和施工方案等发生重大变化时	调整监理规划重新审批监理规划	总监理工程师组织 专业监理工程师参与技术负责人审批 监理单位 监理单位技术负责人重新审批

2. 监理规划的审核内容

监理规划在编写完成后需要进行审核并经批准。监理单位技术管理部门是内部审核单位，其技术负责人应当签认。监理规划审核的内容主要包括以下几个方面：

（1）监理范围、工作内容及监理目标的审核。依据监理招标文件和建设工程监理合同，审核是否理解建设单位的工程建设意图，监理范围、监理工作内容是否已包括全部委托的工作任务，监理目标是否与建设工程监理合同要求和建设意图相一致。

（2）项目监理机构的审核。

1）组织机构方面。组织形式、管理模式等是否合理，是否已结合工程实施特点，是否能够与建设单位的组织关系和施工单位的组织关系相协调等。

2）人员配备方面。人员配备方案应从以下几个方面审查：

①派驻监理人员的专业满足程度。应根据工程特点和建设工程监理任务的工作范围，不仅考虑专业监理工程师（如土建监理工程师、安装监理工程师等）能够满足开展监理工作的需要，而且还要看其专业监理人员是否覆盖了工程实施过程中的各种专业要求，以及高、中级职称和年龄结构的组成。

②人员数量的满足程度。主要审核从事监理工作的人员在数量和结构上的合理性。按照我国已完成监理工作的工程资料统计测算，在施工阶段，大、中型建设工程每年完成 100 万元的工程量所需监理人员为 0.6~1 人，专业监理工程师、一般监理人员和行政文秘人员的结构比例为 0.2：0.6：0.2。专业类别较多的工程，监理人员数量应适当增加。

③专业人员不足时采取的措施是否恰当。大、中型建设工程由于技术复杂、涉及的专业面宽，当工程监理单位的技术人员不足以满足全部监理工作要求时，对拟临时聘用的监理人员的综合素质应认真审核。

④派驻现场人员计划表。对于大、中型建设工程，不同阶段对所需要的监理人员在人数和专业等方面的要求不同，应对各阶段派驻现场的监理人员的专业、数量计划是否与建设工程进度计划相适应进行审核。还应平衡正在其他工程上执行监理业务的人员，是否能按照预定计划进入本工程参加监理工作。

（3）工作计划的审核。在工程进展中各个阶段的工作实施计划是否合理、可行，审查其在每个阶段中如何控制建设工程目标及组织协调方法。

（4）工程质量、造价、进度控制方法的审核。对三大目标控制方法和措施应重点审查，看其如何应用组织、技术、经济、合同措施保证目标的实现，方法是否科学、合理、有效。

（5）对安全生产管理监理工作内容的审核。主要是审核安全生产管理的监理工作内容是否明确；是否制定了相应的安全生产管理实施细则；是否建立了对施工组织设计、专项施工方案的审查制度；是否建立了对现场安全隐患的巡视检查制度；是否建立了安全生产管理状况的监理报告制度；是否制定了安全生产事故的应急预案等。

（6）监理工作制度的审核。主要审查项目监理机构内外工作制度是否健全、有效。

第三节　监理实施细则

一、监理实施细则编写依据和要求

1. 建设工程监理实施细则的编制依据

《建设工程监理规范》（GB/T 50319—2013）规定，监理实施细则的编制应依据下列资料：

（1）监理规划。

（2）工程建设标准、工程设计文件。

（3）施工组织设计、（专项）施工方案。

除《建设工程监理规范》（GB/T 50319—2013）中规定的相关依据外，监理实施细则在编制过程中，还可以融入工程监理单位的规章制度和经认证发布的质量体系，以达到监理内容的全面、完整，有效提高建设工程监理自身的工作质量。

2. 建设工程监理实施细则的编制要求

（1）坚持分阶段编制原则。建设工程监理实施细则应根据监理规划的要求，按工程进展情况，尤其当施工图未出齐就开工的时候，可分阶段进行编写，并在相应工程（如分部工程、单位工程或按专业划分构成一个整体的局部工程）施工开始前编制完成，用于指导专业监理的操作，确定专业监理的监理标准。

（2）坚持总监理工程师审批原则。建设工程监理实施细则是专门针对工程中一个具体的专业制定的，如基础工程、主体结构工程、电气工程、给水排水工程、装修工程等。其专业性强，编制要求高，应由专业监理工程师组织项目监理机构中该专业的监理人员编制，并必须经总监理工程师审批。

（3）坚持动态性原则。建设工程监理实施细则编好后，并不是一成不变的。因为工程的动态性很强，项目动态性决定了建设工程监理实施细则的可变性。所以，当发生工程变更、计划变更或原监理实施细则所确定的方法、措施、流程不能有效地发挥作用时，要把握好工程项目的变化规律，及时根据实际情况对建设工程监理实施细则进行补充、修改和完善，调整建设工程监理实施细则的内容，使工程项目运行能够在建设工程监理实施细则的有效控制下，最终实现项目建设的目标。

【例 5-13】　（2019 年真题）根据《建设工程监理规范》（GB/T 50319—2013），监理实施细则编写的依据有（　　　）。

A. 建设工程施工合同文件　　　　B. 已批准的监理规划

C. 与专业工程相关的标准　　　　D. 已批准的施工组织设计、（专项）施工方案

E. 施工单位的特定要求

【答案】 BCD

【例5-14】 （2014年真题）监理实施细则需经( )审批后实施。

A. 总监理工程师代表　　　　　B. 工程监理单位技术负责人

C. 总监理工程师　　　　　　　D. 相应专业监理工程师

【答案】 C

二、监理实施细则主要内容

《建设工程监理规范》(GB/T 50319—2013)明确规定了监理实施细则应包含的内容，即专业工程特点、监理工作流程、监理工作要点及目标值、监理工作方法及措施。

(一)专业工程特点

专业工程特点是指需要编制监理实施细则的工程专业特点，而不是简单的工程概述。专业工程特点应对专业工程施工的重点和难点、施工范围和施工顺序、施工工艺、施工工序等内容进行有针对性的阐述，体现为工程施工的特殊性、技术的复杂性，与其他专业的交叉和衔接以及各种环境约束条件。

除专业工程外，新材料、新工艺、新技术以及对工程质量、造价、进度应加以重点控制等特殊要求，也需要在监理实施细则中体现。

(二)监理工作流程

监理工作流程是结合工程相应专业制定的具有可操作性和可实施性的流程图，不仅涉及最终产品的检查验收，更多地也涉及施工中各个环节及中间产品的监督检查与验收。监理工作涉及的流程包括开工审核工作流程、施工质量控制流程、进度控制流程、造价(工程量计量)控制流程、安全生产和文明施工监理流程、测量监理流程、施工组织设计审核工作流程、分包单位资格审核流程、建筑材料审核流程、技术审核流程、工程质量问题处理审核流程、旁站检查工作流程、隐蔽工程验收流程、工程变更处理流程、信息资料管理流程等。

(三)监理工作要点及目标值

监理工作要点及目标值是对监理工作流程中工作内容的增加和补充，应将流程图设置的相关监理控制点和判断点进行详细而全面的描述，将监理工作目标和检查点的控制指标、数据和频率等阐释清楚。

(四)监理工作方法及措施

1. 监理工作方法

监理工程师通过旁站、巡视、见证取样、平行检测等监理方法，对专业工程做全面监控，对每一个专业工程的监理实施细则而言，其工作方法必须要详尽阐明。除上述四种常规方法外，监理工程师还可采用指令文件、监理通知、支付控制手段等方法实施监理。

2. 监理工作措施

各专业工程的控制目标要有相应的监理措施以保证控制目标的实现，制定监理工作措施通常有以下两种方式：

(1)根据措施实施内容不同，可将监理工作措施分为技术措施、经济措施、组织措施和合同措施。例如，某建筑工程钻孔灌注桩分项工程监理工作组织措施和技术措施如下：

1)组织措施。根据钻孔桩工艺和施工特点，对项目监理机构人员进行合理分工，将现场专业监理人员分两班(8：00－20：00 和 20：00－次日 8：00，每班 1 人)进行全程巡视、旁站、检查和验收。

2)技术措施。

①组织所有监理人员全面阅读图纸等技术文件，提出书面意见，参加设计交底，制定详细的监理实施细则。

②详细审核施工单位提交的施工组织设计，严格审查施工单位现场质量管理体系的建立和实施。

③研究分析钻孔桩施工质量风险点，合理确定质量控制关键点，包括桩位控制、桩长控制、桩径控制、桩身质量控制和桩端施工质量控制。

(2)根据措施实施时间不同，可将监理工作措施分为事前控制措施、事中控制措施和事后控制措施。事前控制措施是指为预防发生差错或问题而提前采取的措施；事中控制措施是指监理工作过程中，及时获取工程实际状况信息，以供及时发现问题、解决问题而采取的措施；事后控制措施是指发现工程相关指标与控制目标或标准之间出现差异后所采取的纠偏措施。

【例 5-15】 (2018 年真题)下列工作流程中，监理工程涉及的有(　　)。

A. 分包单位招标选择流程　　　　B. 质量三检制度落实流程

C. 隐蔽工程验收流程　　　　　　D. 质量问题处理审核流程

E. 开工审核工作流程解析

【答案】　CDE

【例 5-16】 (2016 年真题)根据《建设工程监理规范》(GB/T 50319—2013)，下列内容中，不属于监理实施细则的是(　　)。

A. 监理工作控制要点　　　　　　B. 建立工作组织制度

C. 监理工作流程　　　　　　　　D. 监理工作方法

【答案】　B

三、监理实施细则报审

(一)监理实施细则报审程序

根据《建设工程监理规范》(GB/T 50319—2013)的规定，监理实施细则可随工程进展编制，但必须在相应工程施工前完成，并经总监理工程师审批后实施。监理实施细则报审程序见表5-9。

表 5-9　监理实施细则报审程序

序号	节点	工作内容	负责人
1	相应工程施工前	编制监理实施细则	专业监理工程师编制
2	相应工程施工前	监理实施细则审批、批准	专业监理工程师送审，总监理工程师批准
3	工程施工过程中	若发生变化，监理实施细则中工作流程与方法措施调整	专业监理工程师调整，总监理工程师批准

(二)监理实施细则的审核内容

监理实施细则由专业监理工程师编制完成后，需要报总监理工程师批准后方能实施。监理实施细则审核的内容主要包括以下几个方面。

1. 编制依据、内容的审核

(1)编制依据。监理实施细则的编制是否符合监理规划的要求，是否符合专业工程相关的标准，是否符合设计文件的内容，与提供的技术资料是否相符合，是否与施工组织设计、(专项)施工方案使用的规范、标准、技术要求相一致。

(2)编制内容。监理的目标、范围和内容是否与监理合同和监理规划相一致，编制的内容是否涵盖专业工程的特点、重点和难点，内容是否全面、翔实、可行，是否能确保监理工作质量等。

2. 项目监理人员的审核

(1)组织方面。组织方式、管理模式是否合理，是否结合了专业工程的具体特点，是否便于监理工作的实施，制度、流程上是否能保证监理工作，是否与建设单位和施工单位相协调等。

(2)人员配备方面。人员配备的专业满足程度、数量等是否满足监理工作的需要，专业人员不足时采取的措施是否恰当，是否有操作性较强的现场人员计划安排表等。

3. 监理工作流程、监理工作要点的审核

监理工作流程是否完整、翔实，节点检查验收的内容和要求是否明确，监理工作流程是否与施工流程相衔接，监理工作要点是否清晰、明确，目标值控制点设置是否合理、可控等。

4. 监理工作方法和措施的审核

监理工作方法是否科学、合理、有效，监理工作措施是否具有针对性、可操作性，是否安全可靠，是否能确保监理目标的实现等。

5. 监理工作制度的审核

针对专业建设工程监理，其内外监理工作制度是否能有效保证监理工作的实施，监理记录、检查表格是否完备等。

本章小结

监理规划是项目监理机构全面开展建设工程监理工作的指导性文件，监理实施细则是在监理规划的基础上，针对工程项目中某一专业或某一方面监理工作编制的操作性文件。本章主要介绍了监理大纲、监理规划、监理实施细则的内容。

思考与练习

一、填空题

1. 工程项目建设监理目标通常以工程项目的建设_____、_____、_____三大控制目标来表示。

2. 监理规划在总体内容组成上应力求做到_____，这是监理工作规范化、制度化、科学化的要求。

3. 根据工程建设监理的指导思想，_____将成为规划的中心内容。

4. 项目监理机构组织形式可用_____来表示。

5. 为全面履行建设工程监理职责，确保建设工程监理服务质量，监理规划中应根据_____和_____明确相应的监理工作制度。

6. _____是指项目监理机构对工程的关键部位或关键工序的施工质量进行的监督活动。

7. _____是建设工程监理的基础性工作，通过对建设工程形成的信息进行收集、整理、处理、存储、传递与运用，保证能够及时、准确地获取所需要的信息。

8. 组织协调方法有_____、_____、_____、_____。

9. 根据措施实施时间不同，可将监理工作措施分为_____、_____和_____。

二、选择题

1. 下列文件中，由总监理工程师负责组织编制的是（　　）。

A. 监理细则　　　　　　　　　　B. 监理规划

C. 监理大纲　　　　　　　　　　D. 监理投标书

2. 根据《建设工程监理规范》（GB/T 50319—2013），监理规划应（　　）。

A. 在签订委托监理合同后开始编制，并应在召开第一次工地会议前报送建设单位

B. 在签订委托监理合同后开始编制，并应在工程开工前报送建设单位

C. 在签订委托监理及收到设计文件后开始编制，并应在召开第一次工地会议 7 天前报送建设单位

D. 在签订委托监理合同及收到设计文件后开始编制，并应在工程开工前报送建设单位

3. 监理规划基本构成内容主要取决于（　　）。

A. 工程监理单位对工程进度的要求

B. 工程监理制度对工程进度的要求

C. 工程监理制度对于工程监理单位的基本要求

D. 工程监理单位对设计单位的基本要求

4. 监理实施细则可随工程进展编制，但应在相应工程开始由（　　）编制完成。

A. 总监理工程师代表　　　　　　B. 工程监理单位技术负责人

C. 总监理工程师　　　　　　　　D. 专业监理工程师

三、简答题

1. 监理大纲的编写依据是什么？

2. 监理大纲的主要内容包括哪几个方面？

3. 监理规划的编制要求有哪些？

4. 工程质量控制的具体措施包括哪些？

5. 工程造价控制工作内容包括哪些？

6. 什么是组织协调工作？组织协调的主要工作有哪些？

7. 监理规划审核的内容主要包括哪几个方面？

第六章　工程建设目标控制

教学内容	第一节　工程建设目标控制理论基础 第二节　工程建设目标控制系统 第三节　工程建设项目决策阶段的目标控制 第四节　工程建设项目设计阶段的目标控制 第五节　工程建设项目招标投标阶段的目标控制 第六节　工程建设项目施工阶段的目标控制 第七节　工程项目竣工后的目标控制	学时	4
教学目标	(1)了解控制的概念、工程建设目标控制类型及应用，熟悉工程建设目标控制的流程、基本环节和前提条件。 (2)了解目标的概念及工程建设三大控制目标的关系，掌握工程建设投资控制、进度控制、质量控制的概念、内容及方法措施。 (3)掌握工程建设项目决策阶段监理进行投资控制的主要工作。 (4)了解工程建设设计阶段的特点及该阶段目标控制的任务，掌握工程建设设计阶段监理进行投资控制、进度控制和质量控制的工作内容与方法。 (5)掌握工程建设招标投标阶段监理进行投资控制的主要工作。 (6)掌握工程建设施工阶段监理进行投资控制、进度控制和质量控制的工作内容。 (7)掌握工程建设竣工验收阶段监理进行目标控制的主要工作		
关键词	控制　主动控制　被动控制　工程建设投资控制的目标　工程建设进度控制　工程建设质量控制　可行性研究　投资估算　竣工决算		
重点	工程建设项目目标的管理，投资估算，工程投标报价，工程变更，工程竣工，施工索赔，竣工决算，保修，保修期		
能力目标	(1)能够掌握工程建设不同阶段目标控制的内容。 (2)具有在工程建设各阶段进行投资控制、进度控制、质量控制的能力		
素质目标	(1)深入现场，洞察研究，实事求是，坚持以事实为依据、以法律为准绳的基本准则； (2)充分发挥民主，善于与人共事，调动每一位成员的积极性； (3)正确运用监理权力，秉公办事		

某工程在实施过程中发生如下事件：

事件1：监理合同签订后，监理单位按照下列步骤组建项目监理机构：

(1)确定项目监理机构目标；

(2)确定监理工作内容；

(3)制定监理工作流程和信息流程；

(4)进行项目监理机构组织设计，根据项目特点，决定采用矩阵制组织形式组建项目监理机构。

事件2：总监理工程师对项目监理机构的部分工作安排如下：

(1)造价控制组：①研究制定预防索赔措施；②审查确认分包单位资格；③审查施工组织设计与施工方案。

(2)质量控制组：①检查成品保护措施；②审查分包单位资格；③审批工程延期。

事件3：为有效控制建设工程质量、进度、投资目标，项目监理机构拟采取下列措施开展工作：

(1)明确施工单位及材料设备供应单位的权利和义务；

(2)拟订合理的承发包模式和合同计价方式；

(3)建立健全实施动态控制的监理工作制度；

(4)审查施工组织设计；

(5)对工程变更进行技术经济分析；

(6)编制资金使用计划；

(7)采用工程网络计划技术实施动态控制；

(8)明确各级监理人员职责分工；

(9)优化建设工程目标控制工作流程；

(10)加强各单位(部门)之间的沟通协作。

事件4：采用新技术的某专业分包工程开始施工后，专业监理工程师编制了相应的监理实施细则，总监理工程师审查了其中的监理工作方法和措施等主要内容。

【讨论】

1.指出事件1中项目监理机构组建步骤的不妥之处和采用矩阵组织形式的优点。

2.逐项指出事件2中总监理工程师对造价控制组和质量控制组的工作安排是否妥当。

3.逐项指出事件3中各项措施分别属于组织措施、技术措施、经济措施和管理措施中的哪一项。

4.指出事件4中专业监理工程师做法的不妥之处，总监理工程师还应审查监理实施细则中的哪些内容？

【分析】

1.事件1中：

项目监理机构组建步骤的不妥之处是步骤(3)和步骤(4)顺序颠倒，正确的步骤是(1)(2)(4)(3)。

矩阵制组织形式的优点：加强了各职能部门的横向联系，具有较大的机动性和适应性，将上下左右集权与分权实行最优结合，有利于解决复杂问题，有利于监理人员业务能力的培养。

2. 事件2中：

(1)总监理工程师对造价控制组的安排不妥当，审查确认分包单位资格和审查施工组织设计与施工方案均属于质量控制组工作。

(2)总监理工程师对质量控制组的安排不妥当，审批工程延期属于进度控制组工作。

3. 事件3中：

组织措施：(3)、(8)、(9)、(10)。

技术措施：(4)、(7)。

经济措施：(5)、(6)。

合同措施：(1)、(2)。

4. 事件4中：

(1)专业监理工程师做法的不妥之处是在工程开始施工后才编制监理实施细则。

(2)总监理工程师还应审查监理实施细则的以下几个方面：

①专业工程特点；

②监理工作流程；

③监理工作要点的审核。

第一节　工程建设目标控制理论基础

一、控制的概念

工程建设监理的核心是工作规划、控制和协调。控制是指目标动态控制，即对目标进行跟踪。进行目标动态控制是监理工作的一个极其重要的方面。

根据控制论的一般原理，控制是作用者对被作用者的一种能动作用，被作用者按照作用者的这种作用而行动，并达到系统的预定目标。因此，控制具有一定的目的性，为达成某种或某些目标而实施；控制是为了达到某个或某些目的而进行的过程，且是一种动态过程，是被作用者的活动依循既定的目标前进的过程，其本身是一种手段而非一种目的；控制不是某个事件或某种状况，而是散布在目标实施过程中的一连串行动；控制深受内部和外部环境的影响，环境影响控制目标的制定与实施；控制过程中每一个员工既是控制的主体又是控制的客体，既对其所负责的作业实施控制，又受到他人的控制和监督；所有的控制都应是针对"人"而设立和实施的，项目实施过程中应因此而形成一种控制精神和控制观念，以达到最佳的控制效率和效果。

在管理学中，控制通常是指管理人员按计划标准来衡量所取得的成果，纠正所发生的偏差，以保证计划目标得以实现的管理活动。

二、工程建设目标控制类型及其应用

(一)工程建设目标控制类型

控制类型的划分是根据不同的分析目的而选择的，是主观的，而控制措施本身是客观的。因此，同一控制措施可以表述为不同的控制类型。

根据控制类型划分依据的不同，可对其进行细分。例如，按照控制措施作用于控制对象的时间，可分为事前控制、事中控制和事后控制；按照控制信息的来源，可分为前馈控制和反馈控制；按照控制过程是否形成闭合回路，可分为开环控制和闭环控制；按照控制措施制定的出发点，可分为主动控制和被动控制。

1. 主动控制

主动控制是指在预先分析各种风险因素及其导致目标偏离的可能性和程度的基础上，拟订和采取有针对性的预防措施，从而减少乃至避免目标偏离。主动控制也可以表述为其他不同的控制类型。主动控制是一种事前控制。它必须在计划实施前就采取控制措施，以降低目标偏离的可能性或其后果的严重程度，起到防患于未然的作用。主动控制是一种前馈控制。它主要是根据已建同类工程实施情况的综合分析结果，结合拟建工程的具体情况和特点，将教训上升为经验，用于指导拟建工程的实施，以免重蹈覆辙。主动控制通常是一种开环控制(图 6-1)。

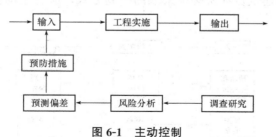

图 6-1　主动控制

综上所述，主动控制可以解决传统控制过程中存在的时滞影响，尽最大可能避免偏差已经成为现实的被动局面，降低偏差发生的概率及其严重程度，从而使目标得到有效控制，因此，主动控制是一种面对未来的控制。

2. 被动控制

被动控制是指从计划的实际输出中发现偏差，通过对产生偏差原因的分析，研究制定纠偏措施，以使偏差得以纠正，工程实施恢复到原来计划的状态，或虽然不能恢复到计划状态但可以减少偏差的严重程度。被动控制也可以表述为其他的控制类型。被动控制是一种事中控制和事后控制。它是在计划实施过程中，对已经出现的偏差采取控制措施，它虽然不能降低目标偏离的可能性，但可以降低目标偏离的严重程度，并将偏差控制在尽可能小的范围内。被动控制是一种反馈控制。它是根据本工程实施情况(反馈信息)的综合分析结果进行的控制，其控制效果在很大程度上取决于反馈信息的全面性、及时性和可靠性。被动控制是一种闭环控制(图 6-2)。闭环控制即循环控制，即被动控制表现为一个循环过程：发现偏差，分析产生偏差的原因，研究制定纠偏措施并预计纠偏措施的成效，实施并落实纠偏措施，产生实际成效，收集实际实施情况，对实施的实际效果进行评价，将实际效果与预期效果进行比较，发现偏差……重复这个过程直至整个工程建成。

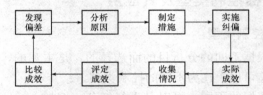

图 6-2　被动控制的闭合回路

综上所述，被动控制是一种面对现实的控制。虽然目标偏离已成为客观事实，但是通过被动控制措施，仍然可能使工程实施恢复到计划状态，至少可以减少偏差的严重程度。不可否认，被动控制仍然是一种有效的控制，也是十分重要而且经常运用的控制方式。因此，对被动控制应当予以足够的重视，并努力提高其控制效果。

(二)各类型目标控制的应用

在工程建设实施过程中，如果仅仅采取被动控制措施，出现偏差是不可避免的，而且偏差可能有累积效应，即虽然采取了纠偏措施，但偏差可能越来越大，从而难以实现预定的目标。另外，主动控制的效果虽然比被动控制好，但是仅仅采取主动控制措施是不现实的，或者说是不可能的。因此，对于工程建设目标控制来说，主动控制和被动控制两者缺一不可，都是实现工程建设目标所必须采取的控制方式，应将主动控制与被动控制紧密结合，如图 6-3 所示。

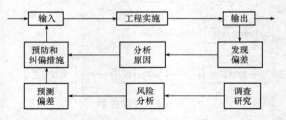

图 6-3　主动控制与被动控制相结合

为了使主动控制与被动控制更好地结合，应处理好以下两方面问题：一方面是要扩大信息来源，即不仅要从本工程获得实施情况的信息，而且要从外部环境获得有关信息，包括已建同类工程的有关信息，这样才能对风险因素进行定量分析，使纠偏措施有针对性；另一方面是要把握好"输入"这个环节，即要输入两类纠偏措施，不仅有纠正已经发生的偏差的措施，而且有预防和纠正可能发生的偏差的措施，这样才能取得较好的控制效果。

需要说明的是，虽然在工程建设实施过程中仅仅采取主动控制是不可能的，有时甚至是不经济的，但不能因此而否定主动控制的重要性。实际上，牢固确立主动控制的思想，认真研究并制定多种主动控制措施，尤其要重视那些基本上不耗费资金和时间的主动控制措施，对于提高工程建设目标控制的效果，具有十分重要而现实的意义。

三、工程建设目标控制流程

工程建设目标控制流程如图 6-4 所示。

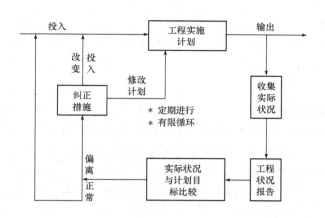

图 6-4　工程建设目标控制流程

控制是在事先制定的计划基础上进行的，将计划所需的人力、材料、设备、机具、方法等资源和信息进行投入，于是计划开始运行，工程开始实施。随着工程的实施和计划的运行，不断输出实际的工程状况和实际的投资、进度和质量目标，控制人员要收集工程实际情况和目标值以及其他有关的工程信息，将它们进行加工、整理、分类和综合，提出工程状态报告。控制部门根据工程状态报告将项目实际的投资、进度、质量目标状况与相应的计划目标进行比较，确定实际目标是否偏离了计划目标。如果未偏离，就按原计划继续运行；否则，就需要采取纠正措施，或改变投入，或修改计划，或采取其他纠正措施，使计划呈现一种新状态，使工程能够在新的计划状态下进行。这就是动态控制原理。上述控制程序是一个不断循环的过程，一个工程项目目标控制的全过程就是由这样的一个个循环过程组成的。循环控制要持续到项目建成动用，贯彻项目的整个建设过程。

对于工程建设目标控制系统来说，由于收集实际数据、偏差分析、制定纠偏措施均主要由目标控制人员来完成，都需要一定的时间，这些工作不可能同时进行并在瞬间完成，因而其控制实际上就表现为周期性的循环过程。通常，在工程建设监理的实践中，投资控制、进度控制和常规质量控制问题的控制周期按周或月计，而严重的工程质量问题和事故，则需要及时加以控制。

另外，由于系统本身的状态和外部环境是不断变化的。相应地，也就要求控制工作随之变化。目标控制人员对工程建设本身的技术经济规律、目标控制工作规律的认识也是不断变化的，他们的目标控制能力和水平也是在不断提高的。因而，即使在系统状态和环境变化不大的情况下，目标控制工作也可能发生较大的变化。这表明，目标控制也可能包含着对已采取的目标控制措施进行调整或控制。

四、工程建设目标控制环节

工程建设的每一个目标控制过程都包括投入、转换、反馈、对比、纠正五个环节，如图6-5所示。

投入、转换、反馈、对比和纠正工作构成工程建设目标控制过程的一个循环链，缺少任何一

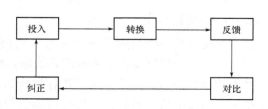

图 6-5　工程建设目标控制环节

个工作环节，循环都不会健全。同时，任何一项工作做得不够好，都会影响后续工作和整个控制过程，降低控制的有效性。因此，要做好控制工作，必须重视此循环链中的每一项工作。

（一）投入环节

控制过程首先从投入开始。一项计划能否顺利实施，其基本条件就是能否按计划所要求的人力、财力、物力进行投入。计划确定的资源数量、质量和投入的时间，是保证计划顺利实施的基本条件，也是实现计划目标的基本保障。因此，要使计划能够正常实施并达到预计目标，就应保证能够将质量、数量符合计划要求的资源按规定时间和地点投入工程建设。在质量控制中，投入的原材料、成品、半成品的质量对工程的最终质量起着决定作用，因此，监理工程师必须把握住对"投入"的控制。

（二）转换环节

转换主要是指工程项目由投入到产出的过程，也就是工程建设目标实现的过程。在转换过程中，计划的运行在一定时期内会受到来自外部环境和内部系统等多种因素的干扰，造成实际工程情况偏离计划的要求。这类干扰往往是潜在的，是在制定计划时未被人们所预料或人们根本无法预料的。同时，由于计划本身不可避免地存在着缺陷，会造成期望输出与实际输出之间发生偏离，如进度计划在实施的过程中，可能由于原材料的供应不足，或者由于气候的变化而发生工程延期等各种问题。

为了做好"转换"过程的控制工作，监理工程师应跟踪了解工程进展情况，掌握工程转换过程的第一手资料，为今后分析偏差原因、确定纠正措施，收集和提供原始依据。同时，采取"即时控制"措施，发现偏离，及时纠偏，解决问题于萌芽状态。

（三）反馈环节

即使是一项制定得相当完善的计划，其运行结果也未必与期望一致。因为在计划实施过程中，实际情况的变化是绝对的，不变是相对的，每个变化都会对目标和计划的实现造成一定的影响。所以，控制部门和控制人员需要全面、及时、准确地了解计划的执行情况及其结果，而这就需要通过反馈信息来实现。反馈的信息包括项目实施过程中已发生的工程状况、环境变化等信息，还包括对未来工程的预测信息。要确定各种信息流通渠道，建立功能完善的信息系统，保证反馈的信息真实、完整、正确和及时。

在控制过程中，信息反馈的方式可以分为正式和非正式信息反馈两种。

（1）正式信息反馈是指书面的工程状况报告之类的信息，它是控制过程中应当采用的主要反馈方式；

（2）非正式信息反馈主要指口头方式的信息反馈，对其也应当给予足够的重视。

此外，还应使非正式信息反馈转化为正式信息反馈。

（四）对比环节

对比是指将得到的反馈信息与计划所期望的状况相比较，它是控制过程的重要特征。控制的核心是找出差距并采取纠正措施，使工程得以在计划的轨道上进行。进行对比工作，首先是确定实际目标值。这是在各种反馈信息的基础上进行分析、综合，形成与计划目标相对应的目标值。然后，将这些目标值与衡量标准（计划目标值）进行对比，判断偏差。如果存在偏差，还要进一步判断偏差的程度大小。同时，还要分析产生偏差的原因，以便找到消除偏差的措施。在对比工作中，要注意以下几点。

1. 明确目标实际值与计划值的内涵

目标的实际值与计划值是两个相对的概念。随着工程建设实施过程的展开，其实施计划和目标都将逐渐深化、细化，往往还要做适当的调整。从目标形成的时间来看，在前者为计划值，在后者为实际值。

2. 合理选择比较的对象

在实际工作中，最为常见的是相邻两种目标值之间的比较。在我国许多工程建设中，业主往往以批准的设计概算作为投资控制的总目标。这时，合同价与设计概算、结算价与设计概算的比较，也是必要的。另外，结算价以外的各种投资值之间的比较都是一次性的，而结算价与合同价（或设计概算）的比较是经常性的，一般是定期（如每月）比较。

3. 建立目标实际值与计划值之间的对应关系

工程建设的各项目标都要进行适当分解。通常，目标的计划值分解较粗，目标的实际值分解较细。因此，为了保证能够切实地进行目标实际值与计划值的比较，并通过比较发现问题，必须建立目标实际值与计划值之间的对应关系。这就要求目标的分解深度、细度可以不同，但分解的原则和方法必须相同，从而可以在较粗的层次上进行目标实际值与计划值的比较。

4. 确定衡量目标偏差的标准

要正确判断某一目标是否发生偏差，就要预先确定衡量目标偏差的标准。例如，某工程建设的某项工作的实际进度比计划要求拖延了一段时间。如果这项工作是关键工作，或者虽然不是关键工作，但该项工作拖延的时间超过了它的总时差，则应当判断为发生偏差，即实际进度偏离计划进度；反之，如果该项工作不是关键工作，且其拖延的时间未超过总时差，则虽然该项工作本身偏离计划进度，但从整个工程的角度来看，实际进度并未偏离计划进度。

(五)纠正环节

纠正即纠正偏差，根据偏差的大小和产生偏差的原因，有针对性地采取措施来纠正偏差。如果偏差较小，通常可采用比较简单的措施纠正；如果偏差较大，则需改变局部计划，才能使计划目标得以实现。如果已经确认原计划不能实现，就要重新确定目标，制定新计划，然后在新计划下进行工程建设。

需要特别说明的是，只要目标的实际值与计划值有差异，就表明发生了偏差。但是，对于工程建设目标控制来说，纠正一般是针对正偏差（实际值大于计划值）而言的，如投资增加、工期拖延；而如果出现负偏差，如投资节约、工期提前，并不采取"纠正"措施，可通过故意增加投资、放慢进度，使投资和进度恢复到计划状态。不过，对于负偏差的情况，要仔细分析其原因，排除假象。对于确实是通过积极而有效的目标控制方法和措施而产生负偏差效果的情况，应认真总结经验，扩大其应用范围，更好地发挥其在目标控制中的作用。

五、工程建设目标控制的前提工作

工程建设目标控制的前提工作主要包括两项：一是目标规划和计划；二是目标控制的组织。为了进行有效的目标控制，必须做好这两项工作。

(一)目标规划和计划

没有目标规划和计划,就无法实施目标控制。因此,要进行目标控制,必须对控制目标进行合理的规划并制定相应的计划。目标规划和计划越明确、越具体、越全面,目标控制的效果就越好。

为了提高并客观评价目标控制的效果,需要提高目标规划和计划的质量。为此,必须做好以下两个方面的工作。

1. 合理确定并分解目标

工程建设不同阶段所具备的条件不同,因此,确定目标的依据也不同。一般来说,在施工图设计完成后,目标规划的依据比较充分,目标规划的结果也比较准确和可靠。但是,对于施工图设计完成以前的各个阶段来说,工程建设的目标规划都是由设计院、监理公司或其他咨询公司编制的,这些单位都应把自己承担过的工程建设的主要数据存入数据库,因而数据库具有十分重要的作用,应予以足够重视。若某一地区或城市能建立本地区或本市的工程建设数据库,则可以在大范围内共享数据,增加同类工程建设的数量,从而大大提高目标确定的准确性和合理性。

建立工程建设数据库,至少要做好以下几个方面的工作:

(1)按照一定的标准对工程建设进行分类。例如,将工程建设分为道路、桥梁、房屋建筑等,房屋建筑还可进一步分为住宅、学校、医院、宾馆、办公楼、商场等。

(2)对各类工程建设所可能采用的结构体系进行统一分类。例如,根据结构理论和我国目前常用的结构形式,可将房屋建筑的结构体系分为砖混结构、框架结构、框架-剪力墙结构、筒体结构等。

(3)数据既要有一定的综合性,又要能反映工程建设的基本情况和特征。例如,除工程名称、投资总额、总工期、建成年份等共性数据外,房屋建筑的数据还应有建筑面积、层数、柱距、基础形式、主要装修标准和材料等。

工程建设数据库对工程建设目标确定的作用,在很大程度上取决于数据库中与拟建工程相似的同类工程的数量。因此,建立和完善工程建设数据库需要经历较长的时间,在确定数据库的结构后,数据的积累、分析就成为主要任务,也可能在应用过程中对已确定的数据库结构和内容做适当的调整、修正与补充。

要确定某一拟建工程的目标,首先必须大致明确该工程的基本技术要求,如工程类型、结构体系、基础形式、建筑高度、主要设备、主要装饰要求等。然后,在工程建设数据库中检索并选择尽可能相近的工程(可能有多个),将其作为确定该拟建工程目标的参考对象。由于工程建设具有多样性和单件生产的特点,有时很难找到与拟建工程基本相同或相似的同类工程,因此,在应用工程建设数据库时,往往要对其中的数据进行适当的综合处理,必要时可将不同类型工程的不同分部工程加以组合。例如,若拟建造一座多功能综合办公楼,根据其基本的技术要求,可以在工程建设数据库中选择某银行的基础工程、某宾馆的主体结构工程、某办公楼的装饰工程和内部设施,作为确定其目标的依据。同时,要认真分析拟建工程的特点,找出拟建工程与已建类似工程之间的差异,并定量分析这些差异对拟建工程目标的影响,从而确定拟建工程的各项目标。

另外,工程建设数据库中的数据都是历史数据,由于拟建工程与已建工程之间存在"时间差",因而对工程建设数据库中的一些数据不能直接应用,而必须考虑时间因素和外部条件的变化，采取适当的方式加以调整。例如，对于投资目标，可以采用线性回归分析法或加权移动平均法进行预测分析，还可能需要考虑技术规范的发展对投资的影响；对于工期目标，需要考虑施工技术和方法以及施工机械的发展，还需要考虑法规变化对施工时间的限制，如不允许夜间施工等；对于质量目标，要考虑强制性标准的提高，如城市规划、环保、消防等方面的新规定。

由以上分析可知，工程建设数据库中的数据表面上是静止的，实际上是动态的（不断得到充实）；表面上是孤立的，实际上内部有着非常密切的联系。因此，工程建设数据库的应用并不是一项简单的复制工作。要用好、用活工程建设数据库，关键在于客观分析拟建工程的特点和具体条件，并采用适当的方式加以调整，这样才能充分发挥工程建设数据库对合理确定拟建工程目标的作用。

为了在工程建设实施过程中有效地进行目标控制，仅有总目标还不够，还需要将总目标进行适当的分解。工程建设的总目标可以按照不同的方式进行分解。对于工程建设投资、进度、质量三个目标来说，目标分解的方式并不完全相同。其中，进度目标和质量目标的分解方式较为单一，而投资目标的分解方式较多。

工程建设目标分解最基本的方式是按工程内容分解，适用投资、进度和质量三个目标的分解。但是，三个目标分解的深度不一定完全一致。一般来说，将投资、进度、质量三个目标分解到单项工程和单位工程比较容易办到，其结果也是比较合理和可靠的。在施工图设计完成前，目标分解至少都应达到这个层次。至于是否分解到分部工程和分项工程，一方面取决于工程进度所处的阶段、资料的详细程度、设计所达到的深度等；另一方面取决于目标控制工作的需要。

2. 制定可行且优化的计划

计划是对实现总目标的方法、措施及过程的组织和安排，是工程建设的实施依据和指南。计划制定得越明确、越完善，目标控制的效果就越好。通过计划，可以分析目标规划所确定的投资、进度、质量总目标是否平衡、能否实现。如果发现不平衡或不能实现，则必须修改目标。从这个意义上讲，计划不仅是对目标的实施，也是对目标的进一步论证。通过计划，可以按分解后的目标落实责任体系，调动和组织各方面人员为实现工程建设总目标共同工作。这表明，计划是许多更细致、更具体的目标的组合。通过计划的、科学的组织和安排，人们可以协调各单位、各专业之间的关系，充分利用时间和空间，最大限度地提高工程建设的整体效益。制定计划要注意以下几点：

（1）要保证计划的可行性，即保证计划的技术、资源、经济和财务的可行性，保证工程建设的实施能够有足够的时间、空间、人力、物力和财力。

（2）必须了解并认真分析拟建工程自身的客观规律性，在充分考虑工程规模、技术复杂程度、质量水平、主要工作的逻辑关系等因素的前提下制定计划，切不可不合理地缩短工期和降低投资。

（3）要充分考虑各种风险因素对计划实施的影响，留有一定的余地。例如，在投资总目标中预留风险费或不可预见费，在进度总目标中留有一定的机动时间等。

（4）要考虑业主的支付能力（资金筹措能力）、设备供应能力、管理和协调能力等。

在确保计划可行的基础上，还应对其进行合理的优化，即对计划做多方案的技术经济分析和比较。当然，限于时间和人们对客观规律认识的局限性，最终制定的计划只是相对意义上最优的计划，而不可能是绝对意义上最优的计划。

（二）目标控制的组织

由于工程建设目标控制的所有活动以及计划的实施都是由目标控制人员来实现的，因此，目标控制机构和人员是目标控制的前提，其设置必须明确、合理。目标控制的组织机构和任务分工越明确、越完善，目标控制的效果就越好。

为了有效地进行目标控制，需要做好以下几方面的组织工作：

（1）设置目标控制机构；

（2）配备合适的目标控制人员；

（3）落实目标控制机构和人员的任务与职能分工；

（4）合理组织目标控制的工作流程和信息流程。

第二节　工程建设目标控制系统

一、工程建设三大控制目标

（一）工程建设三大控制目标概述

目标是指想要达到的境地或标准。对于长远的总体目标，多指理想性的境地；对于具体的目标，多指数量描述的指标或标准。

工程项目目标一般都是在有关合同中明确确定的。工程项目管理的参与者来自建设方、承包方、监理方等单位。不同的单位在工程项目管理中的主要目标是一致的，但因不同的利益主体关系，各自在目标管理中的角度及程度又有一定的区别。

对于建设单位，工程项目的目标体系主要体现为投资、进度、质量三大目标，这三大目标是一个相互联系的整体，它们构成了工程项目的目标系统。

1. 工程建设投资控制目标

工程建设投资控制的目标，就是在满足进度和质量要求的前提下，通过有效的投资控制工作和具体的投资控制措施，力求使工程实际投资不超过计划投资，如图 6-6 所示。

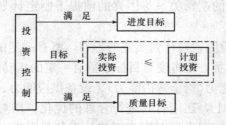

图 6-6　投资控制的含义

工程建设投资控制的目标可能表现为以下几种情况：

(1)在投资目标分解的各个层次上，实际投资均不超过计划投资。这是投资控制追求的最高目标，是最理想的情况。

(2)在投资目标分解的较低层次上，实际投资在有些情况下超过计划投资，在大多数情况下不超过计划投资。因而，在投资目标分解的较高层次上，实际投资不超过计划投资。

(3)实际总投资未超过计划总投资，在投资目标分解的各个层次上，都出现实际投资超过计划投资的情况，但在大多数情况下，实际总投资未超过计划总投资。

后两种情况虽然存在局部的超投资现象，但工程的实际总投资未超过计划总投资。出现这种情况，除投资控制工作和措施存在一定的问题、有待改进和完善外，还可能是投资目标分解不尽合理所造成的。而投资目标分解绝对合理又很难做到，因此，这仍然是令人满意的结果。

2. 工程建设进度控制目标

工程建设进度控制的目标，是在满足投资和质量要求的前提下，通过有效的进度控制工作和具体的进度控制措施，力求使工程实际工期不超过计划工期。也就是说，"整个工程按计划的时间动用"，对于工业项目来说，就是要按计划时间达到负荷联动试车成功；而对于民用项目来说，就是要按计划时间交付使用。

进度控制的目标能否实现，主要取决于处在关键线路上的工程内容能否按预定的时间完成。当然，同时不能发生非关键线路上的工作延误而成为关键线路的情况。在大型、复杂工程的实施过程中，总会不同程度地发生局部工期延误的情况。这些延误对进度目标的影响，应当通过网络计划定量计算。局部工期延误的严重程度与其对进度目标的影响程度之间并无直接的联系，更不存在某种等值或等比例的关系。

3. 工程建设质量控制目标

工程建设质量控制的目标，就是通过有效的质量控制工作和具体的质量控制措施，在满足投资和进度要求的前提下，实现工程预定的质量目标，即工程建设的质量必须符合国家现行的关于工程质量的法律、法规、技术标准和规范等的有关规定，尤其是强制性标准的规定。这实际上，也就明确了对设计、施工质量的基本要求。

工程建设的质量目标又是通过合同加以约定的，其范围更广、内容更具体。另外，工程建设的具体要求是根据不同业主不同的功能要求和使用价值要求确定的，并无固定和统一的标准。从这个角度讲，工程建设的质量目标都具有个性。

在工程建设的质量控制工作中，既要注意对工程个性质量目标的控制，预先明确控制效果定量评价的方法和标准，又要注意合同约定的质量目标的控制，保证其不得低于国家强制性质量标准的要求。

(二)工程建设三大控制目标的关系

任何工程项目都应当具有明确的目标。监理工程师进行目标控制时，应当把项目的工期目标、费用目标和质量目标视为一个整体来控制。因为它们相互联系、相互制约，是整个项目系统中的目标子系统。投资、进度、质量三大目标之间既存在矛盾的方面，又存在统一的方面，是一个矛盾的统一体，如图6-7所示。

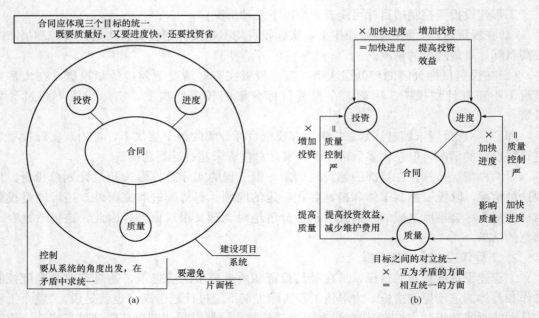

图 6-7　投资目标、进度目标和质量目标的关系

(a)从系统的角度出发，在矛盾中求统一；(b)投资目标、进度目标和质量目标的关系

1. 工程建设三大目标之间的对立关系

工程建设投资、进度、质量三大目标之间，首先存在着矛盾和对立的一面。例如，通常情况下，如果建设单位对工程质量要求较高，那么就要投入较多的资金、花费较长的建设时间，以实现这个质量目标。如果要抢时间、争速度地完成工程项目，把工期目标定得很高，那么在保证工程质量不受到影响的前提下，投资就要相应地提高；或者是在投资不变的情况下，适当降低对工程质量的要求。如果要降低投资、节约费用，那么势必要考虑降低项目的功能要求和质量标准。

以上分析表明，工程建设三大目标之间存在对立的关系。因此，不能奢望投资、进度、质量三大目标同时达到"最优"，即既要投资少，又要工期短，还要质量好。在确定工程建设目标时，不能将投资、进度、质量三大目标割裂开来，分别孤立地分析和论证，更不能片面强调某一目标而忽略其对其他两个目标的不利影响，而是必须将投资、进度、质量三大目标作为一个系统而统筹考虑，反复协调和平衡，力求使整个目标系统达到最优。

2. 工程建设三大目标之间的统一关系

工程建设投资、进度、质量三大目标之间不仅存在着对立的一面，还存在着统一的一面。例如，在质量与功能要求不变的条件下，适当增加投资的数量，就为采取加快工程进度的措施提供了经济条件，就可以加快项目建设速度、缩短工期，使项目提前完工投入使用，投资尽早收回，项目全寿命经济效益得到提高。适当提高项目功能和质量标准，虽然会造成一次性投资的提高和(或)工期的增加，但能够节约项目动用后的经费和维修费，降低产品的后期成本，从而获得更好的投资经济效益。如果制定一个既可行又优化的项目进度计划，使工程能够连续、均衡地开展，则不但可以缩短工期，而且可能获得较好的质量和较低的费用。这一切都说明了工程项目投资、进度、质量三大目标关系之中，存在着统一的一面。

在对工程建设三大目标对立统一关系进行分析时，同样需要将投资、进度、质量三大目标作为一个系统统筹考虑，同样需要反复协调和平衡，力求实现整个目标系统最优，也就是实现投资、进度、质量三大目标的统一。

【例6-1】（2021年真题）关于工程项目质量、造价、进度三大目标的说法，正确的是（　　）。

A. 项目三大目标之间是对立关系

B. 项目三大目标控制的重点是纠正偏差

C. 不同工程项目的三大目标可具有不同的优先等级

D. "自上而下，层层保证"是项目三大目标控制的基础

【答案】　C

二、工程建设项目目标的管理

目标管理以被管理的活动目标为中心，通过把社会经济活动的任务转换为具体的目标以及目标的制定、实施和控制来实现社会经济活动的最终目的。项目目标管理的程序大体可划分为以下几个阶段。

(1)确立项目具体的任务及项目内各层次、各部门的任务分工。

(2)把项目的任务转换为具体的指标或目标。在目标管理中，指标必须能够比较全面、真实地反映出项目任务的基本要求，并能够成为评价考核项目任务完成情况的最重要、最基本的依据。目标管理中的指标是用来具体落实评价考核项目任务的手段，必须能够比较全面、真实地反映出项目任务的主要内容。但指标又只能从某一侧面反映项目任务的主要内容，不能代替项目任务本身，因此不能用目标管理代替其对项目任务的全面管理。除要实现目标外，还必须全面地完成项目任务。指标是可以测定和计量的，这样才能为落实指标、考核指标提供可行的基础标准；指标必须在目标承担者的可控范围之内，这样才能保证目标能够真正执行并成为目标承担者的一种自我约束。

指标作为一种管理手段应该具有层次性、优先次序性以及系统性。层次性是指上一级指标一般都可分解为下一级的几处指标，下一级指标又可再分解为更多的下一级指标，以便把指标落实到最基层的管理主体。优先次序性是指项目的若干指标及各层次、各部门的若干指标都不是并列的，而是有着不同的重要程度，因而在管理上应首先确定各指标的重要程度并据之进行管理。系统性是指项目内各种指标的设置都不是孤立的，而是有机结合的一个体系以及从各个方面全面地反映项目任务的基本要求。

目标是指标实现程度的标准，它反映在一定时期某一主体活动达到的指标水平。同样的指标体系，由于对其具体达到的水平要求不同，就可构成不同的目标。对于企业来说，其目标水平应该是逐步提高的，但其基本指标可能会长期保持不变。

(3)落实和执行项目所制定的目标。制定了项目各层次、各部门的目标后，就要把它具体地落实下去，其中应主要做好如下工作：一要确定目标的责任主体，即谁要对目标的实现负责，是负主要责任还是一般责任；二要明确目标责任主体的职权、利益和责任；三要确定对目标责任主体进行检查、监督的上一级责任人和手段；四要落实实现目标的各种保证条件，如生产要素供应、专业职能的服务指导等。

(4)对目标的执行过程进行调控。首先，要监督目标的执行过程，从中找出需要加强控

制的重要环节和偏差；其次，要分析目标出现偏差的原因并及时进行协调控制。对于按目标进行的主体活动，要进行各种形式的激励。

(5)对目标完成的结果进行评价。评价时要考察经济活动的实际效果与预定目标之间的差别，根据目标实现的程度进行相应的奖惩。一方面，要总结有助于目标实现的实际有效经验；另一方面，要找出还可以改进的方面，并据此确定新的目标水平。

(一)工程建设项目投资控制管理

1. 建设工程投资构成

建设工程总投资一般是指进行某项工程建设花费的全部费用。生产性建设工程总投资包括建设投资和流动资金投资两部分；非生产性建设工程总投资则只包括建设投资。其中的建设投资由设备及工器具购置费、建筑安装工程费、工程建设其他费用、预备费(包括基本预备费和涨价预备费)、建设期利息组成。

我国现行建设工程投资构成如图 6-8 所示。

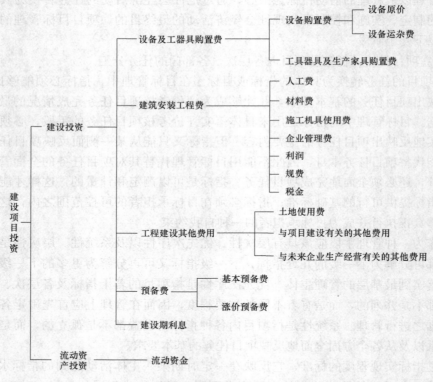

图 6-8　建设工程投资构成

2. 工程建设项目投资的特点

工程建设的特点决定了工程建设项目投资具有以下特点：

(1)投资数额巨大。工程建设投资数额巨大，动辄上千万元、数十亿元。这一特点关系到国家、行业或地区的重大经济利益，也会对国计民生产生重大的影响。

(2)投资差异明显。每个工程都有其特定的用途、功能、规模，每项工程的结构、空间分区、设备配置和内外装饰都有不同的要求，工程内容和实物形态都有其差异性。同样，处于不同地区的工程在人工、材料、机械消耗上也有差异。工程建设的差异性，决定了工程建设投资的差异性。

（3）投资需单独计算。工程的实物形态千差万别，再加上不同地区投资费用构成的各种要素的差异，最终导致工程建设投资的千差万别。因此，工程建设只能通过特殊的程序，就每项工程单独计算其投资。工程建设投资的计算程序包括编制估算、概算、预算、合同价、结算价及最后确定竣工决算等。

（4）投资确定依据复杂。工程建设投资在不同的建设阶段有不同的确定依据，而且互为基础和指导，互相影响。依据的复杂性不仅使计算过程复杂化，而且要求投资控制人员熟悉各种依据，并能加以正确应用。

（5）投资确定层次繁多。工程建设投资确定层次繁多主要体现在：其确定需分别计算分部分项工程投资、单位工程投资、单项工程投资，最后才形成工程建设投资。

（6）投资需动态跟踪调整。工程建设投资在整个建设期内都是不确定的，需随时进行动态跟踪、调整，直至竣工决算后，才能真正形成工程建设投资。

3. 建设项目各阶段投资控制管理

建设项目各阶段投资控制是指在投资决策阶段、设计阶段、建设项目发包阶段和施工阶段，把建设项目投资的发生控制在批准的投资限额以内，随时纠正发生的偏差，以保证项目投资管理目标的实现，以求在各个建设项目中能控制使用人力、物力，取得较好的投资效益和社会效益。

投资控制贯穿建设的全过程，在建设项目的各个阶段对投资控制的影响程度是不同的。并且，越是靠前的阶段，对投资控制的影响越大。

（1）项目决策阶段的投资控制管理。项目投资决策阶段是项目投资控制的重要阶段，对工程项目的投资起决定性作用，应对拟建项目的各建设方案从技术和经济两方面进行综合评价，并在优化方案的基础上确定高质量的投资估算，它是在项目建设各阶段预控制项目总投资的依据。在投资决策阶段，合理选择建设地区和建设地点，科学确定建设标准水平，以及选择适当的工艺设备，必须做好投资估算的审查工作，对其完整性、准确性进行公正的评价。

（2）项目设计阶段的投资控制管理。项目设计阶段是投资控制的重点，项目投资的80%取决于设计阶段，而设计费用一般为工程造价的1.2%左右。项目确定后，投资大小完全取决于工程设计，因此，应对设计进行主动控制。

项目设计阶段应做好地质勘察工作，挖掘地基潜力，减少不必要投资。地质勘察数据是进行项目设计的第一手资料。如果不把详细的地质调查报告提供给设计部门，将会使投资产生大量漏洞，而且极易造成工程事故。应根据地质勘察报告，邀请专家会同设计人员对基础选型进行认真分析研究，做经济比较，充分挖掘地基潜力，选用最佳基础设计方案。

（3）项目施工阶段的投资控制管理。严格控制工程变更是控制造价的重要一环。首先，施工前应对施工图进行会审，及时发现设计中的错误；其次，对施工单位、设计单位及业主提出的每一项工程变更，都要进行经济核算，做出是否需要变更的决定。特别是变更价款很大时，要从多方面通过分析论证决定；最后，严格审核变更价款，包括工程计量及价格审核，要坚持工程量属实、价格合理的原则。

严格工程计量是防止超付工程款的前提。支付工程款时，首先要对工程量进行计量。只有质量合格的项目才允许计量，对不合格的项目及由于施工单位自身造成的增加项目则不予计量；另外，对抵扣的各种款项（如备料款等），应严格按照合同规定的计量程序及付款比例进行控制。

（二）工程建设项目进度控制管理

工程建设的进度控制是指在工程项目各建设阶段编制进度计划，并将该计划付诸实施，在实施过程中应经常检查实际进度是否按计划要求进行；如有偏差，则分析产生偏差的原因，采取补救措施或调整、修改原计划，直至工程竣工，交付使用。进度控制的最终目的是确保项目进度目标的实现，建设项目进度控制的总目标是建设工期。

1. 影响工程建设进度的因素

影响工程建设进度的不利因素有很多，如人为因素，技术因素，设备、材料及构配件因素，机具因素，资金因素，水文、地质与气象因素，以及其他自然与社会环境因素等。因此，在项目总进度计划实施过程中，一定要按计划对建设活动进行全面控制，并对进度目标的实施情况经常、定期地进行检查和分析。一旦发现问题，及时采取针对性的控制措施，以保证原定目标的实现。在工程建设过程中，常见的影响因素如下：

（1）业主因素。例如，因业主使用要求改变而进行设计变更；应提供的施工场地条件不能及时提供或所提供的场地不能满足工程正常需要；不能及时向施工单位或材料供应商付款等。

（2）勘察设计因素。如勘察资料不准确，特别是地质资料错误或遗漏；设计内容不完善，规范应用不恰当，设计有缺陷或错误；设计对施工的可能性未加以考虑或考虑不周；施工图纸供应不及时、不配套，或出现重大差错等。

（3）施工技术因素。如施工工艺错误；不合理的施工方案；施工安全措施不当；不可靠技术的应用等。

（4）自然环境因素。例如，复杂的工程地质条件；不明的水文气象条件；地下埋藏文物的保护、处理；洪水、地震、台风等不可抗力等。

（5）社会环境因素。如外单位邻近工程施工干扰；节假日交通、市容整顿的限制；临时停电、停水、断路；法律及制度变化；经济制裁；战争、骚乱、罢工、企业倒闭等。

（6）组织管理因素。例如，向有关部门提出各种申请审批手续的延误；合同签订时遗漏条款、表达失当；计划安排不周密，组织协调不力，导致停工待料、相关作业脱节；领导不力，指挥失当，使参加工程建设的各个单位、各个专业、各个施工过程之间交接、配合上产生矛盾等。

（7）材料、设备因素。例如，材料、构配件、机具、设备供应环节的差错，品种、规格、质量、数量、时间不能满足工程的需要；特殊材料及新材料的不合理使用；施工设备不配套，选型失当，安装失误，有故障等。

（8）资金因素。例如，有关方拖欠资金、资金不到位、资金短缺、汇率浮动、通货膨胀等。

2. 工程项目进度控制的内容

进度控制的内容随着参与建设的各主体单位不同而不同，这是因为设计、承包、监理等单位都有各自的进度控制目标。

（1）设计单位的进度控制内容根据设计合同的设计工期目标而确定，主要包括编制设计准备工作计划、设计总进度计划和各专业设计的出图计划，确定设计工作进度目标及其实施步骤；执行各类计划，在执行中进行检查，采取相应措施保证计划落实，必要时应对计划进行调整或修改，以保证计划的实现；为承包单位的进度控制提供设计保证，并协助承包单位实现进度控制目标；接受监理单位的设计进度监理。

（2）承包单位的进度控制内容根据施工合同的施工工期目标而确定，主要包括根据合同的工期目标编制施工准备工作计划、施工组织设计、施工方案、施工总进度计划和单位工程施工进度计划，以确定工作内容、工作顺序、起止时间和衔接关系，为实施进度控制提供依据；编制月（旬）作业计划和施工任务书，落实施工需要的资源，做好施工进度的跟踪控制，以掌握施工实际情况，加强调度工作，达到进度的动态平衡，从而使进度计划的实施取得成效；对比实际进度与计划进度的偏差，采取措施纠正偏差，如调整资源投入方向等，保证实现总的工期目标；监督并协助分包单位实施其承包范围内的进度控制；总结分析项目及阶段进度控制目标的完成情况、进度控制中的经验和问题，积累进度控制信息，不断提高进度控制水平；接受监理单位的施工进度控制监理。

（3）监理单位的进度控制内容根据监理合同的工期控制目标而确定，主要包括在准备阶段，向建设单位提供有关工期的信息和咨询，协助其进行工期目标和进度控制决策；进行环境和施工现场调查和分析，编制项目进度规划和总进度计划，编制准备工作详细计划并控制其执行；签发开工通知书；审核总承包单位、设计单位、分承包单位及供应单位的进度控制计划，并在其实施过程中，通过履行监理职责，监督、检查、控制、协调各项进度计划的实施；通过审批设计单位和承包单位的进度付款，对其进度实行动态控制。妥善处理承包单位的进度索赔。

3. **工程建设进度控制的方法和措施**

工程建设进度控制的方法包括规划、控制和协调。所谓规划，就是确定项目总进度目标和分进度目标；所谓控制，就是在项目进展过程中，进行计划进度与实际进度的比较，发现偏离，就及时采取措施纠正；所谓协调，就是协调参加单位之间的进度关系。

工程建设进度控制的措施包括组织措施、技术措施、经济措施及合同措施。

（1）进度控制的组织措施主要包括建立进度控制目标体系，明确工程现场建设监理组织机构中进度控制人员及其职责分工；建立工程进度报告制度及进度信息沟通网络；建立进度计划审核制度和进度计划实施中的检查分析制度；建立进度协调会议制度，包括协调会议举行的时间、地点、参加人员等；建立图纸审查、工程变更和设计变更管理制度。

（2）进度控制的技术措施主要包括审查承包商提交的进度计划，使承包商在合理的状态下施工；编制进度控制工作细则，指导监理人员实施进度控制；采用网络计划技术及其他科学、适用的计划方法，并结合电子计算机的应用，对工程建设进度实施动态控制。

（3）进度控制的经济措施主要包括及时办理工程预付款及工程进度款支付手续；对应急赶工给予优厚的赶工费用；对工期提前给予奖励；对工程延误收取误期损失赔偿金；加强索赔管理，公正地处理索赔。

（4）进度控制的合同措施主要包括推行 CM 发承包模式，对工程建设实行分段设计、分段发包和分段施工；加强合同管理，协调合同工期与进度计划之间的关系，保证合同中进度目标的实现；严格控制合同变更，对各方提出的工程变更和设计变更，监理工程师应严格审查；

加强风险管理，在合同中应充分考虑风险因素及其对进度的影响和相应的处理方法。

（三）工程建设项目质量控制管理

1. 工程建设质量的概念及特点

工程建设质量是指工程满足业主需要，符合国家现行的有关法律、法规、技术规范标准、设计文件及合同规定的特性总和。与一般产品的质量相比较，工程建设质量具有以下特点：

（1）影响因素多、质量波动大、质量变异大。在工程建设项目实施的全过程中，决策、设计、材料、机械、环境、施工工艺、管理制度以及参建人员素质等均直接或间接地影响工程质量。同时，由于影响工程质量的偶然性因素和系统性因素比较多，其中任何一个因素发生变动，都会使工程质量产生波动。

（2）隐蔽性强、终检局限性大。在工程建设项目实施过程中的一些质量问题，如混凝土已经失去了强度、钢筋已经被锈蚀得完全失去了作用等工程质量问题，在终检时是很难通过肉眼判断出来的。有时，即使用检测工具，也不一定能发现问题。

（3）评价方法的特殊性。工程质量的检查评定及验收是按检验批、分项工程、分部工程、单位工程进行的。隐蔽工程在隐蔽前要检查合格后验收，涉及结构安全的试块、试件以及有关材料，应按规定进行见证取样检测，涉及结构安全和使用功能的重要分部工程要进行抽样检测。工程质量是在施工单位按合格质量标准自行检查评定的基础上，由监理工程师组织有关单位、人员进行检验确认验收。这种评价方法体现了"验评分离、强化验收、完善手段、过程控制"的指导思想。

（4）对社会环境影响大。工程建设项目工程规划、设计、施工质量的好坏，不仅直接影响人民群众的生产生活，而且还影响着社会环境的可持续发展，特别是有关绿化、环保和噪声等方面的问题。

2. 工程建设项目质量的影响因素

影响工程建设项目质量的因素主要有人、材料、机械设备、方法和环境五大方面。人的因素主要包括领导者的素质，操作人员的理论、技术水平及生理缺陷、粗心大意、违纪违章等方面；材料因素主要包括材料的成分、物理性能、化学性能等；机械设备因素主要包括机械的类型、性能参数及操作人员的技术水平、工作态度等；方法因素主要包括整个建设周期内采取的技术方案、工艺流程、组织措施、检测手段、施工组织设计等；环境因素主要包括地质、水文、气象、噪声、通风、振动、照明、污染等。

3. 工程建设项目质量控制原则

监理工程师在进行工程项目质量控制的过程中，应遵循以下几点原则：

（1）坚持质量第一，增强质量意识。工程建设使用年限长，涉及面广，影响工程质量的因素多，生产过程复杂，容易产生质量波动，即使事后发现质量有问题，处理起来也非常复杂。因此，监理工程师不仅要为建设单位负责，同时也要为国家和社会负责，必须将质量控制贯穿项目建设的全过程，将质量第一的思想贯穿项目建设全过程的每一个环节，还要提高参加本工程项目施工的全体人员的质量意识，特别是项目班子成员的质量意识，把工程项目质量的优劣作为考核的主要内容。

（2）坚持全过程质量控制，预防为主。由于工程实物质量的形成是一个系统的过程，因此，施工阶段的质量控制，也是一个由对投入原材料的质量控制开始，直到工程完成、竣工验收为止的全过程的系统控制过程。

质量控制的范围包括对参与施工人员的质量控制，对工程使用的原材料、构配件和半成品的质量控制，对施工机械设备的质量控制，对施工方法与方案的质量控制，对生产技术、劳动环境、管理环境的质量控制等。

为此，要求监理工程师坚持全过程质量控制的原则，也就是不仅要对产品质量进行检查，还要对工作质量、工序质量、中间产品的质量进行检查；不仅要对形成产品的验收质量进行控制，还要对工程在施工前和施工过程中进行质量控制。

对施工全过程质量控制的原则，也包含了对工程质量问题预防为主的内容，即事先分析在施工中可能产生的问题，提出相应的对策和措施，力求将各种隐患和问题消除在产生之前或萌芽状态之中。

（3）坚持质量标准，以实测数据为依据。工程质量检查与验收是按工程建设施工合同的规定，遵照现行的施工质量验收规范和质量验收统一标准，采取相应的检验方法与检查手段，对工程分阶段地进行检查、验收与质量评定。

检查、验收与质量评定的基础是，对建筑工程中使用的每一种原材料进行检验、分析，对施工过程的每一道工序进行检查、验收等。因此，对建筑工程产品坚持质量标准，应从原材料开始，道道工序都应坚持质量标准，以数据为依据，严格执行检查、验收制度。

（4）坚持以人为核心的质量控制。人是工程施工的操作者、组织者和指挥者。人既是控制的动力，又是控制的对象；人是质量的创造者，也是不合格产品、失误和工程质量事故的制造者。因此，在整个质量控制的活动中，应以人为核心，提高职工素质。

从招标投标开始，监理工程师就应注意施工队伍的社会信誉和职工素质；施工开始时，就应注意推行全面质量管理方法，建立和完善质量保证体系、质量管理制度，明确工程项目质量责任制；施工过程中，应注意各类管理和操作人员持证上岗，实行质量自检、互检和专业检查的制度等，用各种手段督促和调动人的积极性，达到以工作质量保工序质量、促工程质量的目的。

（5）坚持"严格控制、积极参与、热情服务"的监理方法。

1）严格控制工程质量，对施工组织设计或施工方案、施工管理制度、质量保证体系、测试单位与分包单位的资质，对工程上使用的原材料、半成品、成品和设备的质量以及工程复核验收签证等，都必须严格把关。

2）积极参与、认真学习有关文件，积极配合设计单位解决工程中出现的问题和疑点，协调设计单位和施工单位之间出现的矛盾。在施工组织设计或施工方案审查时，从实际出发，积极提出改进意见，使其更为完善。

3）热情服务是我国监理工程师的特色，即坚守施工现场，积极配合施工需要；遇到问题尽可能及时解决于现场，不拖拉、不推诿；对施工中的一些技术难题，尽可能地给予帮助；及时向有关单位提供工程信息，做好协调工作。

4. 工程建设项目质量控制措施

（1）建设单位的质量控制。实行建设监理制建设单位对工程项目的质量控制是通过监理工程师来实现的，其特点是外部、横向的控制。

监理工程师受建设单位的委托，对工程项目进行质量控制。其目的在于保证工程项目能够按照工程合同的质量要求，达到建设单位的建设意图，符合合同文件规定的质量标准，取得良好的投资效益；其控制依据是国家制定的法律、法规、合同文件、设计图纸等；其工作方式是进驻现场进行全过程的监理。

（2）承包单位的质量控制。它是指承包单位作为工程建设实施的主体对工程项目的质量控制，其特点是内部、自身的控制。

承包单位对工程项目进行质量控制，主要目的是避免返工，提高生产效率，降低成本；同时，保持良好的信誉，加强质量管理。其最终目的在于提高市场的竞争力，控制成本，取得较好的经济利益。

（3）政府的质量控制。政府对工程项目的质量控制是通过政府的质量监督机构来实现的，其特点是外部、纵向的控制。

工程质量监督机构对工程项目质量控制的目的在于维护社会公共利益，保证技术性法规和标准贯彻执行，其控制依据是国家的法律文件和法定的技术标准；其工作方式是对工程主要环节进行定期或不定期的抽验；其作用是监督国家法规、标准的执行，把好工程质量关，增强质量意识，使承包单位向国家和用户提供合格的工程项目。

【例 6-2】 （2016 年真题)关于建设工程质量、进度和造价三大目标的说法，正确的是（　　）。

A. 应形成"自上而下层层展开，自上而下层层保证"的质量、进度和造价目标体系

B. 应将建设工程总目标分解，为质量、进度和造价目标动态控制奠定基础

C. 在不同的建设工程中质量、进度和造价目标，应具有相同的优先等级

D. 质量、进度和造价目标之间相互制约，应使每一个目标均达到最优

【答案】　B

第三节　工程建设项目决策阶段的目标控制

工程建设项目决策阶段的目标控制的关键是项目投资控制。这一阶段，监理工程师的主要工作包括可行性研究、投资估算和项目评价分析。

一、可行性研究

可行性研究是指对某工程项目在做出是否投资的决策前，先对与该项目有关的技术、经济、社会、环境等所有方面进行调查研究，对项目各种可能的拟建方案认真地进行技术、经济分析论证，对项目建成投产后的经济效益、社会效益、环境效益等进行科学的预测和评价。

可行性研究报告的主要内容包括以下几项：

（1）总论。总论主要说明项目提出的背景、概况以及问题与建议。

（2）市场调查与预测。市场调查与预测是可行性研究的重要环节，其内容包括市场现状调查、产品供需预测、价格预测、竞争力分析、市场风险分析。

（3）资源条件评价。资源条件评价的主要内容有资源可利用量、资源品质情况、资源赋存条件、资源开发价值。

（4）建设规模与产品方案。建设规模与产品方案的主要内容为建设规模与产品方案构成、建设规模与产品方案比选、推荐的建设规模与产品方案、技术改造项目与原有设施利用情况等。

（5）场址选择。场址选择的主要内容为场址现状、场址方案比选、推荐的场址方案、技术改造项目当前场址的利用情况。

（6）技术方案、设备方案和工程方案。技术方案、设备方案和工程方案的主要内容有技术方案选择、主要设备方案选择、工程方案选择、技术改造项目改造前后的比较。

（7）原材料、燃料供应方案。原材料、燃料供应方案的主要内容有主要原材料供应方案、燃料供应方案。

（8）总图运输与公用辅助工程。总图运输与公用辅助工程的主要内容有总图布置方案、场内外运输方案、公用工程与辅助工程方案、技术改造项目现有公用辅助设施利用情况。

（9）节能措施。节能措施的主要内容有节能措施、能耗指标分析。

（10）节水措施。节水措施的主要内容有节水措施、水耗指标分析。

（11）环境影响评价。环境影响评价的主要内容有环境条件调查、影响环境因素分析、环境保护措施。

（12）劳动安全卫生与消防。劳动安全卫生与消防的主要内容有危险因素和危害程度分析、安全防范措施、卫生保健措施、消防设施。

（13）组织机构与人力资源配置。组织机构与人力资源配置的主要内容有组织机构设置及其适应性分析、人力资源配置、员工培训。

（14）项目实施进度。项目实施进度主要内容有建设工期、实施进度安排、技术改造项目建设与生产的衔接。

（15）投资估算。投资估算的主要内容有建设投资估算、流动资金估算、投资估算表。

（16）融资方案。融资方案的主要内容有融资组织形式、资本资金筹措、债务资金筹措、融资方案分析。

（17）财务评价。财务评价的主要内容有财务评价基础数据与参数选取、销售收入与成本费用估算、财务评价报表、盈利能力分析、偿债能力分析、不确定性分析、财务评价结论。

（18）国民经济评价。国民经济评价的主要内容有影子价格及评价参数选取、效益费用范围与数值调整、国民经济评价报表、国民经济评价指标、国民经济评价结论。

（19）社会评价。社会评价的主要内容有项目对社会影响分析、项目与所在地互适性分析、社会风险分析、社会评价结论。

（20）风险分析。风险分析的主要内容有项目主要风险识别、风险程度分析、防范风险对策。

（21）研究结论与建议。研究结论与建议的主要内容有推荐方案总体描述、推荐方案优缺点描述、主要对比方案、结论与建议。

二、投资估算

投资估算是在对项目的建设规模、产品方案、工艺技术及设备方案、工程方案及项目实施进度等方面进行研究并基本确定的基础上，估算项目所需资金总额（包括建设投资和流动资金)并测算建设期分年资金使用计划。投资估算是拟建项目编制项目建议书、可行性研究报告的重要组成部分，是项目决策的重要依据之一。

(一)投资估算的作用

1. 投资估算是投资项目建设前期的重要环节

投资估算是投资项目建设前期工作中制定融资方案、进行经济评价的基础，也是其后编制初步设计概算的依据。因此，按照项目建设前期不同阶段所要求的内容和深度，完整、准确地进行投资估算，是项目决策分析与评价阶段必不可少的重要工作。

在项目机会研究和初步可行性研究阶段，虽然对投资估算准确度要求相对较低，但投资估算仍然是该阶段的一项重要工作。投资估算完成后，才有可能进行资金筹措方案设想和经济效益的初步评价。

在可行性研究阶段，投资估算准确与否，以及是否符合工程实际，不仅决定着能否正确评价项目的可行性，同时也决定着融资方案设计的基础是否可靠。因此，投资估算是项目可行性研究报告的关键内容之一。

2. 满足工程设计招标投标及城市建筑方案设计竞选的需要

在工程设计的投标书中，除包括方案设计的图文说明外，还应包括工程的投资估算；在城市建筑方案设计竞选过程中，咨询单位编制的竞选文件也应包括投资估算。可见，合理的投资估算是满足工程设计招标投标及城市建筑方案设计竞选的需要。

(二)投资估算的具体内容

投资估算的具体内容包括以下几项：

(1)建筑工程费；

(2)设备及工具器具购置费；

(3)安装工程费；

(4)工程建设其他费用；

(5)基本预备费；

(6)涨价预备费；

(7)建设期贷款利息；

(8)流动资金。

其中，建筑工程费、设备及工具器具购置费、安装工程费和建设期贷款利息在项目交付使用后，形成固定资产。预备费一般也按形成固定资产考虑。按照有关规定，工程建设其他费用将分别形成固定资产、无形资产和其他资产。

在上述构成中，前六项构成不含建设期贷款利息的建设投资，加上建设期贷款利息，则称为建设投资。建设投资部分又可分为静态投资和动态投资两部分。静态投资部分由建筑工程费、设备及工具器具购置费、安装工程费、工程建设其他费用、基本预备费构成；动态投资部分由涨价预备费和建设期贷款利息构成。

(三)投资估算的审查

为了保证项目投资估算的准确性和估算质量，确保其应有的作用，项目投资估算的审查部门和单位在审查项目投资估算时，应注意以下几点。

1. 审查投资估算编制依据的可信性

审查选用的投资估算方法的科学性、适用性。因为投资估算方法很多，而每种投资估算方法都有其各自的适用条件和范围，并具有不同的精确度。如果使用的投资估算方法与项目的客观条件和情况不相适应，或者超出了该方法的适用范围，那就不能保证投资估算的质量。

审查投资估算采用数据资料的时效性、准确性。估算项目投资所需的数据资料很多，如已运行同类型项目的投资、设备和材料价格、运杂费费率及有关的定额、指标、标准、规定等，都与时间有密切关系，都可能随时间变化而发生不同程度的变化。因此，必须注意其时效性和准确程度。

2. 审查投资估算的编制内容与规定、规划要求的一致性

审查项目投资估算包括的工程内容与规定要求是否一致，是否漏掉了某些辅助工程、室外工程等的建设费用。

审查项目投资估算的项目产品、生产装置的先进水平和自动化程度等，是否符合规划要求的先进程度。

审查是否对拟建项目与已运行项目在工程成本、工艺水平、规模大小、自然条件、环境因素等方面的差异，做了适当的调整。

3. 审查投资估算的费用项目、费用数额的符合性

(1)审查费用项目与规定要求、实际情况是否相符，是否有漏项或多项现象，估算的费用项目是否符合国家规定，是否针对具体情况做了适当的调整。

(2)审查"三废"处理所需投资是否进行了估算，其估算数额是否符合实际。

(3)审查是否考虑了物价上涨和汇率变动对投资额的影响，考虑的波动变化幅度是否合适。

(4)审查是否考虑了采用新技术、新材料及现行标准和规范比已运行项目的要求提高者所需增加的投资额，考虑的额度是否合适。

三、项目评价分析

1. 环境影响评价

工程项目一般会引起项目所在地自然环境、社会环境和生态环境的变化，对环境状况、环境质量产生不同程度的影响。环境影响评价是在研究确定场址方案和技术方案中，调查研究环境条件，识别和分析拟建项目影响环境的因素，研究提出治理和保护环境的措施，比选和优化环境保护方案。

(1)环境影响评价的基本要求。工程项目应注意保护场址及其周围地区的水土资源、海洋资源、矿产资源、森林植被、文物古迹、风景名胜等自然环境和社会环境。

(2)环境影响评价的管理程序。项目建议书批准后，建设单位应根据项目环境影响分类管理名录，确定项目环境影响评价类别。

编写环境影响评价大纲，并编制环境影响报告书的项目。有审批权的环境保护行政主管部门负责组织对评价大纲的审查，审查批准后的评价大纲作为环境影响评价的工作依据。

环境影响报告书应当按国务院的有关规定，报有审批权的环境保护行政主管部门审批，

有行业主管部门的应当先报其预审。未经批准的，该项目审批部门不得批准其建设，建设单位不得开工。

建设项目的环境影响评价文件经批准后，建设项目的性质、规模、地点，采用的生产工艺或者防治污染、防止生态破坏的措施发生重大变动的，建设单位应当重新报批建设项目的环境影响评价文件。

在项目建设过程中，建设单位应当同时实施环境影响评价文件及其审批意见中提出的环境保护对策和措施。

2. 项目经济评价

建设项目经济评价，可分为财务评价和国民经济评价。

(1)财务评价是指在国家现行会计制度、税收法规和市场价格体系下，预测估计项目的财务效益与费用，编制财务报表，计算评价指标，进行财务盈利能力分析和偿债能力分析，考察拟建项目的获利能力和偿债能力等财务状况，据以判别项目的财务可行性。财务评价应在初步确定的建设方案、投资估算和融资方案的基础上进行，财务评价结果又可以反馈到方案设计中，用于方案比选，优化方案设计。

(2)国民经济评价是指按照资源合理配置的原则，从国家整体角度考察项目的效益和费用，用货物的影子价格、影子工资、影子汇率和社会折现率等经济参数，分析、计算项目对国民经济的净贡献，评价项目的经济合理性。这就是说，项目的国民经济评价是将建设项目置于整个国民经济系统之中，站在国家的角度，考察和研究项目的建设与投产给国民经济带来的净贡献和净消耗，评价其宏观经济效果，以决定其取舍。

第四节　工程建设项目设计阶段的目标控制

一、工程建设项目设计阶段的特点

工程建设项目设计阶段的特点主要表现在以下几个方面。

1. 设计工作表现为创造性的脑力劳动

设计的创造性主要体现在因时、因地根据实际情况解决具体的技术问题。在设计阶段，所消耗的主要是设计人员的脑力劳动。随着计算机辅助设计(CAD)技术的不断发展，设计人员将主要从事设计工作中创造性劳动的部分。脑力劳动的时间是外在、可以量度的，但脑力劳动的强度是内在、难以量度的。设计劳动投入量与设计产品的质量之间并没有必然的联系。因此，不能简单地以设计工作的时间消耗量作为衡量设计产品价值量的尺度，也不能以此作为判断设计产品质量的依据。

2. 设计阶段是决定工程建设价值和使用价值的主要阶段

一方面，在工程建设项目的设计阶段，通过设计工作使工程建设的规模、标准、组成、结构、构造等各方面都确定下来，从而也就基本确定了整个工程建设的价值，其精度取决于设计所达到的深度和设计文件的完善程度；另一方面，任何工程建设都有预定的基本功能，这些基本功能只有通过设计才能细化、具体化。这不仅体现了设计工作决定工程建设使用价值的重要作用，也是设计工作的魅力所在。

3. 设计阶段是影响工程建设投资的关键阶段

工程建设实施各个阶段影响投资的程度是不同的。总的趋势是，随着各阶段设计工作的进展，工程建设的范围、组成、功能、标准、结构形式等内容一步步明确，可以优化的内容越来越少，优化的限制条件却越来越多，各阶段设计工作对投资的影响程度逐步下降。其中，方案设计阶段影响最大，初步设计阶段次之，施工图设计阶段影响已明显降低，到了施工开始时，影响投资的程度只有10%左右。由此可见，与施工阶段相比，设计阶段是影响工程建设投资的关键阶段；与施工图设计阶段相比，方案设计阶段和初步设计阶段是影响工程建设投资的关键阶段。

4. 设计工作需要反复协调

工程建设的设计工作需要进行多方面的反复协调，这主要是由于：第一，工程建设的设计涉及许多不同的专业领域，每一个专业设计都要考虑来自其他专业的制约条件，也要考虑对其他专业设计的影响，这往往表现为一个反复协调的过程。第二，工程建设的设计是由方案设计到施工图设计不断深化的过程。各阶段设计的内容和深度要求，都有明确的规定。下一阶段设计要符合上一阶段设计的基本要求，而随着设计内容的进一步深入，可能会发现上一阶段设计中存在某些问题，应对其进行必要的修改。因此，在设计过程中，还要在不同设计阶段之间进行纵向的反复协调。从设计内容上看，这种纵向协调可能是同一专业之间的协调，也可能是不同专业之间的协调。第三，工程建设的设计需要与外部环境因素进行反复协调，在这方面主要涉及与业主需求和政府有关部门审批工作的协调。设计工作开始前，业主对工程建设的需求通常是比较笼统、比较抽象的。随着设计工作的不断深入，已完成的阶段性设计成果可能使业主的需求逐渐清晰化、具体化，而其清晰、具体的需求可能与已完成的设计内容发生矛盾，从而需要在设计与业主需求之间进行反复协调。虽然从为业主服务的角度看，应当尽可能通过修改设计满足和实现业主变化了的需求，但是，从工程建设目标控制的角度，对业主不合理的需求不能一味迁就，应通过充分的分析和论证说服业主，要做到这一点也需要与业主反复协调。另外，与政府有关部门审批工作的协调相对比较简单，因为在这方面都有明确的规定，比较好把握。但是，也可能存在对审批内容或规定理解有分歧、对审批程序执行不规范、审批工作效率不高等问题，从而也需要反复协调。

5. 设计质量对工程建设总体质量有决定性影响

在设计阶段，通过设计工作将工程建设的总体质量目标进行具体落实，工程实体的质量要求、功能和使用价值质量要求等都已确定下来，工程内容和建设方案也都十分明确。从这个角度讲，设计质量在相当程度上决定了整个工程建设的总体质量。一个设计质量不佳的工程，无论其施工质量如何出色，都不可能成为总体质量优秀的工程；而一个总体质量优秀的工程，必然是设计质量良好的工程。

二、工程建设项目设计阶段目标控制的任务

1. 投资控制的任务

工程建设投资控制是我国工程建设监理的一项主要任务，投资控制贯穿工程建设的各

个阶段，也贯穿监理工作的各个环节，起着对项目投资进行系统管理控制的作用。

监理工程师在工程建设设计阶段投资控制的主要任务如下：

(1)在建设前期阶段进行工程项目的机会研究、初步可行性研究，编制项目建议书，进行可行性研究，对拟建项目进行市场调查和预测，编制投资估算，进行环境影响评价、财务评价、国民经济评价和社会评价。

(2)协助业主提出设计要求，组织设计方案竞赛或设计招标，用技术经济方法组织评选设计方案。

(3)协助设计单位开展限额设计工作，编制本阶段资金使用计划，并进行付款控制。

(4)进行设计挖潜，用价值工程等方法对设计进行技术经济分析、比较、论证，在保证功能的前提下，进一步寻找节约投资的可能性。

(5)审查设计概预算，尽量使概算不超估算、预算不超概算。

2. 进度控制的任务

监理工程师在工程建设设计阶段进度控制的主要任务是出图控制，也就是要采取有效措施，促使设计人员如期完成初步设计、技术设计、施工图设计。为此，设计监理要审定设计单位的工作计划和各工种的出图计划，经常检查计划执行情况，并对照实际进度与计划进度，及时调整进度计划。如发现出图进度拖后，设计监理要敦促设计方增加设计力量，加强相互协调与配合，来加快设计进度。

设计进度控制绝非单一的工作，务必与设计质量、各个方案的技术经济评价、优化设计等结合。对一般工程，只含方案设计、初步设计与施工图设计三部分，具体实施进度可根据实际情况，更为详尽、细致地进行安排。

3. 质量控制的任务

监理工程师在工程建设设计阶段质量控制的主要任务是了解业主建设需求，协助业主制定工程建设质量目标规划(如设计要求文件)；根据合同要求及时、准确、完善地提供设计工作所需的基础数据和资料；配合设计单位优化设计，并最终确认设计符合有关法规要求，符合技术、经济、财务、环境条件要求，满足业主对工程建设的功能和使用要求。

监理工程师在工程建设设计阶段质量控制的主要工作包括工程建设总体质量目标论证；提出设计要求文件，确定设计质量标准；利用竞争机制选择并确定、优化设计方案；协助业主选择符合目标控制要求的设计单位；进行设计过程跟踪，及时发现质量问题，并及时与设计单位协调解决；审查阶段性设计成果，并根据需要提出修改意见；对设计提出的主要材料和设备进行比较，在价格合理的基础上确认其质量符合要求；做好设计文件验收工作等。

【例 6-3】 (2018 年真题)下列工程进度控制任务中，属于项目监理机构在施工阶段控制进度的任务是(　　)。

A. 编制工程建设总进度计划

B. 依据进度控制纲要确定合同工期

C. 进行工程项目建设目标论证

D. 审查施工单位提交的进度计划

【答案】 D

【例 6-4】 (2017 年真题)项目监理机构在施工阶段进度控制的任务有(　　)。

A. 完善建设工程控制性进度计划

B. 审查施工单位专项施工方案

C. 审查施工单位工程变更申请

D. 制定预防工期索赔措施

E. 组织召开进度协调会

【答案】 ADE

三、工程建设项目设计阶段的投资控制

项目设计阶段(包括初步设计、技术设计和施工图设计)的投资控制是项目投资的关键。监理工程师应注意对设计方案进行审核和费用估算,以便根据费用的估算情况与控制投资额进行比较,并提出对设计方案是否进行修改的建议。

(一)工程建设设计阶段投资控制的方法

工程建设设计阶段控制投资的主要方法包括推行工程设计招标或方案竞赛,落实勘察设计合同中双方的权利、义务,认真履行合同,积极推行限额设计、标准设计的应用。

1. 推行设计招标或方案竞赛

推行设计招标或方案竞赛的目的是通过竞争的方式优选设计方案,确保项目设计满足业主所需的功能和使用价值。同时,又将投资控制在合理的额度内。

设计招标不仅可以在较高的投资方案中优选适用、经济、美观、可靠、与环境相协调的设计方案。同时,在设计周期缩短、设计收费在国家标准上下浮动等方面,也都具有优选的可能。

2. 认真履行勘察设计合同

勘察设计合同是指业主与勘测设计单位为完成一定的勘测设计任务而商签的合同,双方应认真履行;否则,必然带来工期、质量及经济上的损失,因此,监理单位应监督双方认真履行合同。违反合同规定的,应承担相应的违约责任。

(1)因勘察设计质量低劣引起返工或未按期提交勘察设计文件拖延工期造成损失。对于因勘察设计错误而造成工程重大质量事故者,除应免收损失部分的勘察设计费外,还应交付与直接受损失部分勘察设计费相等的赔偿金。

(2)由于变更计划,提供的资料不准确,未按期提供勘察、设计必需的资料或工作条件而造成勘察、设计的返工、停工、窝工或修改设计,业主方应按承包方实际消耗的工作量增付费用。因业主方责任而造成重大返工或重作设计,应另行增费。监理工程师应协助业主防止此类费用的发生。

(3)委托方超过合同规定的日期付费时,应偿付逾期的违约金。业主方不履行合同的,无权要求返还定金;承包方不履行合同的,适用定金罚则,应当双倍返还定金。

(4)建设单位与勘察设计单位在执行合同过程中发生争议,监理工程师应进行调解工作,调解不成的,可向仲裁机关申请仲裁或向人民法院提起诉讼。

3. 推行限额设计

限额设计是指按照批准的工程可行性研究报告及投资估算控制初步设计,按照批准的初步设计总概算控制技术设计和施工图设计。同时,各专业在保证达到使用功能的前提下,按

分配的投资限额控制设计，严格控制不合理变更，保证总投资额不被突破。而限额设计目标（指标）是在初步设计开始前，根据批准的工程可行性研究报告及其投资估算（原值）确定的。

限额设计是实现投资目标值的强有力工具，是控制项目投资的有力措施，监理工程师应在设计监理中充分运用这一措施控制投资。限额设计的内容如下：

（1）配合业主合理确定投资目标值。为使投资效益通过投资控制达到事半功倍的效果，监理工程师应发挥专业优势，在前期工作中提供科学的咨询服务，配合业主合理确定项目投资目标值。投资目标值的确定应综合考虑以下因素：

1）国家和地方有关法律、法规、政策等；

2）现行有关动态的市场价格、信息等；

3）按投资估（概）算要求确定投资目标值；

4）根据项目特点设置投资目标值控制图；

5）业主应准备齐全的相关资料；

6）发挥监理工程师的专业特长。

总之，在业主的主持和监理工程师的积极配合下，需经过多方全面而细致的反复研究、论证、分解、测算、确定等，最终可以形成比较科学、合理的项目投资目标值。

（2）依据投资目标值进行限额设计。为了实现项目投资目标值，监理工程师应配合业主，依据投资目标值为业主提供限额设计的科学分解方式等有关服务。

在限额设计中，要将上一设计阶段审定的投资总指标和工程总量指标，预先合理地分解到本阶段各专业设计、各单位工程和分部分项工程，根据各单位工程和分部分项工程的投资细分指标，进行限额设计。

可行性研究阶段编制的投资估算，经批准是初步设计的投资最高限额；初步设计阶段编制的设计概算，是施工图设计的投资最高限额；施工图设计则按照概算投资细分指标进行限额设计，形成施工图预算。估算、概算、预算等不同阶段的投资指标有前后制约、相互补充的作用。只有预防与监控、预先措施与事后综合平衡相结合，才不会突破投资目标值，这就是限额设计的目标管理。只要这个目标管理到位，限额设计工作就会成功，项目的投资目标值就能实现。

（3）限额设计的分级控制。即按照批准的设计任务书及投资估算额控制初步设计；按照批准的初步设计总概算控制施工图设计；各专业设计按照分配的限额进行设计。

（4）投资限额的分配。设计开始前要对各工程项目、单位工程、分部工程进行合理的投资分配，以控制设计，体现控制投资的主动性。

（5）明确设计单位内部各专业投资分配及考核制度。限额设计的推行要明确设计单位内部各专业科室对限额设计应负的责任，设计部门内各专业投资分配考核制度。

（6）设计单位的职责。设计单位造成投资增加应承担责任的情况包括设计单位未经建设项目审批单位同意擅自提高建设标准、设备标准、范围以外的工程项目等造成投资增加；由于设计深度不够或设计标准选用不当，导致设计或下一步设计仍有较大变动导致投资增加。设计单位造成的投资增加不承担责任的情况包括国家政策变动导致设计调整；工资、物价浮动后的价差；土地征用费标准、水库淹没损失补偿标准的改变；经原审批部门同意，重大设计变动和项目增加引起投资增加；其他单位强行干预改变设计或不合理标准等造成投资增加等。

（7）对设计单位导致的投资超支的处罚。国家计划委员会规定，自 1991 年起，因设计错误、漏项或扩大规模和提高标准而导致工程静态投资超支，要扣减设计费：

1）累计超原批准概算 2%～3% 的，扣全部设计费的 3%；

2）累计超原批准概算 3%～5% 的，扣全部设计费的 5%；

3）累计超原批准概算 5%～10% 的，扣全部设计费的 10%；

4）累计超原批准概算 10% 以上的，扣全部设计费的 20%。

4. 标准设计的应用

标准设计也称定型设计、通用设计等，是工程设计标准化的组成部分，各类工程设计中的构件、配件、零部件及通用的建筑物、构筑物、公用设施等，有条件时都应编制标准设计，推广使用。

标准设计一般较为成熟，经过实践考验。推广标准设计有助于降低工程造价，节约设计费用，加快设计速度。

（二）设计概算的编制与审查

设计概算是初步设计概算的简称，是指在初步设计或扩大初步设计阶段，由设计单位根据初步设计图纸、定额、指标、其他工程费用定额等，对工程投资进行的概略计算。这是初步设计文件的重要组成部分，是确定工程设计阶段投资的依据，经过批准的设计概算是控制工程建设投资的最高限额。

设计概算分为三级概算，即单位工程概算、单项工程综合概算、工程建设总概算。其内容及相互关系如图 6-9 所示。

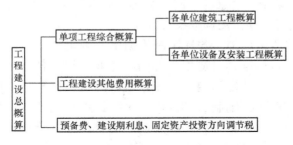

图 6-9　设计概算的编制内容及相互关系

1. 设计概算的编制

设计概算编制的主要依据如下：

（1）经批准的建设项目计划任务书。计划任务书由国家或地方基建主管部门批准，其内容随建设项目的性质而异。一般包括建设目的、建设规模、建设理由、建设布局、建设内容、建设进度、建设投资、产品方案和原材料来源等。

（2）初步设计或扩大初步设计的图纸和说明书。有了初步设计图纸和说明书，才能了解其设计内容和要求并计算主要工程量，这些是编制设计概算的基础资料。

（3）概算指标、概算定额或综合预算定额。这三项指标是由国家或地方基建主管部门颁发的，是计算价格的依据，不足部分可参照预算定额或其他有关资料。

（4）设备价格资料。各种定型设备如各种用途的泵、空压机、蒸汽锅炉等，均按国家有关部门规定的现行产品出厂价格计算；非标准设备按非标准设备制造厂的报价计算。此外，还应增加供销部门的手续费、包装费、运输费等费用。

(5)地区工资标准和材料预算价格。

(6)有关取费标准和费用定额。

2. 设计概算的审查

设计概算审查是一项复杂而细致的技术经济工作，审查人员既应懂得有关专业技术知识，又应具有熟练编制概算的能力。

对设计概算进行审查前应做好充分的准备工作，包括了解设计概算的内容组成、编制依据和方法；了解建设规模、设计能力和工艺流程；熟悉设计图纸和说明书；掌握概算费用的构成和有关技术经济指标；明确概算各种表格的内涵；收集概算定额、概算指标、取费标准等有关规定的文件资料等。准备工作做好后，应根据审查的主要内容，分别对设计概算的编制依据、单位工程设计概算、综合概算、总概算进行逐级审查。设计概算审查的主要内容如下：

(1)审查设计概算的编制依据。审查设计概算的编制依据包括国家综合部门的文件，国务院主管部门和各省、市、自治区根据国家规定或授权制定的各种规定与办法，以及建设项目的设计文件等。

1)审查编制依据的合法性。采用的各种编制依据必须经过国家或授权机关的批准，符合国家的编制规定。未经批准的不能采用，也不能强调情况特殊，擅自提高概算定额、指标或费用标准。

2)审查编制依据的时效性。各种依据，如定额、指标、价格、取费标准等都应根据国家有关部门的现行规定采用，注意有无调整和新的规定。有的因颁发时间较久，已不能全部适用；有的应按有关部门给出的调整系数执行。

3)审查编制依据的适用范围。各种编制依据都有规定的适用范围，如各主管部门规定的各种专业定额及取费标准，只适用该部门的专业工程；各地区规定的各种定额及其取费标准，只适用该地区的范围以内。其中，地区的材料预算价格区域性更强，如某市有该市区的材料预算价格，又编制了郊区内一个矿区的材料预算价格，则在该市的矿区建设时，其概算采用的材料预算价格，应用矿区的材料预算价格，而不能采用该市的材料预算价格。

(2)审查概算编制深度。

1)审查编制说明。审查编制说明可以检查概算的编制方法、深度和编制依据等重大原则问题。

2)审查概算编制深度。一般大、中型项目的设计概算，应有完整的编制说明和"三级概算"(总概算、单项工程综合概算、单位工程概算)，并按有关规定的深度进行编制。审查是否有符合规定的"三级概算"，各级概算的编制、校对、审核是否按规定签字。

3)审查概算的编制范围。审查概算的编制范围及具体内容是否与主管部门批准的建设项目范围及具体工程内容一致；审查分期建设项目的建筑范围及具体工程内容有无重复交叉，是否重复计算或漏算；审查其他费用所列的项目是否都符合规定，静态投资、动态投资和经营性项目铺底流动资金是否分部列出等。

(3)审查建设规模、标准。审查概算的投资规模、生产能力、设计标准、建设用地、建筑面积、主要设备、配套工程、设计定员等是否符合原批准可行性研究报告或立项批文的标准。如概算总投资超过原批准投资估算的 10% 以上，应进一步审查超估算的原因。

(4)审查设备规格、数量和配置。工业建设项目设备投资比重大，一般占总投资的 30%～50%，要认真审查。审查内容包括所选用的设备规格、台数是否与生产规模一致；材质、自动化程度有无提高标准；引进设备是否配套、合理，备用设备台数是否适当；消防、环保设备是否计算等。还要重点审查价格是否合理、是否符合有关规定，如国产设备引进时应按当时询价资料或有关部门发布的出厂价、信息价编制概算，引进设备应依据询价或合同价编制概算。

(5)审查工程费。建筑安装工程投资是随工程量增加而增加的，要认真审查。要根据初步设计图纸、概算定额及工程量计算规则、专业设备材料表、建构筑物和总图运输一览表进行审查(有无多算、重算和漏算)。

(6)审查计价指标。审查建筑工程采用的工程所在地区的计价定额、费用定额、价格指数和有关人工、材料、机械台班单价是否符合现行规定；审查安装工程所采用的专业部门或地区定额是否符合工程所在地区的市场价格水平；审查概算指标调整系数、主材价格、人工、机械台班和辅材调整系数是否按当地最新规定执行；审查引进设备安装费率或计取标准、部分行业的专业设备安装费率是否按有关规定计算等。

审查设计概算时应进行技术经济对比分析。利用规定的概算定额或指标以及有关技术经济指标与设计概算进行分析对比，根据设计和概算列明的工程性质、结构类型、建设条件、费用构成、投资比例、占地面积、生产规模、设备数量、造价指标、劳动定员等与国内外同类型工程规模进行对比分析，从大的方面找出和同类型工程的距离，为审查提供线索。

对概算审查中出现的问题要在对比分析、找出差距的基础上深入现场，进行实际调查研究。了解设计是否经济、合理，概算编制依据是否符合现行规定和施工现场实际情况，有无扩大规模、多估投资或预留缺口等情况，并及时核实概算投资。当地没有同类型的项目而不能进行对比分析时，可对国内同类型企业进行调查，收集资料，作为审查的参考。经过会审决定的定案问题应及时调整概算，并经原批准单位下发文件。

(三)施工图预算的编制与审查

施工图预算是在设计的施工图完成以后，以施工图为依据，根据预算定额、费用标准以及工程所在地区的人工、材料、施工机械设备台班的预算价格编制的，是确定建筑工程、安装工程预算造价的文件。

1. 施工图预算的编制

施工图预算的编制依据主要包括各专业设计施工图和文字说明、工程地质勘察资料；当地和主管部门颁布的现行建筑工程和专业安装工程预算定额(基础定额)、单位估价表、地区资料、构配件预算价格(或市场价格)、间接费用定额和有关费用规定等文件；现行的有关设备原价(出厂价或市场价)及运杂费率；现行的有关其他费用定额、指标和价格；建设场地中的自然条件和施工条件，以及据以确定的施工方案或施工组织设计。

2. 施工图预算的审查

施工图预算审查前应做好充分的准备工作，包括以下几个方面的内容：

(1)熟悉施工图纸。施工图纸是编制预算分项工程数量的重要依据，必须全面熟悉了解。具体做法：一是核对所有的图纸，清点无误后，依次识读；二是参加技术交底，解决图纸中的疑难问题，直至完全掌握图纸。

（2）了解施工图预算包括的范围。根据预算的编制说明，了解预算包括的工程内容。如配套设施、室外管线、道路及会审图纸后的设计变更等。

（3）弄清编制施工图预算采用的单位工程估价表。任何单位估价表或预算定额都有一定的适用范围。根据工程性质，搜集并熟悉相应的单价、定额资料，特别是市场材料单价和取费标准等。

施工图预算审查应选择合适的审查方法，按相应内容审查。由于工程规模、繁简程度不同，施工企业情况不同，所编制工程预算的繁简程度和质量也不同，因此，需针对具体情况选择相应的审查方法进行审核。施工图预算审查的主要方法如下：

（1）逐项审查法。逐项审查法又称全面审查法，即按定额顺序或施工顺序，对各分项工程中的工程细目逐项全面、详细审查的一种方法。其优点是全面、细致，审查质量高、效果好；其缺点是工作量大，时间较长。这种方法适用一些工程量较小、工艺较简单的工程。

（2）标准预算审查法。标准预算审查法就是对利用标准设计图纸或通用图纸施工的工程，先集中力量编制标准预算，以此为准来审查工程预算的一种方法。按标准设计图纸或通用图纸施工的工程，一般上部结构和做法相同，只是根据现场施工条件或地质情况的差异，对基础部分做局部调整。凡是这样的工程，以标准预算为准，对局部修改部分单独审查即可，不需逐一详细审查。该方法的优点是时间短、效果好、易定案；其缺点是适用范围小，仅适用于采用标准设计图纸的工程。

（3）分组计算审查法。分组计算审查法就是把预算中有关项目按类别划分若干组，利用同组中的一组数据审查分项工程量的一种方法。这种方法首先将若干分部分项工程按相邻且有一定内在联系的标准对项目进行编组，利用同组分项工程间具有相同或相近计算基数的关系，审查一个分项工程的数量，由此判断同组中其他几个分项工程的准确程度。该方法的特点是审查速度快、工作量小。

（4）对比审查法。对比审查法是指当工程条件相同时，用已完工程的预算或未完但已经通过审查修正的工程预算对比审查拟建工程的同类工程预算的一种方法。

（5）筛选审查法。筛选审查法是能较快发现问题的一种方法。建筑工程的面积和高度虽然不同，但其各分部分项工程的单位建筑面积指标变化不大。将这样的分部分项工程加以汇集、优选，找出其单位建筑面积工程量、单价、用工的基本数值，归纳为工程量、价格、用工三个基本指标，并注明各基本指标的适用范围。这些基本指标用来筛分各分部分项工程，对不符合条件的应进行详细审查，若审查对象的预算标准与基本指标的标准不符，就应对其进行调整。筛选审查法的优点是简单易懂，便于掌握，审查速度快，便于发现问题。但问题出现的原因还需继续审查。此法适用审查住宅工程或不具备全面审查条件的工程。

（6）重点审查法。重点审查法就是抓住工程预算中的重点进行审核的方法。审查的重点一般是工程量大或者造价较高的各种工程、补充定额、计取的各项费用（计取基础、取费标准）等。重点审查法的优点是突出重点、审查时间短、效果好。

施工图预算审查后，应综合整理审查资料，编制调整预算。经过审查，如发现有差错，需要进行增加或核减的，经与编制单位逐项核实，统一意见后，修正原施工图预算，汇总核减量。

四、工程建设项目设计阶段的进度控制

工程建设项目设计阶段的进度控制主要是制定工程项目前期工作计划，对可行性研究、设计任务书及初步设计的工作进度进行安排。这个计划使建设前期的各项工作相互衔接，时间得到控制。

前期工作计划由建设单位在预测的基础上进行编制。

(一)工程建设项目总进度计划

工程建设项目总进度计划是指初步设计被批准后，编制上报年度计划以前，根据初步设计，对工程项目从开始建设(设计、施工准备)至竣工投产(动用)全过程的统一部署，具体安排各单项工程和单位工程的建设进度，合理分配年度投资，组织各方面的协作，保证初步设计确定的各项建设任务完成的进度安排。工程建设项目总进度计划包括文字部分、工程项目一览表、工程项目总进度计划、投资计划年度分配表及工程项目进度平衡表。

1. 文字部分

工程建设项目总进度计划的文字部分包括工程项目的概况和特点，安排建设总进度的原则和依据，投资资金来源和年度安排情况，技术设计、施工图设计、设备交付和施工力量进场时间的安排，道路、供电、供水等方面的协作配合及进度的衔接，计划中存在的主要问题及采取的措施，需要上级及有关部门解决的重大问题等。

2. 工程项目一览表

工程项目一览表把初步设计中确定的建设内容，按照单项工程、单位工程归类并编号，明确其建设内容和投资额，以便各部门按统一的口径确定工程项目控制投资和进行管理。

3. 工程项目总进度计划

工程项目总进度计划一般用横道图编制，其根据初步设计中确定的建设工期和工艺流程，具体安排单项工程和单位工程的进度。

4. 投资计划年度分配表

投资计划年度分配表根据工程项目总进度计划，安排各个年度的投资，以便预测各个年度的投资规模，筹集建设资金或与银行签订借款合同，规定分年用款计划。

5. 工程项目进度平衡表

工程项目进度平衡表用以明确各种设计文件交付日期，主要设备交货日期，施工单位进场日期和竣工日期，水、电、道路接通日期等。以保证建设中各个环节相互衔接，确保工程项目按期投产。

在此基础上，分别编制综合进度控制计划、设计工作进度计划、采购工作进度计划、施工进度计划、验收和投产进度计划等。

(二)工程建设项目年度计划

工程建设项目年度计划由建设单位依据工程建设项目总进度计划进行编制。该计划既要满足工程建设项目总进度的要求，又要与当年可能获得的资金、设备、材料、施工力量

相适应。根据分批配套投产或交付使用的要求，合理安排年度建设的工程项目。工程建设项目年度计划由文字部分和表格部分组成。

1. 文字部分

工程建设项目年度计划的文字部分主要说明：编制年度计划的依据和原则；工程建设项目的建设进度；本年计划投资额；本年计划建造的建筑面积；施工图、设备、材料、构配件、施工力量等建设条件的落实情况，动员资源情况；对外部协作配合项目建设进度的安排或要求；需要上级主管部门协助解决的问题；计划中存在的其他问题；为完成计划采取的各项措施等。

2. 表格部分

工程建设项目年度计划的表格及其内容见表 6-1。

表 6-1　工程建设项目年度计划的表格及其内容

序号	项目	内容
1	年度计划项目表	该计划对年度施工的项目确定投资额、年末形象进度，阐明建设条件(图纸、设备、材料、施工力量)的落实情况
2	年度竣工投产交付使用计划表	该计划阐明单项工程的建筑面积，投资额、新增固定资产，新增生产能力等的总规模和本年计划完成数及竣工日期
3	年度建设资金平衡表和年度设备平衡表	年度建设资金平衡表应说明单项工程名称、本年计划投资、动员内部资金、为以后年度储备、本年计划需要资金及资金来源(包括预算拨款、自筹资金、基建贷款等)。年度设备平衡表应说明单项工程名称、设备名称规格、要求到货的数量和时间、利用库存的数量、自制设备的数量和完成时间、已订货的数量和完成时间、采购数量

五、工程建设项目设计阶段的质量控制

工程项目设计质量就是在严格遵守技术标准、法规的基础上，正确处理和协调资金、资源、技术和环境的制约关系，使设计项目能更好地满足建设单位所需要的功能和使用价值，充分发挥项目投资的经济效益。

设计质量有两层含义。首先，设计应满足业主所需的功能和使用价值，符合业主投资的意图，而业主所需的功能和使用价值，又必然受到经济、资源、技术、环境等因素的制约，从而使项目的质量目标与水平受到限制；其次，设计必须遵守有关城市规划、环保、防灾、安全等一系列的技术标准、规范、规程，这是保证设计质量的基础。

工程建设设计的质量控制工作绝不单纯是对其报告及成果的质量进行控制，而是要从整个社会发展和环境建设的需要出发，对设计的整个过程进行控制，包括其工作程序、工作进度、费用及成果文件所包含的功能和使用价值，其中也涉及法律、法规、合同等必须遵守的规定。

1. 设计质量控制的依据

工程建设设计质量控制的依据主要包括有关工程建设及质量管理方面的法律、法规；有关工程建设的技术标准，如各种设计规范、规程、标准，设计参数的定额、指标等；项

目可行性研究报告、项目评估报告及选址报告；体现建设单位建设意图的设计规划大纲、设计纲要和设计合同等；反映项目建设过程中和建成后有关技术、资源、经济、社会协作等方面的协议、数据和资料等。

2. 设计准备阶段质量控制

设计准备阶段质量控制的工作内容包括组建项目监理机构，明确监理任务、内容和职责；编制监理规划和设计准备阶段投资进度计划并进行控制；组织设计招标或设计方案竞赛；协助建设单位编制设计招标文件，会同建设单位对投标单位进行资质审查；组织评标或设计竞赛方案评选；编制设计大纲（设计纲要或设计任务书），确定设计质量要求和标准；优选设计单位，协助建设单位签订设计合同。

3. 初步设计阶段质量控制

初步设计阶段质量控制的工作内容包括设计方案的优化，将设计准备阶段的优选方案加以充实和完善；组织初步设计审查；初步审定后，提交各有关部门审查、征集意见，根据要求进行修改、补充、加深，经批准作为施工图设计的依据。

4. 施工图设计阶段质量控制

（1）施工图设计的内容。施工图设计是在初步设计、技术设计或方案设计的基础上进行详细、具体的设计，把工程和设备各构成部分的尺寸、布置和主要施工做法等绘制成正确、完整和详细的建筑与安装详图，并配以必要的文字说明。其主要内容包括以下几项：

1）全项目性文件。全项目性文件是指设计总说明，总平面布置及其说明，各专业全项目的说明及其室外管线图，工程总概算。

2）各建筑物、构筑物的设计文件。各建筑物、构筑物的设计文件是指建筑、结构、水暖、电气、卫生、热机等专业图纸及说明，公用设施、工艺设计和设备安装，非标准设备制造详图以及单项工程预算等。

3）各专业工程计算书、计算机辅助设计软件及资料等。各专业的工程计算书，计算机辅助设计软件及资料等应经校审、签字后整理归档，一般不向建设单位提供。

（2）施工图设计阶段质量控制的工作内容。施工图是设计工作的最后成果，是设计质量的重要形成阶段，监理工程师要分专业不断地进行中间检查和监督，逐张审查图纸并签字认可。施工图设计阶段质量控制的主要内容有所有设计资料、规范、标准的准确性；总说明及分项说明是否具体、明确；计算书是否交代清楚；套用图纸时是否已按具体情况做了必要的核算，并加以说明；图纸与计算书结果是否一致；图形符号是否符合统一规定；图纸中各部尺寸、节点详图，各图之间有无矛盾、漏注；图纸设计深度是否符合要求；套用的标准图集是否陈旧或有无必要的说明；图纸目录与图纸本身是否一致；有无与施工相矛盾的内容等。另外，监理工程师应对设计合同的转包分包进行控制。承担设计的单位应完成设计的主要部分；分包出去的部分，应得到建设单位和监理工程师的批准。监理工程师在批准分包前，应对分包单位的资质进行审查并进行评价，决定是否能够胜任设计的任务。

（3）施工图设计监理质量控制的程序，如图6-10所示。

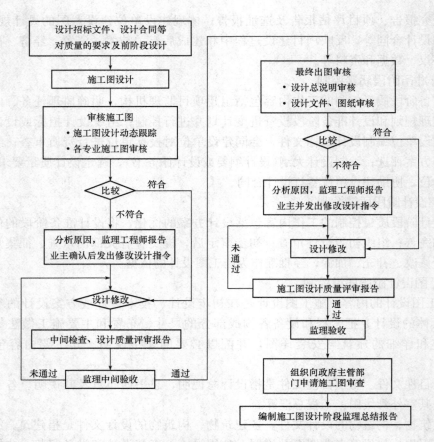

图 6-10 施工图设计监理质量控制的程序

5. 设计质量的审核

设计图纸是设计工作的最终成果，体现了设计质量的形成。因此，对设计质量的审核也就是对设计成果的验收阶段，是对设计图纸的审核。监理工程师代表建设单位对设计图纸的审核是分阶段进行的。在初步设计阶段，应审核工程所采用的技术方案是否符合总体方案的要求以及是否达到项目决策阶段确定的质量标准；在技术设计阶段，应审核专业设计是否符合预定的质量标准和要求；在施工图设计阶段，应注重其使用功能及质量要求是否得到满足。

第五节 工程建设项目招标投标阶段的目标控制

工程建设项目招标投标阶段的目标控制主要指投资控制，这是工程建设全过程投资控制不可缺少的重要一环。这一阶段，监理工程师的主要工作包括协助业主制定招标计划；协助编写或审查招标文件；协助业主对潜在的投标人进行审查；参与评标及协助业主洽谈和签订合同等。

一、工程建设项目招标标底的编制与审定

(一)工程建设项目招标标底的编制

工程建设项目招标标底文件,是对一系列反映招标人对招标工程交易预期控制要求的文字说明、数据、指标、图表的统称,是有关标底的定性要求和定量要求的各种书面表达形式。其核心内容是一系列数据指标。由于工程交易最终主要是用价格或酬金来体现的,所以在实践中,工程项目招标标底文件主要是指有关标底价格的文件。

招标的工程项目是否需编制标底,我国现行法规没有统一的规定。有的地方要求招标工程必须编制标底,且需经住房城乡建设主管部门或其授权单位审查批准。标底的作用,一是使建设单位(业主)预先明确自己在招标工程上应承担的财务义务;二是作为衡量投标报价的准绳,也就是评标的主要尺度之一;三是作为上级主管部门核实投资规模的依据。标底可由招标单位自行编制,也可委托招标代理机构或造价咨询机构编制。标底价格的组成,除现行概预算应包括的内容外,还应考虑现场的实际情况和工程的具体要求而发生的措施费、不可预见费以及价格变动等因素。经主管部门审核批准的标底由主管部门封存,在开标前要严格保密,待开标后才能公开。

工程项目招标标底受多方面因素影响,如项目划分、设计标准、材料价差、施工方案、定额、取费标准、工程量计算准确程度等。

综合考虑可能影响标底的各种因素,编制标底时应遵循的依据主要有以下几点:

(1)国家公布的统一工程项目划分、统一计量单位、统一计算规则。

(2)招标文件,包括招标交底纪要。

(3)招标人提供的由有相应资质的单位设计的施工图及相关说明。

(4)有关技术资料。

(5)工程基础定额和国家、行业、地方规定的技术标准规范。

(6)要素市场价格和地区预算材料价格。

(7)经政府批准的取费标准和其他特殊要求。

应指出的是,上述各种标底的编制依据,在实践中要求遵循的程度并不一样。有的不允许有出入,如对招标文件、设计图纸等有关资料,各地一般都规定编制标底时必须将其作为依据。

(二)工程建设项目招标标底的审定

工程建设项目招标标底的审定,是指政府有关主管部门对招标人已编制完成的标底进行的审查认定。招标人编制完标底后,应按有关规定将标底报送有关主管部门审定。标底审定是一项政府职能,是政府对招标投标活动进行监管的重要体现。能以自己名义行使标底审定职能的组织,即为标底的审定主体。

标底的审定原则和标底的编制原则是一致的,标底的编制原则也就是标底的审定原则。这里需要特别强调的是编审分离原则。在实践中,编制标底和审定标底必须严格分开,不准以编代审、编审合一。

1. 标底审定程序

工程建设招标标底的审定,一般按以下程序进行:

（1）标底送审。

1）送审时间。关于标底的送审时间，在实践中有两种做法：一种是在开始正式招标前，招标人应当将编制完成的标底和招标文件等一起报送招标投标管理机构审查认定，经招标投标管理机构审查认定后方可组织招标；另一种是在投标截止日期之后、开标之前，招标人应将标底报送招标投标管理机构审查认定，未经审定的标底一律无效。

2）送审时应提交的文件材料。招标人申报标底时应提交的有关文件资料，主要包括工程施工图纸、施工方案或施工组织设计、填有单价与合价的工程量清单、标底价格计算书、标底价格汇总表、标底价格审定书（报审表）、采用固定价格的工程风险系数测算明细及现场因素、各种施工措施测算明细、材料设备清单等。

（2）进行标底审定交底。招标投标管理机构在收到招标标底后，应及时进行审查认定工作。一般来说，对结构不太复杂的中、小型工程招标标底应在 7 天内审定完毕，对结构复杂的大型工程招标标底应在 14 天内审定完毕，并在上述时限内进行必要的标底审定交底。在实际工作中，各种招标工程的情况十分复杂，在标底审定的实践中，应该根据工程规模大小和难易程度，确定合理的标底审定时限。一般的做法是划定几个时限档次，如 3～5 天、5～7 天、7～10 天、10～15 天、20～25 天等，最长不宜超过一个月（30 天）。

（3）对经审定的标底进行封存。标底自编制之日起至公布之日止应严格保密。标底编制单位、审定机构必须严格按规定密封、保存，开标前不得泄露。经审定的标底即为工程招标的最终标底。未经招标投标管理机构同意，任何单位和个人无权变更标底。开标后，对标底有异议的，可以书面提出异议，由招标投标管理机构复审并以复审标底为准。标底允许调整的范围，一般只限于重大设计变更（指结构、规模、标准的变更），如地基处理（指基础垫层以下需要处理的部分），这时均按实际情况进行结算。

2. 标底审定内容

审定标底是政府主管部门一项重要的行政职能。招标投标管理机构审定标底时，主要审查的内容包括工程范围是否符合招标文件规定的发包承包范围；工程量计算是否符合计算规则，有无错算、漏算和重复计算；使用定额、选用单价是否准确，有无错选、错算和换算错误；各项费用、费率使用及计算基础是否准确，有无使用错误，多算、漏算和计算错误；标底总价计算程序是否准确，有无计算错误；标底总价是否突破了概算或批准的投资计划数；主要设备、材料和特种材料数量是否准确，有无多算或少算。

关于标底价格的审定，在采用不同的计价方法时，审定的内容也有所不同，见表 6-2。

表 6-2　采用不同的计价方法时标底的审定内容

序号	计价方法	标底审定内容
1	工料单价法	（1）标底价格计价内容。发包承包范围、招标文件规定的计价方法及招标文件的其他有关条款。 （2）预算内容。工程量清单单价、分部分项工程费、措施费、有关文件规定的调价、企业管理费、取费标准、利润、设备费、税金以及主要材料、设备数量等。 （3）预算外费用。材料、设备的市场供应价格、措施费（赶工措施费、施工技术措施费）、现场因素费用、不可预见费（特殊情况）、材料设备差价，以及采用固定价格的工程测算的在施工周期内人工、材料、设备、机械台班价格波动风险系数等

序号	计价方法	标底审定内容
2	综合单价法	(1)标底价格计价内容。发包承包范围、招标文件规定的计价方法及招标文件的其他有关条款。 (2)工程量清单单价组成分析。人工、材料、机械台班计取的价格，分部分项工程费、措施费、有关文件规定的调价、企业管理费、取费标准、利润、税金，采用固定价格的工程测算的在施工周期内人工、材料、设备、机械台班价格波动风险系数，不可预见费(特殊情况)以及主要材料数量等

二、工程投标报价

投标报价是指承包商计算、确定和报送招标工程投标总价格的活动。报价是业主选择中标者的主要标准，同时也是业主和承包商就工程标价进行承包合同谈判的基础，直接关系到承包商投标的成败。报价是进行工程投标的核心。报价过高会失去承包机会，而报价过低则会给工程带来亏本的风险。因此，报价过高或过低都不可取，如何做出合适的投标报价，是投标者能否中标的最关键的问题。

住房和城乡建设部规定，以工程量清单计价方式进行投标报价，报价范围为投标人在投标文件中提出要求支付的各项金额的总和。这个总金额应包括按投标须知列在规定工期内完成的全部招标工程，不得以任何理由重复计算。除非招标人通过修改招标文件予以更正，投标人应按工程量清单中列出的工程项目和数量填报单价和合价。每个项目只允许有一个报价，招标人不接受有选择的报价。未填报单价或合价的工程项目，实施后，招标人将不予支付，并视为该项费用已包括在其他有价款的单价或合价之内。工程实施地点为投标须知前附表所列的建设地点。投标人应踏勘现场，充分了解工地位置、道路条件、储存空间、运输装卸限制以及可能影响报价的其他任何情况，而在报价中予以适当考虑。任何因忽视或误解工地情况而导致的索赔或延长工期的申请，都将得不到批准。据此，投标人的报价，包括划价的工程量清单所列的单价和合价及投标报价汇总表中的价格，均包括完成该工程项目的直接成本、间接成本、利润、税金、政策性文件规定的费用、技术措施费、大型机械进出场费和风险费等所有费用，但合同另有规定者除外。

第六节　工程建设项目施工阶段的目标控制

一、工程建设项目施工阶段的投资控制

工程建设项目施工阶段是工程投资具体使用到建筑物实体上的阶段，这是建设资金大量使用的阶段，因此是投资控制的关键时刻，这一阶段主要是做好投资控制目标、资金使用计划的编制、工程计量与支付、工程变更控制、工程竣工结算、施工索赔处理等工作。

工程建设项目施工阶段投资控制的工作程序如图 6-11 所示。

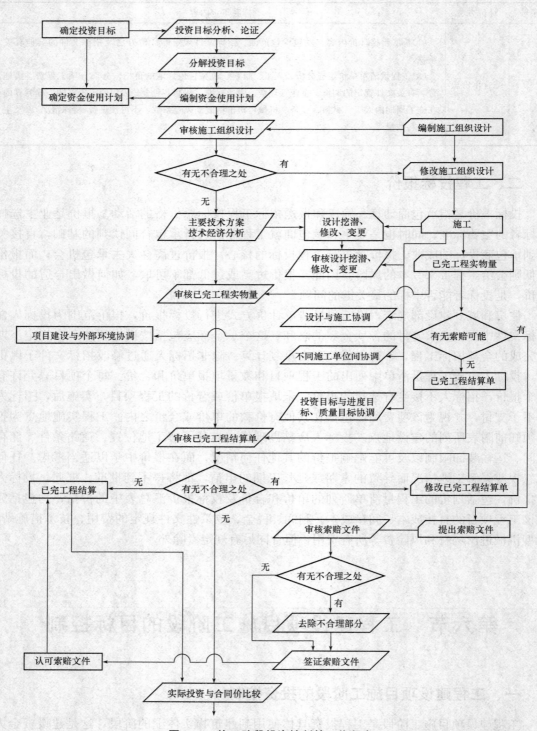

图 6-11　施工阶段投资控制的工作程序

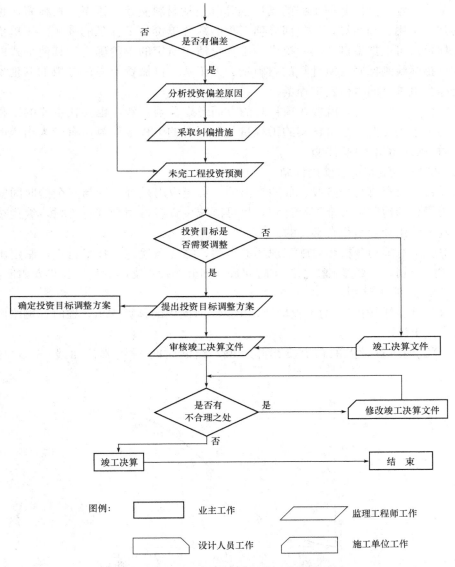

图 6-11 施工阶段投资控制的工作程序(续)

(一)投资控制目标

从业主的角度考虑,投资额越少越好,但绝不能盲目压价,监理工程师应按照经济规律,公正地维护业主和承包商的合法权益。因此,应当以投资额为控制目标,在可能的情况下尽量节约投资。

(二)资金使用计划的编制

施工阶段编制资金使用计划的目的是控制施工阶段投资,合理地确定工程项目投资控制目标值,也就是根据工程概算或预算确定计划投资的总目标值、分目标值、细目标值。

1. 按项目分解编制资金使用计划

根据建设项目的组成,首先将总投资分解到各单项工程,再分解到单位工程,最后分解到分部分项工程。分部分项工程的支出预算既包括材料费、人工费、机械费，也包括承包企业的其他费用、利润等，是分部分项工程的综合单价与工程量的乘积。按单价合同签订的招标项目，可根据签订合同时提供的工程量清单所定的单价确定。其他形式的承包合同，可利用招标编制标底时所计算的材料费、人工费、机械费及考虑分摊的其他费用、利润等确定综合单价，同时核实工程量。

编制资金使用计划时，既要在项目总的方面考虑总预备费，也要在主要的工程分项中安排适当的不可预见费。当所核实的工程量与招标时的工程量估算值有较大出入时，应予以调整并做"预计超出子项"注明。

2. 按时间进度编制资金使用计划

建设项目的投资总是分阶段、分期支出的，资金应用是否合理与资金的时间安排有密切关系。为了合理地制定资金筹措计划，尽可能减少资金占用和利息支付，编制按时间进度分解的资金使用计划是很有必要的。

通过对施工对象的分析和对施工现场的考察，结合当代施工技术特点，制定出科学合理的施工进度计划，在此基础上编制按时间进度划分的投资支出预算。其步骤如下：

（1）编制施工进度计划。

（2）根据单位时间内完成的工程量计算出这一时间内的预算支出，在时标网络图上按时间编制投资支出计划。

（3）计算工期内各时点的预算支出累计额，绘制时间-投资累计曲线（S形曲线），如图 6-12 所示。

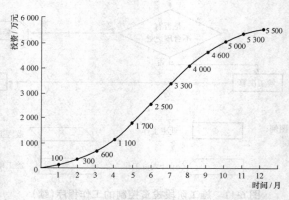

图 6-12　时间-投资累计曲线

绘制时间-投资累计曲线时，根据施工进度计划的最早开始时间和最迟开始时间来绘制，则可得两条时间-投资累计曲线，俗称"香蕉"形曲线（图 6-13）。一般而言，按最迟必须开始时间安排施工，对建设资金贷款利息节约有利，但同时也降低了项目按期竣工的保证率，故监理工程师必须合理地确定投资支出预算，达到既节约投资支出又能控制项目工期的目的。

a——所有工作按最迟开始时间开始的曲线；

b——所有工作按最早开始时间开始的曲线。

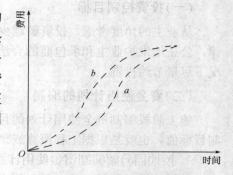

图 6-13　投资计划值的香蕉图

(三)工程计量与支付

1. 工程计量

采用单价合同的承包工程，工程量清单中的工程量只是在图纸和规范基础上的估算值，不能作为工程款结算的依据。监理工程师必须对已完工的工程进行计量，只有经过监理工程师计量确定的数量，才是向承包商支付工程款的凭证。

监理工程师一般只对三个方面的工程项目进行计量，即工程量清单中的全部项目、合同文件中规定的项目、工程变更项目。根据 FIDIC 合同条件的规定，一般可按照以下方法进行计量：

(1)均摊法。所谓均摊法，就是对清单中某些项目(这些项目都有一个共同的特点，即每月均有发生)的合同价款，按合同工期平均计量，即均摊进行计量支付。

(2)凭据法。所谓凭据法，就是按照承包商提供的凭据进行计量支付。如提供建筑工程险保险费、第三方责任险保险费、履约保证金等项目，一般按凭据法进行计量支付。

(3)估价法。所谓估价法，就是按合同文件的规定，根据监理工程师估算的已完成的工程价值支付。如为监理工程师提供办公设施和生活设施，为监理工程师提供用车，为监理工程师提供测量设备、天气记录设备、通信设备等项目。这类清单项目往往要购买几种仪器设备。当承包商对于某一项清单项目中规定购买的仪器设备不能一次购进时，需要采用估价法进行计量支付。

(4)断面法。断面法主要用于取土坑或填筑路堤土方的计量。对于填筑土方工程，一般规定计量的体积为原地面线与设计断面所构成的体积。采用这种方法计量，在开工前承包商需要测绘出原地形的断面并须经监理工程师检查，作为计量的依据。

(5)图纸法。按图纸进行计量的方法，称为图纸法。在工程量清单中，许多项目都按照设计图纸所示的尺寸进行计量。如混凝土构筑物的体积、钻孔桩的桩长等。

(6)分解计量法。所谓分解计量法，就是将一个项目根据工序或部位分解为若干子项，对完成的各子项进行计量支付。这种计量方法主要是为了解决一些包干项目或较大的工程项目支付时间过长，影响承包商资金流动的问题。

2. 工程价款的结算

根据不同情况，我国现行工程价款的结算方式有以下几种：

(1)按月结算。实行旬末或月中预支，月终结算，竣工后清算的方法。跨年度竣工的工程，在年终进行工程盘点，办理年度结算。我国现行建筑安装工程价款结算中，相当一部分工程是实行这种按月结算的方法。

(2)竣工后一次结算。建设项目或单项工程全部建筑安装工程建设期在 12 个月以内，或者工程承包合同价值在 100 万元以下的，可以实行工程价款每月月中预支，竣工后一次结算。

(3)分段结算。当年开工，但当年不能竣工的单项工程或单位工程按照工程形象进度，划分不同阶段进行结算。分段结算可以按月预支工程款。分段的划分标准，由各部门、省、自治区、直辖市或计划单列市规定。

(4)目标结款方式。在工程合同中，将承包工程的内容分解成不同的控制界面，以业主验收控制界面作为支付工程价款的前提条件。也就是说，将合同中的工程内容分解成不同的验收单元，当承包商完成单元工程内容并经业主(或其委托人)验收后，业主支付构成单元工程内容的工程价款。

（5）结算双方约定的其他结算方式。施工企业在采用按月结算工程价款的方式时，要先取得各月实际完成的工程数量，并按照工程预算定额中的预算单价和合同中采用的利税率，计算出已完工程造价。实际完成的工程数量，由施工单位根据有关资料计算并编制已完工程月报表，然后按照施工单位编制的已完工程月报表，将各个发包单位的本月已完工程造价进行汇总反映。再根据已完工程月报表编制工程价款结算账单，与已完工程月报表一起，分送发包单位和经办银行，据以办理结算。

3. **工程价款的复核与支付**

工程项目承包方根据协议所规定的时间、方式和经监理工程师签字的计量表，按照合同价款的相应项目的单价和取费标准提出付款申请，由监理工程师审核后，签署《工程款支付证书》，再由建设单位予以支付。在确认计量结果后 14 天内，发包人应向承包人支付工程价款。

合同价款在协议条款约定后，任何一方不得擅自改变，协议条件另有约定或发生下列情况之一的可做调整：

（1）法律、行政法规和国家有关政策变化影响合同价款；

（2）监理工程师确认可调价的工程量增减、设计变更或工程洽商；

（3）工程造价管理部门公布的价格调整；

（4）一周内非承包方原因停水、停电、停气造成停工累计超过 8 小时；

（5）合同约定的其他因素。

4. **工程进度款的支付**

在双方确认计量结果后 14 天内，发包方应向承包方支付工程进度款。按约定时间发包方应扣回的预付款，与工程进度款同期结算。

对于符合规定范围的合同价款的调整，工程变更调整的合同价款及其他条款中约定的追加合同价款，应与工程进度款同期调整支付。

如发包方超过约定的支付时间不支付工程进度款，承包方可向发包方发出要求付款的通知，发包方收到承包方通知后仍不能按要求付款，可与承包方协商签订延期付款协议，经承包方同意后可延期付款。协议须明确延期支付时间和从发包方计量结果确认后第 15 天起计算应付款的贷款利息。

如是发包方不按合同约定支付工程进度款，双方又未达成延期付款协议，导致施工无法进行，承包方可停止施工，由发包方承担违约责任。

5. **工程质保金的预留**

质保金也称尾留款，按照有关规定，工程项目总造价中应预留出一定比例的质保金作为质量保修费用，待工程项目保修期结束后最后支付。

有关质保金的扣除方法一般有两种：

（1）当工程进度款支付累计额达到该建筑安装工程造价的一定比例时，停止支付，预留造价部分作为质保金。

（2）国家颁布的相关规范中规定，质保金的扣除，可以从发包方向承包方第一次支付的工程进度款开始，在每次承包方应得到的工程进度款中扣留投标书附录中规定的金额作为质保金，直至预留的质保金总额达到投标书附录中规定的限额为止。

（四）工程变更控制

工程变更是在工程项目实施过程中，按照合同约定的程序对部分或全部工程在材料、工艺、功能、构造、尺寸、技术指标、工程数量及施工方法等方面做出的改变。

工程建设施工合同签订以后，对合同文件中任何一部分的变更都属于工程变更的范畴。建设单位、设计单位、施工单位和监理单位等都可以提出工程变更的要求。在工程建设过程中，如果对工程变更处理不当，会对工程的投资、进度计划、工程质量造成影响，甚至引发合同有关方面的纠纷。因此，对工程变更应予以重视，严加控制并依照法定程序予以解决。

1. 工程变更价款的确定

工程变更价款的确定应在双方协商的时间内，由承包商提出变更价格，报监理工程师批准后方可调整合同价或顺延工期。监理工程师对承包商所提出的变更价款，应按照有关规定进行审核、处理，主要有以下要求。

（1）承包方在工程变更确定后14天内，提出变更工程价款的报告，经监理工程师确认后调整合同价款。合同价款的变更应符合下列规定：

1）合同中已有适用变更工程的价格，按合同已有的价格计算变更合同价款；

2）合同中只有类似变更工程的价格，可以参照类似价格变更合同价款；

3）合同中没有适用或类似变更工程的价格，由承包方提出适当的变更价格，经监理工程师确认后执行。

（2）承包方在双方确定变更后14天内不向监理工程师提出变更工程价款报告的，视为该项变更不涉及合同价款的变更。

（3）监理工程师应在收到变更工程价款报告之日起14天内予以确认。监理工程师无正当理由不确认时，自变更价款报告送达之日起14天后视为变更工程价款报告已被确认。

（4）监理工程师不同意承包方提出的变更价款，可以和解或者要求合同管理及其他有关主管部门调解。和解或调解不成的，双方可以采用仲裁或向人民法院提起诉讼的方式解决。

（5）监理工程师确认增加的工程变更价款作为追加合同价款，与工程款同期支付。

（6）因承包方自身原因导致的工程变更，承包方无权要求追加合同价款。

2. 监理工程师对工程变更的处理

对于工程项目施工中发生的工程变更，无论是由设计单位、建设单位还是施工单位提出的，均应经过建设单位、设计单位、施工单位和监理单位的代表签认，并经项目总监理工程师下达变更指令后，施工单位方可施工。

任何工程变更都必然会影响工程的造价、质量、工期及项目的功能要求，监理工程师应注意综合审核，加强工程变更程序管理，并应协助建设单位与施工单位签订工程变更的补充协议。

监理工程师应按照下列程序处理工程变更：

（1）设计单位对原设计存在的缺陷提出的工程变更，应编制设计变更文件；建设单位或施工单位提出的工程变更，应提交总监理工程师，由总监理工程师组织专业监理工程师审查。审查同意后，应由建设单位转交原设计单位编制设计变更文件。当工程变更涉及安全、环保等内容时，应按规定经有关部门审定。

（2）项目监理机构应了解实际情况和收集与工程变更有关的资料。

（3）总监理工程师必须根据实际情况、设计变更文件和其他有关资料，按照施工合同的相关条款，在指定专业监理工程师完成下列工作后，对工程变更的费用和工期做出评估：

1）确定工程变更项目与原工程项目之间的类似程度和难易程度；

2）确定工程变更项目的工程量；

3）确定工程变更的单价或总价。

（4）总监理工程师应就工程变更费用及工期的评估情况与施工单位和建设单位进行协调。

（5）总监理工程师签发工程变更单。工程变更单应包括工程变更要求、工程变更说明、工程变更费用和工期、必要的附件等内容，有设计变更文件的工程变更应附设计变更文件。

（6）项目监理机构应根据工程变更单监督施工单位实施。

【例 6-5】（2017 年真题）对于施工单位提出涉及工程设计文件修改的工程变更，必要时应召开工程设计文件修改方案的专题论证会议，该会议的正确组织方式是（　　）。

A. 由设计单位组织，设计、施工和监理单位参加

B. 由建设单位组织，设计、施工和监理单位参加

C. 由施工单位组织，建设、设计和监理单位参加

D. 由监理单位组织，建设、设计和施工单位参加

【答案】 B

（五）工程竣工结算

工程竣工结算意味着承、发包双方经济关系的结束，以施工图预算为基础，根据实际施工情况由施工单位编制。

工程竣工结算应根据工程竣工结算书和工程价款结算账单进行。前者是施工单位根据合同造价、设计变更增（减）项和其他经济签证费用编制的确定工程量最终造价的经济文件，表示向建设单位应收的全部工程价款。后者表示承包单位已向建设单位收进的工程款，其中包括建设单位供应的器材（填写时必须将未付给建设单位的材料价款减除）。两者必须由施工单位在工程竣工验收后编制，送建设单位审查无误并由建设银行审查同意后，由承、发包单位共同办理竣工结算手续，才能进行工程结算。

1. 工程竣工结算的办理

竣工报告批准后，乙方应按国家有关规定和协议条款约定的时间、方式向甲方代表提出结算报告，办理竣工结算。甲方代表收到结算报告后，应及时给予批准或提出修改意见，在协议条款约定时间内将拨款通知送经办银行并将副本送至乙方；银行审核后，向乙方支付工程款。乙方收到工程款后 15 天内将竣工工程交付甲方。

由于甲方违反有关规定和约定，经办银行不能支付工程款，乙方可留置部分或全部工程予以妥善保护，其保护费用由甲方承担。

甲方无正常理由收到竣工报告后 30 天内不办理结算，从第 31 天起按施工企业向银行计划处贷款的利率支付拖欠工程款利息，并承担违约责任。

2. 工程竣工结算书的编制

工程竣工结算书是进行工程结算的主要依据。

编制竣工结算书是一项细致工作，既要正确地贯彻执行国家及地方的有关规定，又要实事求是地反映项目施工人员所创造的价值。其编制依据如下：

（1）工程竣工报告及工程竣工验收单。这是编制工程竣工结算的首要条件，未经竣工验收合格的工程不准结算。

（2）工程承包合同或施工协议书。

（3）经建设单位及有关部门审核批准的原工程概预算及增减预算。

（4）施工图纸、设计变更通知单、技术洽商及现场施工变更记录。

（5）在工程施工过程中实际发生的参考概预算价差价凭据，暂估价差价凭据，以及合同中规定的需要持凭据进行结算的原始凭证。

（6）地区现行的概预算定额、基本建筑材料预算价格、费用定额及有关规定。

（7）其他有关资料。

工程竣工结算书的编制内容和方法因承包方式的不同而有所差异。

（1）采用施工图概预算承包方式的工程结算。采用施工图概预算承包方式的工程，由于在施工过程中不可避免地要发生一些设计变更、材料代用、施工条件的变化、某些经济政策的变化以及其他不可抗因素等，都要增加或减少一些费用，从而影响施工图概预算价格的变化。因此，这类工程的竣工结算书是在原工程概预算的基础上，加上设计变更增减项和其他经济签证费用编制而成的，所以又称预算结算制。

（2）采用施工图概预算加包干系数或平方米造价包干形成承包的工程的结算。采用这类承包方式一般在承包合同中已分清了承、发包方之间的义务和经济责任，不再办理施工过程中所承包内容内的经济洽商，在工程竣工结算时不再办理增减调整。工程竣工后，仍以原概预算加包干系数或平方米造价的价值进行竣工结算。

（3）采用招标投标方式承包工程的结算。采用招标投标方式的工程，其结算原则上应按中标价格（成交价格）进行。但是一些工期较长、内容比较复杂的工程，在施工过程中，难免发生一些较大的设计变更和材料价格的调整，如果在合同中规定有允许调价的条文，施工单位可在工程竣工结算时，在中标价格的基础上进行调整。合同条文规定允许调价范围以外的费用，建筑企业可以向招标单位提出洽商或补充合同，作为结算调整价格的依据。

（4）采用平方米造价包干方式结算。民用住宅装饰装修工程一般采用这种结算方式，它同其他工程结算方式相比，手续简便。它是双方根据一定的工程资料，事先协商好每平方米的造价指标，然后按建筑面积汇总造价，确定应付工程价款。

（六）施工索赔处理

工程建设索赔通常是指在工程合同履行过程中，合同当事人一方因非自身因素或对方不履行或未能正确履行合同而受到经济损失或权利损害时，通过一定的合法程序向对方提出经济或时间补偿的要求。索赔是一种正当的权利要求，它是发包方、监理工程师和承包方之间一项正常的、大量发生而且普遍存在的合同管理业务，是一种以法律和合同为依据的、合情合理的行为。

1. 索赔的特点

索赔是双向的，不仅承包人可以向发包人索赔，发包人同样也可以向承包人索赔；并且只有实际发生了经济损失或权利损害，一方才能向对方索赔。归纳起来，索赔的特点如下：

（1）索赔是要求给予补偿（赔偿）的一种权利、主张。

（2）索赔的依据是法律法规、合同文件及工程建设惯例，但主要是合同文件。

（3）索赔是因非自身原因导致的，要求索赔一方没有过错。

（4）与合同相比较，已经发生了额外的经济损失或工期损害。

（5）索赔必须有切实有效的证据。

（6）索赔是单方行为，双方没有达成协议。

2. 索赔的原因

在现代承包工程中，特别是在国际承包工程中，索赔经常发生，而且索赔的数额很大。索赔的发生，不仅是一个索赔意识或合同观念的问题，从本质上讲，索赔也是一种客观存在。引起索赔的原因主要包括施工延期；恶劣的现场自然条件；合同变更；合同矛盾和缺陷；参与工程建设主体的多元性等。

3. 索赔的处理

发包方未能按照合同约定履行自己的各项义务或发生错误以及应由发包方承担责任的其他情况，造成工期延误和（或）延期支付合同价款及造成承包方的其他经济损失，承包方可按图 6-14 所示的程序以书面形式向发包方索赔，索赔的时限规定如下：

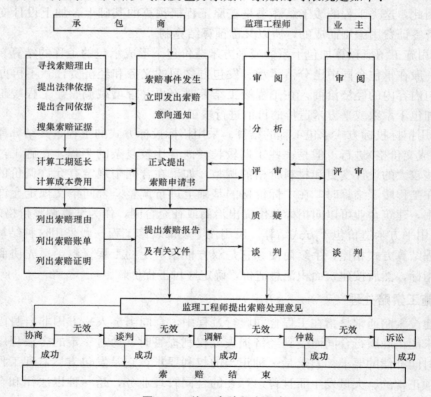

图 6-14　施工索赔程序示意

（1）索赔事件发生后 28 天内，向监理工程师发出索赔意向通知；

（2）发出索赔意向通知后 28 天内，向监理工程师提出补偿经济损失和（或）延长工期的索赔报告及有关资料；

（3）监理工程师在收到承包方送交的索赔报告和有关资料后，于 28 天内给予答复，或要求承包方进一步补充索赔理由和证据；

（4）监理工程师在收到承包方送交的索赔报告和有关资料后28天内未予答复或未对承包方提出进一步要求的，则视为该项索赔已经认可；

（5）当该索赔事件持续进行时，承包方应当阶段性地向监理工程师发出索赔意向，在索赔事件终了后28天内，向监理工程师送交索赔的有关资料和最终索赔报告。索赔答复程序与（3）、（4）规定相同。

与索赔相对应的是"反索赔"。有人认为"反索赔＝业主向承包商提出的索赔"，事实上，这种提法是不科学的。因为，索赔是双向的，反索赔也是双向的，索赔与反索赔是事物相互矛盾的两个方面，具有同等重要的地位。我们要重视承包商向业主提出的索赔，也要重视业主向承包商提出的索赔，更要重视对索赔的反击（驳）——反索赔。

索赔与反索赔是进攻和防守的关系，是相互依存、矛盾的事物对立统一的两个方面，两者同时存在，同时发展，同时消亡。反索赔随索赔的产生而产生，随索赔的结束而结束。

【例6-6】（2018年真题）项目监理机构处理工程索赔事宜是建设工程目标控制重要的（　　）措施。

A. 技术　　　　　B. 合同　　　　　C. 经济　　　　　D. 组织

【答案】　B

二、工程建设项目施工阶段的进度控制

（一）影响工程建设施工进度的因素

影响工程建设施工进度的因素有很多，主要包括以下几个方面。

1. 工程建设相关单位的影响

工程建设施工进度不仅只受施工单位的影响，建设单位（如政府部门、业主、设计单位、物资供应单位及通信、供电部门等）的工作进度的拖后也必将对施工进度产生影响。因此，控制施工进度不能只考虑施工单位，必须充分发挥监理工程师的作用，协调各相关单位的进度关系。而对于那些无法进行协调控制的进度关系，在进度计划的安排中应留有足够的机动时间。

2. 物资供应进度的影响

施工过程中所需要的材料、构配件、机具和设备等如果不能按期运抵施工现场或者是运抵施工现场后发现其质量不合格，都会影响施工进度。因此，监理工程师必须严格把关，采取有效的措施控制好物资供应进度。

3. 资金的影响

足够的资金供应是工程施工顺利进行的保障。一般来说，资金的影响主要来自业主，或者是由于没有及时给足工程预付款，或者是由于拖欠了工程进度款。因此，监理工程师应根据业主的资金供应能力，安排好施工进度计划，并督促业主及时拨付工程预付款和工程进度款，以免因资金供应不足拖延进度，导致工期索赔。

4. 设计变更的影响

施工过程中难免出现设计变更，或者是由于原设计有问题需要修改，或者是由于业主提出了新的要求。监理工程师应加强图纸的审查，严格控制随意变更，特别是应对业主的变更要求进行制约。

5. 施工条件的影响

施工过程中的气候、水文、地质及周围环境等都会对施工进度造成影响。此时，施工单位应利用自身的技术组织能力予以克服。监理工程师应积极疏通关系，协助施工单位解决那些自身不能解决的问题。

6. 各种风险因素的影响

风险因素包括政治、经济、技术及自然等方面的各种可预见或不可预见的因素。政治方面有战争、内乱、罢工、制裁等；经济方面有拒付债务、延迟付款、汇率浮动、通货膨胀、分包单位违约等；技术方面有工程事故、试验失败、标准变化等；自然方面有地震、洪水等。监理工程师必须对各种风险因素进行分析，提出控制风险、减少风险损失以及减少对施工进度影响的措施，并对发生的风险事件给予恰当的处理。

7. 施工单位自身管理水平的影响

施工现场的情况千变万化，施工单位的施工方案不当、计划不周、管理不善、解决问题不及时等，都会影响工程建设的施工进度。施工单位应通过分析、总结经验教训，及时改进。而监理工程师应提供服务，协助施工单位解决问题，以确保施工进度目标的实现。

（二）施工阶段进度控制原理

施工阶段进度控制是以现代科学管理原理作为其理论基础的，主要有系统控制原理、动态控制原理、信息反馈原理、弹性原理、封闭循环原理和网络计划技术原理等。

1. 系统控制原理

该原理认为，项目施工进度控制本身是一个系统工程，它包括施工进度计划系统、施工进度实施系统和施工进度控制的组织系统。项目经理必须按照系统控制原理，强化其控制全过程。

（1）施工进度计划系统。为做好项目施工进度控制工作，必须根据项目施工进度控制目标要求，制定出项目施工进度计划系统。根据需要，计划系统一般包括施工项目总进度计划，单位工程进度计划，分部分项工程进度计划和季、月、旬等作业计划。这些计划的编制对象由大到小，内容由粗到细，将进度控制目标逐层分解，保证了计划控制目标的落实。在执行项目施工进度计划时，应以局部计划保证整体计划，最终达到施工进度控制目标。

（2）施工进度实施系统。工程项目实施全过程的各专业队伍都是遵照计划规定的目标去努力完成各个任务的。施工项目经理和有关劳动力调配、材料设备、采购运输等各职能部门都按照施工进度规定的要求进行严格管理，落实和完成各自的任务。施工组织各级负责人，从项目经理、施工队长、班组长及其所属全体成员组成了施工项目实施的完整组织系统。

（3）施工进度控制的组织系统。为了保证施工进度计划的实施，还应有一个项目进度的检查控制系统。从公司经理、项目经理，一直到作业班组都设有专门职能部门或人员负责检查汇报，统计整理实际施工进度的资料，与计划进度比较分析并进行进度调整。当然不同层次人员负有不同进度控制职责，分工协作，形成一个纵横连接的项目控制组织系统。事实上有的领导可能既是计划的实施者又是计划的控制者。实施是计划控制的落实，控制是计划按期实施的保证。

2. 动态控制原理

施工进度控制随着施工活动向前推进，根据各方面的变化情况，进行适时的动态控制，以保证计划符合变化的情况。同时，这种动态控制又是按照计划、实施、检查、调整四个不断循环的过程进行控制的。在项目实施过程中，可分别以整个施工项目、单位工程、分部分项工程为对象，建立不同层次的循环控制系统，并使其循环下去。这样每循环一次，其项目管理水平就会提高一步。

3. 信息反馈原理

反馈是控制系统把信息输送出去，又把其作用结果返送回来，并对信息的再输出施加影响，起到控制作用，以达到预期目的。施工进度控制的过程实质上就是对有关施工活动和进度的信息不断搜集、加工、汇总和反馈的过程。项目信息管理中心要对搜集的施工进度和相关影响因素的资料进行加工分析，由领导做出决策后，向下发出指令，指导施工或对原计划做出新的调整、部署；基层作业组织根据计划和指令安排施工活动，并将实际进度和遇到的问题随时上报。每天都有大量的内外部信息、纵横向信息流进流出，因而必须建立健全一个施工进度控制的信息网络，使信息传达准确、及时、畅通，反馈灵敏、有力，并且能正确运用信息对施工活动进行有效控制，以确保施工项目的顺利实施和如期完成。

4. 弹性原理

施工进度计划工期长，影响进度的原因多，其中有些已被人们掌握。根据统计经验估计出其影响的程度和出现的可能性，并在确定进度目标时，进行实现目标的风险分析。在计划编制者具备了这些知识和实践经验之后，编制施工进度计划时就会留有余地，使施工进度计划具有弹性。在进行施工项目进度控制时，便可以利用这些弹性，缩短有关工作的时间，或者改变它们之间的搭接关系，使检查之前拖延的工期，通过缩短剩余计划工期的方法，仍然可达到预期的计划目标。这就是施工进度控制中对弹性原理的应用。

5. 封闭循环原理

施工进度控制是从编制项目施工进度计划开始的，由于影响因素的复杂和不确定性，在计划实施的全过程中，需要连续跟踪检查，不断地将实际进度与计划进度进行比较，如果运行正常，可继续执行原计划；如果发生偏差，应在分析其产生的原因后，采取相应的解决措施和办法，对原进度计划进行调整和修订，然后进入一个新的计划执行过程。这个由计划、实施、检查、比较、分析、纠偏等环节组成的过程就形成了一个封闭循环回路，如图 6-15 所示。而施工进度控制的全过程就是在许多这样的封闭循环中不断地进行调整、修正与纠偏，最终实现总目标的。

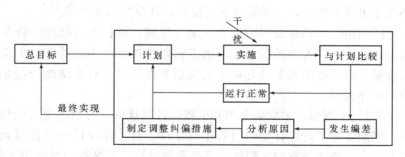

图 6-15　施工进度控制的封闭循环

6. 网络计划技术原理

在施工进度的控制中利用网络计划技术原理编制进度计划，根据收集的实际进度信息，比较和分析进度计划，又利用网络计划的工期优化、工期与成本优化和资源优化的理论调整计划。网络计划技术原理是施工进度控制的完整的计划管理和分析计算的理论基础。

(三)监理工程师施工进度控制目标的确定

监理工程师对工程施工进度控制的目标是力求使工程项目按照合同规定的计划时间投入使用，确定这一目标的依据主要包括工程建设总进度目标对施工工期的要求，工期定额，类似工程项目的实际进度，工程难易程度和工程条件的落实情况等。

(四)监理工程师施工进度控制的主要工作

监理工程师对工程建设施工进度控制的工作，从审核施工单位提交的施工进度计划开始，直至工程建设保修期满为止，其工作内容主要包括编制施工进度控制工作细则；编制或审核施工进度计划；按年、季、月编制工程综合计划；下达工程开工令；协助施工单位实施进度计划；监督施工进度计划的实施；组织现场协调会；签发工程进度款支付凭证；审批工程延期；向向业主提供进度报告；督促施工单位整理技术资料；签署工程竣工报验单、提交质量评估报告；整理工程进度资料；工程移交等。

1. 施工进度控制工作细则

施工进度控制工作细则的内容包括工程概况；进度控制工作流程；施工进度控制监理工作控制要点；施工进度控制监理工作方法和主要措施。

2. 单位工程施工进度计划的编制

单位工程施工进度计划是在既定施工方案的基础上，根据规定的工期和各种资源供应条件，对单位工程中的各分部分项工程的施工顺序、施工起止时间及衔接关系进行合理安排的计划。其编制程序和方法如下：

(1)划分工作项目。工作项目是包括一定工作内容的施工过程，它是施工进度计划的基本组成单元。工作项目内容的多少、划分的粗细程度，都应该根据计划的需要而定。

(2)确定施工顺序。确定施工顺序是为了按照施工的技术规律和合理的组织关系，解决各工作项目之间在时间上的先后和搭接问题，以达到保证质量、安全施工、充分利用空间、争取时间、实现合理安排工期的目的。

一般来说，施工顺序受施工工艺和施工组织两方面的制约。

当施工方案确定之后，工作项目之间的工艺关系也随之确定。违背这种关系将导致工程质量事故和安全事故的发生，或者造成返工浪费，甚至是不能施工。

工作项目之间的组织关系是根据劳动力、施工机械、材料和构配件等资源的组织和安排需要而形成的，它是一种人为的关系，不由工程本身决定。不同的组织关系会产生不同的经济效果，应通过调整组织关系，并将工艺关系和组织关系有机地结合起来，形成工作项目之间的合理顺序关系。

(3)计算工程量。工程量是根据施工图和工程量计算规则，针对所划分的每一个工作项目进行计算的。当编制施工进度计划时已有预算文件，且工作项目的划分与施工进度计划一致时，可以直接套用施工预算的工程量，不必重新计算。若某些项目有出入但出入不大，应结合工程的实际情况进行某些必要的调整。

（4）计算劳动力和机械台班数。

（5）确定工作项目的持续时间。

（6）绘制施工进度计划图。

（7）施工进度计划的检查与调整。当施工进度计划初始方案编制好后，需要对其进行检查和调整，以便使进度计划更加合理。施工进度计划的检查内容主要包括各工作项目的施工顺序、平行搭接和技术间歇是否合理；总工期是否满足合同规定；主要工种的工人是否能满足连续、均衡施工的要求；主要机具、材料等的利用是否均衡和充分。

3. 对单位报送的施工进度计划的审批

监理工程师对单位报送的施工进度计划的审批内容包括进度计划是否符合施工合同中开、竣工日期的规定；进度计划中的主要工程项目是否有遗漏，分期施工是否满足分批动用的需要和配套动用的要求，总承包、分包施工单位分别编制的各单项工程进度计划之间是否相协调；施工顺序的安排是否符合施工工艺的要求；工期是否进行了优化，进度安排是否合理；劳动力、材料、构配件、设备及施工机具、设备、水、电等生产要素供应计划是否能保证施工进度计划的需要，以及供应是否均衡；对由建设单位提供的施工条件（资金、施工图纸、施工场地、采供的物资等），施工单位在施工进度中所提出的供应时间和数量是否明确、合理，是否有造成因建设单位违约而导致工程延期和费用索赔的可能。

4. 总监理工程师对专业监理工程师编制的进度控制方案的审定

监理工程师对施工单位编制的施工进度计划进行审查批准后，总监理工程师还应组织或责成有关专业监理工程师依据施工合同有关条款、施工图对进度目标进行风险分析，编制监理对工程进度控制的方案，主要内容应包括施工进度控制目标分解图；实施施工进度控制目标的风险分析；施工进度控制的主要工作内容和深度（编制施工进度控制工作细则、协助施工单位实施进度计划、组织现场协调会）；监理人员对进度控制的职责分工；进度控制工作流程；进度控制的方法（包括进度检查周期、数据采集方式、进度报表格式、统计分析方法等）；进度控制的具体措施（包括组织措施、技术措施、经济措施及合同措施等）；尚待解决的有关问题。

5. 下达工程开工令

监理工程师应根据业主和承包单位双方关于工程开工的准备情况，选择合适的时机下达工程开工令，工程开工应具备的条件包括施工许可证已获政府主管部门批准；征地拆迁工作满足工程进度需要；施工组织设计已获监理工程师批准；现场管理人员已到位，施工机具、材料已落实；现场水、电、通信等已满足施工需要；质量、技术管理机构和制度已建立；专职和特种作业人员已获得相应资格；现场临时设施已满足开工要求；地下障碍物已清除或已查明；测量控制桩、实验室已得到监理机构的审查确认。

6. 组织现场协调会

监理工程师应每周定期召开不同层级的现场协调会，以解决工程施工过程中的相互协调配合问题。每周末的例会为高级协调会，通报工程项目建设的重大变更事项，协调其后果处理，解决各承包单位之间及业主与承包单位之间的重大协调配合问题；在每周召开的管理层协调会上，通报各自进度状况、存在的问题及下周安排，解决施工中的相互协调配合问题。

在平行、交叉施工单位多，工序交接频繁且工期紧迫的情况下，现场协调会甚至需要每日召开，对某些未曾预料的突发变故、问题，监理工程师还可以通过发布紧急协调指令，督促有关单位采取应急措施维护施工的正常秩序。

7. 监理工程师对工程进度情况的处置

监理工程师对工程进度控制方案的实施及检查，主要应做好如下进度控制工作：

（1）检查和记录实际进度完成情况，当实际进度符合计划进度时，应要求施工单位编制下一期进度计划；当进度滞后于计划进度时，应签发监理工程师通知单指令施工单位采取调整措施。

（2）定期召开工地例会，适时召开各种层次的专题协调会议，督促施工单位按期完成进度计划。

（3）当工程实际进度严重滞后于计划进度时，专业监理工程师应及时报告总监理工程师。总监理工程师在得知工程进度严重滞后于计划时，应分析原因、考虑对策，向业主报告，并与业主商量应进一步采取的措施。

在工程实施过程中，总监理工程师应在监理月报中向业主报告工程进度和采取的进度控制措施的执行情况，并提出合理预防可能由业主原因导致的工程延期及相关费用索赔的建议。

8. 监理工程师对工程延期的处理

在工程施工过程中，若发生非施工单位原因造成的持续影响工期的事件，必然导致施工单位无法按原定的竣工日期完工（延误），此时，施工单位会提出工程延期的要求。对此，项目监理机构应予以受理。

（1）按照《建设工程施工合同（示范文本）》（GF-2017-0201）第 7.5.1 条，由下列原因造成的工期延误，经总监理工程师确认，工期相应顺延：

1）发包人未能按合同约定提供图纸或所提供图纸不符合合同约定的；

2）发包人未能按合同约定提供施工现场、施工条件、基础资料、许可、批准等开工条件的；

3）发包人提供的测量基准点、基准线和水准点及其书面资料存在错误或疏漏的；

4）发包人未能在计划开工日期之日起 7 天内同意下达开工通知的；

5）发包人未能按合同约定日期支付工程预付款、进度款或竣工结算款的；

6）监理人未按合同约定发出指示、批准等文件的；

7）专用合同条款中约定的其他情形。

（2）工程延期的批准涉及施工合同中有关工程延期的约定，以及工期影响事件的事实和程度及量化核算。在确定各影响工期事件对工期或区段工期的综合影响程度时，要按下列步骤进行：

1）以批准的施工进度计划为依据，确定正常按计划施工时应完成的工作和应该达到的进度；

2）详细核实工期延误后，实际完成的工作或实际达到的进度；

3）查明受到延误的作业工种；

4）查明除影响工期延误的主要事件外是否还有其他影响因素，并确定其影响程度；

5）确定该影响工期主要事件对工程竣工时间或区段竣工时间的影响值。

(3)工期的延期批准分为工程临时延期批准和工程最终延期批准两种。

施工单位提交的阶段性工程延期表经审查后，由总监理工程师签署工程临时延期审批表并报建设单位。

施工单位提交最终的工程延期申请表后，项目监理机构应复查工程延期及临时延期情况，并由总监理工程师签署工程最终延期审批表。

总监理工程师在做出临时工程延期批准或最终工程延期批准之前，均应与建设单位和施工单位进行协商。

(五)工程建设项目进度控制监理工作方法和措施

进度控制不好，就有可能发生工程延期事件，不仅会影响工程进展，而且会给业主带来损失，因此，监理工程师应做好以下工作以减少或避免工程延期事件的发生：

(1)选择合适的时间及时下达工程开工令。

(2)提醒业主履行施工承包合同中规定的职责。

(3)妥善处理工程延期事件。

进度控制的措施主要是认真审核总进度计划，监督进度计划的实施，通过协调会和监理指令督促承包单位采取赶工措施，当出现偏差时，采用动态检验、比较等方法调整进度计划，当影响到总目标实现时，监理工程师应认真审批工程延期。当由于承包单位自身原因造成工程延期时，监理工程师可采取停止付款、要求误期损失赔偿、取消承包资格等手段进行处理。

【例6-7】 (2019年真题)下列目标控制措施中，属于技术措施的有( )。

A. 确定目标控制工作流程

B. 审查施工组织设计

C. 采用网络计划技术进行工期优化

D. 审核比较各种工程数据

E. 确定合理的工程款计价方式

【答案】 BCD

【例6-8】 (2018年真题)下列目标控制措施中，属于经济措施的有( )。

A. 建立动态控制过程中的激励机制

B. 审核工程量及工程结算报告

C. 对工程变更方案进行技术经济分析

D. 选择合理的承发包模式和合同计价方式

E. 进行投资偏差分析和未完工程投资预测

【答案】 BCE

三、工程建设项目施工阶段的质量控制

工程施工是使工程设计意图最终实现并形成工程实体的阶段，也是最终形成工程产品质量和工程项目使用价值的重要阶段。因此，施工阶段的质量控制不但是施工监理重要的工作内容，也是工程项目质量控制的重点。监理工程师对工程施工的质量控制，就是按合同赋予的职权，围绕影响工程质量的各种因素，对工程项目的施工进行有效的监督和管理。

按工程实体质量形成过程的时间阶段可将工程建设施工划分为施工准备阶段、施工过程和竣工验收阶段。

(一)施工阶段质量控制的依据

施工阶段监理工程师进行质量控制的依据，根据其适用的范围及性质，大致可以分为共同性依据和专门技术法规性依据两类。

1. 质量控制的共同性依据

工程建设项目施工阶段质量控制的共同性依据主要是指那些适用工程项目施工阶段与质量控制有关的、通用的、具有普遍指导意义和必须遵守的基本文件，其内容包括以下几个方面：

（1）工程承包合同。工程施工承包合同中包含了参与建设的各方在质量控制方面的权利和义务的条款，监理工程师要熟悉这些条款，据此进行质量监督和控制，并在发生质量纠纷时，及时采取措施予以解决。

（2）设计文件。"按图施工"是施工阶段质量控制的一项重要原则，经过批准的设计图纸和技术说明书等设计文件，是质量控制的重要依据。监理工程师要组织好设计交底和图纸会审工作，以便能充分了解设计意图和质量要求。

（3）国家及政府有关部门颁布的有关质量管理方面的法律、法规性文件。

2. 质量控制的专门技术法规性依据

工程建设项目施工阶段质量控制的专门技术法规性依据主要是指针对不同的行业、不同的质量控制对象而制定的技术法规性文件，包括各种有关的标准、规范、规程或规定，其具体包括以下几类：

（1）工程施工质量验收标准；

（2）有关工程材料、半成品和构配件质量控制方面的专门技术法规；

（3）控制施工过程质量的技术法规；

（4）采用新工艺、新技术、新方法的工程以及事先制定的有关质量标准和施工工艺规程。

(二)施工阶段质量控制的程序

在施工阶段全过程中，监理工程师要进行全过程、全方位的监督、检查与控制，不仅涉及最终产品的检查、验收，而且涉及施工过程的各个环节及中间产品的监督、检查与验收。这种全过程、全方位的质量控制一般程序如图 6-16 所示。

1. 施工准备阶段的质量控制

施工准备阶段是指监理合同签订后，项目施工正式开始前的阶段。这一阶段监理工程师的主要工作如下：

（1）监理工作准备。工程建设项目施工准备阶段的监理工作应做好充分的准备，包括组建项目监理机构，进驻现场；完善组织体系，明确岗位职责；编制监理规划性文件，包括监理规划、监理实施细则等；拟订监理工作流程；监理设备仪器准备；熟悉监理依据，准备监理资料。

（2）参与设计技术交底。监理人员熟悉设计文件是对项目质量要求的学习和理解，只有对设计图纸及质量要求非常熟悉才能在施工过程中把握住质量目标。也可以通过业主向设计单位提出更好的建议或指出图纸中存在的问题。

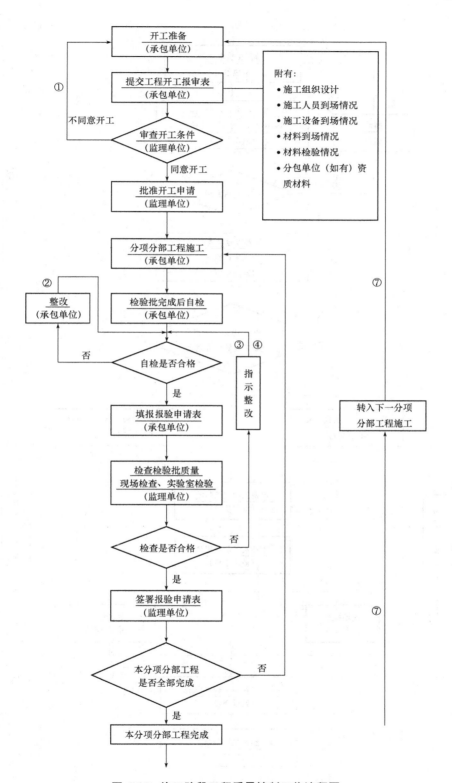

图 6-16 施工阶段工程质量控制工作流程图

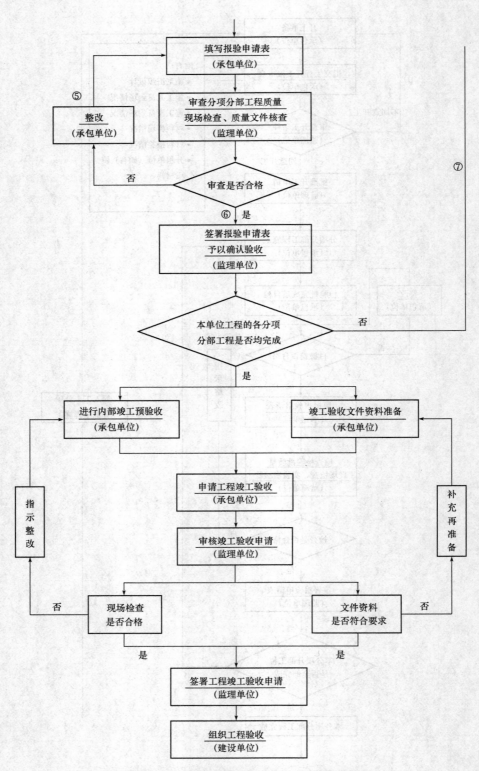

图 6-16　施工阶段工程质量控制工作流程图(续)

总监理工程师还应组织监理人员参加由建设单位组织的设计技术交底会。对设计人员交底及施工承包单位提出的涉及工程质量的问题应认真记录，积极参与讨论。对三方协商达成一致的会议纪要，总监理工程师要进行签认。

(3)审查承包方现场项目质量管理体系、技术管理体系、质量保证体系，质量管理制度、技术管理制度，专职人员和特种作业人员的资格证、上岗证。

(4)审查分包单位的资质。

1)分包单位营业执照、企业资质证书、特殊专业施工许可证等；

2)分包单位的业绩；

3)拟分包工程的内容和范围。

(5)审查施工组织设计。施工组织设计的主要内容包括承包单位的审批手续；施工总平面布置图；施工布置、施工方法、质量保证措施是否可靠并具有针对性；工期安排是否满足施工合同要求；进度计划能否保证施工的连续性和均衡性；质量管理和技术管理体系；安全、环保、消防和文明施工措施；季节施工方案和专项施工方案。

(6)参与第一次工地会议。

(7)对现场施工准备进行质量控制。监理人员对现场施工准备的质量控制主要包括查验承包单位的测量放线、交桩和定位放线检查，复测施工测量控制网；施工平面布置的检查；工程材料、半成品、构配件报验的签认；检查进场的主要施工设备；审查主要分部(分项)工程施工方案。

(8)审查现场开工条件，签发开工报告。

2. 施工过程的质量控制

施工过程是指施工开工后、竣工验收前的阶段。

(1)施工过程质量控制方法。

1)利用施工文件控制。其主要包括对承包单位的技术文件的审查；下达指令性文件，包括监理通知、工程暂停令等；审核作业指导书，包括施工组织设计、施工方案、各专业作业指导书。

每一分项工程开始实施前均要进行技术交底，其主要包括施工方法、质量要求、验收标准、施工过程中注意的问题、可能出现的意外情况及应采取的措施与应急方案。

2)应用支付手段控制。应用支付手段控制支付证明书需由监理工程师开具。

3)现场监理的方法。其包括现场巡视、旁站监理、平行检验和见证取样及送检见证试验。

旁站监理是指监理人员在房屋建筑工程施工阶段中，对房屋建筑工程关键部位、关键工序的施工质量实施全过程现场跟班的监督活动，如基础工程，土方回填，混凝土灌注桩浇筑，地下连续墙、土钉墙、后浇带及其他结构混凝土、防水混凝土浇筑，卷材防水层细部构造处理，梁、柱节点钢筋隐蔽工程，混凝土浇筑，预应力张拉、装配式结构安装，钢结构安装，网架结构安装，索膜安装等。

旁站监理人员的主要职责：检查装饰施工单位现场质检人员到岗、特殊工种人员持证上岗以及施工机械、装修材料准备情况；在现场跟班监督关键部位、关键工序的施工执行方案以及执行强制性标准情况；检查进场装修材料、构配件、设备的质量检验；做好旁站监理记录和监理日记，保存旁站监理原始资料。

《房屋建筑工程和市政基础设施工程实行见证取样和送检的规定》第六条规定，下列试块、试件和材料必须实施见证取样和送检：

①用于承重结构的混凝土试块。

②用于承重墙体的砌筑砂浆试块。

③用于承重结构的钢筋及连接接头试件。

④用于承重墙的砖和混凝土小型砌块。

⑤用于拌制混凝土和砌筑砂浆的水泥。

⑥用于承重结构的混凝土中使用的掺加剂。

⑦地下、屋面、厕浴间使用的防水材料。

⑧国家规定必须实行见证取样和送检的其他试块、试件和材料。

4)现场质量检查的手段。现场质量检查的手段主要包括目测法(看、摸、敲、照)、量测法(靠、吊、量、套)及试验法(力学性能试验、物理性能试验、化学性能试验、无损测试等)。

(2)施工质量预控。施工质量预控是指工程建设项目施工活动前的质量控制。其主要包括质量控制点的设置；作业指导书的审查；测量器具精度与实验室条件的控制；劳动组织与施工人员资格控制。

质量控制点是指为了保证作业过程质量而确定的重点控制对象、关键部位或薄弱环节。设置质量控制点是保证达到施工质量要求的必要前提，监理工程师在拟订质量控制工作计划时，应予以详细考虑，并以制度来保证落实。对于质量控制点，一般要事先分析可能造成质量问题的原因，再针对原因制定对策和措施进行预控。质量控制点有见证点、停止点、旁站点等。

1)控制点选择的一般原则。应当选择那些保证质量难度大的、对质量影响大的或者是发生质量问题时危害大的对象作为质量控制点。

①施工过程中的关键工序或环节以及隐蔽工程，例如，预应力结构的张拉工序、钢筋混凝土结构中的钢筋架立。

②施工中的薄弱环节，或质量不稳定的工序、部位或对象，如地下防水层施工。

③对后续工程施工或对后续工序质量或安全有重大影响的工序、部位或对象，例如，预应力结构中的预应力钢筋质量、模板的支撑与固定等。

④采用新技术、新工艺、新材料的部位或环节。

⑤施工上无足够把握的、施工条件困难的或技术难度大的工序或环节，如复杂曲线模板的放样等。

是否设置为质量控制点，主要视其对质量特性影响的大小、危害程度及其质量保证的难度大小而定。

2)作为质量控制点重点控制的对象。

①人的行为。对某些作业或操作，应以人为重点进行控制。

②物的质量与性能。施工设备和材料是直接影响工程质量和安全的主要因素，对某些工程尤为重要，常作为控制的重点。

③关键的操作。

④施工技术参数。

⑤施工顺序。

⑥技术间歇。

⑦新工艺、新技术、新材料的应用。

⑧产品质量不稳定、不合格率较高及易发生质量通病的工序应列为重点，仔细分析、严格控制。

⑨易对工程质量产生重大影响的施工方法。

⑩特殊地基或特种结构。

（3）施工活动过程中的质量控制。监理工程师在工程建设项目施工活动过程中的质量控制工作主要包括坚持质量跟踪检查；抓好承包单位的自检与专检；技术复核与见证取样；工程变更控制；工地例会管理；停工令、复工令的应用。

（4）施工质量结果的质量控制。监理工程师对施工质量结果的质量控制工作包括基槽（基坑）验收；隐蔽验收；工序交接；检验批、分项工程、分部工程验收；单位工程或整个工程项目的竣工验收；初验、工程质量评估报告。

3. 竣工验收阶段的质量控制

工程建设项目施工质量验收，是在施工单位自行质量检查评定的基础上，参与建设活动的有关单位共同对工程施工质量进行抽样复验，根据相关标准以书面形式对工程质量达到合格与否做出确认。

工程施工质量验收包括工程过程的中间验收和工程的竣工验收两个方面。中间验收是指分项工程、分部工程施工过程产品（中间产品、半成品）的验收。竣工验收是指单位工程全部完工的成品验收。

工程建设产品体量庞大，成品建造过程持续时间长，因此，加强对其形成过程产品的分项、分部工程验收是控制工程质量的关键。竣工验收则是在此基础上的最终检查验收，是工程交付使用前最后把住质量关的重要环节。

（1）建筑工程质量验收的划分。建筑工程质量验收应划分为单位（子单位）工程、分部（子分部）工程、分项工程和检验批。

具备独立施工条件并能形成独立使用功能的建筑物及构筑物为一个单位工程。建筑规模较大的单位工程，可将其能形成独立使用功能的部分作为一个子单位工程。

分部工程的划分应按专业性质、建筑部位确定，共划分为 10 个分部。当分部工程较大或较复杂时，可按材料种类、施工特点、施工程序、专业系统及类别等划分为若干子分部工程。

分项工程应按主要工种、材料、施工工艺、设备类别等进行划分。

检验批是按统一的生产条件或按规定的方式汇总起来供检验用的、由一定数量样本组成的检验体。检验批可根据施工及质量控制和专业验收需要按楼层、施工段、变形缝等进行划分。检验批是工程验收的最小单位，是分项工程乃至整个建筑工程质量验收的基础。分项工程可由一个或若干个检验批组成。

（2）工程建设施工质量验收的组织和程序。

1）检验批及分项工程由专业监理工程师组织施工单位项目专业质量（技术）负责人等进行验收。

2）分部工程由总监理工程师组织施工单位项目负责人和技术、质量负责人等进行验收；

地基与基础、主体结构分部工程的勘察、设计单位工程项目负责人和施工单位技术、质量部门负责人也应参加相关分部工程的验收。

3）单位工程完工后，施工单位应自行组织有关人员进行检查评定，并向建设单位提交工程验收报告。

4）建设单位收到工程验收报告后，应由建设单位负责人组织施工（含分包单位），设计、监理等单位负责人进行单位（子单位）工程验收。

5）单位工程由分包单位施工时，分包单位对所承包的工程项目按规定程序检查评定，总包单位应派人参加。分包工程完成后，应将工程资料交给总包单位。

6）当参加验收的各方对工程质量验收意见不一致时，可请当地住房城乡建设主管部门或工程质量监督机构协调处理。

7）单位工程质量验收合格后，建设单位应在15日内将工程竣工验收报告和有关文件报建设行政主管部门备案。工程质量监督机构应当在工程竣工验收之日起5日内，向备案机关提交工程质量监督报告。

（3）工程建设施工质量验收的基本规定。工程建设施工质量验收应符合下列规定：

1）施工现场质量管理应有相应的施工技术标准、健全的质量管理体系、施工质量检验制度和综合施工质量水平评定考核制度。

施工现场质量管理应按要求进行检查记录，总监理工程师应进行检查，并做出检查结论。

2）建筑工程采用的主要材料、半成品、成品、建筑构配件、器具和设备应进行现场验收。凡涉及安全、功能的有关产品，应按各专业工程质量验收规范、规定进行复验，并应经监理工程师检查认可。

3）各工序应按施工技术标准进行质量控制，每道工序完成后应进行检查。相关各专业工种之间应进行交接检验，并形成记录。未经监理工程师检查认可，不得进行下道工序施工。

（4）工程建设施工质量验收要求。建筑工程施工质量应按下列要求进行验收：

1）建筑工程施工质量应符合验收标准和相关专业验收规范的规定。

2）建筑工程施工应符合工程勘察、设计文件的要求。

3）参加工程施工质量验收的各方人员应具备规定的资格。

4）工程质量验收均应在施工单位自行检查评定的基础上进行。

5）隐蔽工程在隐蔽前应由施工单位通知有关单位进行验收，并应形成验收文件。

6）涉及结构安全的试块、试件以及有关材料，应按规定进行见证取样检测。

7）检验批的质量应按主控项目和一般项目验收。

8）对涉及结构安全和使用功能的重要分部工程应进行抽样检测。

9）承担见证取样检测及有关结构安全检测的单位应具有相应的资质。

10）工程的观感质量应由验收人员进行现场检查，并应共同确认。

（5）建筑工程施工质量验收内容。建筑工程施工质量验收按照检验批、分项工程、分部（子分部）工程、单位（子单位）工程四级划分，逐级递进，其质量验收内容见表6-3。

表 6-3　建筑工程施工质量验收内容

序号	项目	内容
1	检验批	(1)验收规范。检验批的验收是每个分项工程验收的基础工作，对检验批质量是否合格的判定标准主要是国家颁布的各项专业工程验收规范。 (2)验收方法。检验批的质量按主控项目和一般项目验收。主控项目是指对安全、卫生、环境保护和公众利益起决定性作用的检验项目。一般项目是指除主控项目以外的检验项目。在各专业验收规范中对不同分项工程的主控项目和一般项目都有明确规定，主控项目应全部符合有关专业工程验收规范的规定，不允许有不符合要求的检验结果；一般项目按照规范要求验收
2	分项工程	分项工程质量验收的合格标准： (1)分项工程所含的检验批应符合合格质量的规定。 (2)分项工程所含的检验批的质量验收记录应完整
3	分部工程	分部工程质量验收的合格标准： (1)分部(子分部)工程所含分项工程的质量均应验收合格。 (2)质量控制资料应完整。 (3)地基与基础、主体结构和设备安装等分部工程有关安全及功能的检验和抽样检测结果应符合有关规定。 (4)观感质量验收应符合要求
4	单位工程	单位工程质量验收的合格标准： (1)单位(子单位)工程所含分部(子分部)工程的质量均应验收合格。 (2)质量控制资料应完整。 (3)单位(子单位)工程所含分部工程有关安全和功能的检测资料应完整。 (4)主要功能项目的抽查结果应符合相关专业质量验收规范的规定。 (5)观感质量验收符合要求

(6)隐蔽工程验收。

1)隐蔽工程验收的主要项目和内容见表 6-4。

表 6-4　隐蔽工程验收的主要项目和内容

序号	项目	内容
1	基础工程	地质、土质情况，标高尺寸、基础断面尺寸，桩的位置、数量
2	钢筋混凝土工程	钢筋品种、规格、数量、位置、焊接接头、预埋件、材料代用
3	防水工程	屋面、地下水、水下结构的防水做法、防水措施质量
4	其他完工后无法检查的工程、主要部位和有特殊要求的隐蔽工程	

2)监理工程师对隐蔽工程验收程序。隐蔽工程施工完毕，经承包单位自检合格后，填写报验申请表，附相应的工程检查证(或隐蔽工程检查记录)及相关材料证明。监理工程师在收到报验申请后首先对质量证明材料进行审查，到现场检查，承包单位的专职质检员及相关施工人员应一同到场。经现场检查，如符合质量要求，监理单位在报验申请表及工程

检查证(或隐蔽工程检查记录)上签字确认,准予承包单位隐蔽、覆盖,进入下一道工序施工。如检查不合格,监理工程师签发不合格项目通知。

3)监理工程师对钢筋隐蔽工程检查要点:

①按施工图核查绑扎成型的钢筋骨架,检查钢筋品种、直径、数量、间距、形状。

②检查骨架外形尺寸偏差是否超过规定,检查保护层厚度、构造筋是否满足构造要求。

③锚固长度、箍筋加密区长度及间距。

④检查钢筋接头。如绑扎搭接,要检查搭接长度、接头位置和数量(错开长度和接头百分率);焊接接头或机械连接,要检查外观质量、取样试件力学性能试验是否达到要求、接头位置(相互错开)及数量(接头百分率)。

(7)工程质量验收不符合要求的处理。验收中对达不到规范要求的应按下列规定处理:

1)经返工重做或更换器具、设备的检验批,应重新进行验收。

2)经有资质的检测单位检测鉴定能够达到设计要求的检验批,应予以验收。

3)经有资质的检测单位检测鉴定达不到设计要求,但经原设计单位核算认可能够满足结构安全和使用功能的检验批,可予以验收。

4)经返修或加固处理的分项、分部工程,虽然改变外形尺寸但仍能满足安全使用要求,可按技术处理方案和协商文件进行验收。

5)通过返修或加固处理仍然不能满足安全使用要求的严禁验收。

(三)工程质量事故分析与处理

凡工程产品质量没有满足某个规定要求的,就称为质量不合格;而没有满足某个预期的使用要求或合理期望的,则称为质量缺陷。

工程质量不合格和质量缺陷的工程产品,必须进行返修、加固或报废处理,由此造成直接经济损失低于5 000元的称为质量问题,高于5 000元的称为工程质量事故。

1. 工程质量事故分类

工程质量事故分类见表6-5。

表6-5　工程质量事故分类

序号	分类方法	类别及内容
1	按事故产生的原因分	(1)技术原因引发的质量事故:在工程项目实施中由于设计、施工在技术上失误而造成的质量事故。 (2)管理原因引发的质量事故:由于管理上的不完善或失误而引发的质量事故。 (3)社会、经济原因引发的质量事故:由于社会、经济因素及社会上存在的弊端和不正之风引起建设中的错误行为,而导致出现质量事故
2	按事故造成的后果分	(1)未遂事故:出现的质量问题,经及时采取措施,未造成经济损失、延误工期或其他不良后果者。 (2)已遂事故:凡出现不符合质量标准或设计要求,造成经济损失、工期延误或其他不良后果者
3	按事故的责任分	(1)指导责任事故:由于在工程实施中指导或领导失误而造成的质量事故。 (2)操作责任事故:在施工过程中,由于实施操作者不按规程或标准实施操作而造成的质量事故

序号	分类方法	类别及内容
4	按事故的性质及严重程度划分	根据国务院颁布的《生产安全事故报告和调查处理条例》，按照生产安全事故(以下简称事故)造成的人员伤亡或者直接经济损失，事故一般分为以下等级： (1)特别重大事故，是指造成30人以上死亡，或者100人以上重伤(包括急性工业中毒，下同)，或者1亿元以上直接经济损失的事故； (2)重大事故，是指造成10人以上30人以下死亡，或者50人以上100人以下重伤，或者5 000万元以上1亿元以下直接经济损失的事故； (3)较大事故，是指造成3人以上10人以下死亡，或者10人以上50人以下重伤，或者1 000万元以上5 000万元以下直接经济损失的事故； (4)一般事故，是指造成3人以下死亡，或者10人以下重伤，或者1 000万元以下直接经济损失的事故。 国务院安全生产监督管理部门可以会同国务院有关部门，制定事故等级划分的补充性规定。 本条第一款所称的"以上"包括本数，所称的"以下"不包括本数

2. 工程质量事故发生的原因

影响工程质量事故的原因很多，常见的有违背建设程序，如无图施工，无勘察设计资料就开工；违反法规行为，如无证设计、施工，超越资质设计、施工；地质勘察失真和设计差错；施工管理不到位，使用不合格的原材料、制品及设备；建筑设施、设备不合格或使用不当；自然环境因素。

3. 工程质量事故处理的依据

工程质量事故发生后，事故处理主要应把握好以下几点：搞清原因，落实措施，妥善处理，消除隐患，界定责任。进行工程质量事故处理的主要依据有以下四个方面：

(1)质量事故的实况资料。施工单位的质量事故调查报告(包括质量事故的情况、事故的性质和原因、事故调查报告、事故涉及的人员、主要责任者的情况)、监理单位调查研究获得的一手资料。

(2)具有法律效力的得到有关当事各方认可的工程承包合同、设计委托合同、材料或设备购销合同，以及监理合同或分包合同等合同文件。

(3)有关的技术文件和档案。有关的技术文件和档案包括有关的设计文件、与施工有关的技术文件、档案和资料。

(4)有关的建设法规。有关的建设法规包括单位资质管理法规、从业者资格管理法规、建筑市场方面的法规、建筑施工方面的法规、标准化管理方面的法规。

4. 工程质量事故处理程序

(1)工程质量事故发生后，总监理工程师应签发工程暂停令，并要求保护好现场，防止事故扩大，同时要求事故发生单位迅速按类别和等级逐级上报主管部门，并在24小时内写出书面报告。

(2)监理工程师在事故调查组展开工作后，应积极协助并参与调查，但与监理方责任有关的应回避。

(3)当监理工程师接到事故处理调查组提出的技术处理意见后，可组织相关单位研究，并予以审核签认。技术处理方案一般应由原设计单位提出或审核并签认，必要时可对技方案进行专家论证。

（4）技术方案核签后，监理工程师应要求施工单位编制施工方案，同时对其技术处理的质量进行监理，其关键部位或工序应进行旁站，最后应组织设计、建设单位共同检查认可。

（5）对施工单位完工自检后报验结果，组织有关方验收，必要时对处理结果进行鉴定。事故单位应编写质量事故处理报告，并审核签认，其资料按规定归档。

【例6-9】 （2017年真题）根据《建设工程监理规范》（GB/T 50319—2013），项目监理机构应签发工程暂停令的情形是（　　）。

A. 施工单位未按审查通过的工程设计文件施工

B. 施工单位与建设单位发生经济纠纷

C. 总监理工程师未按时上报监理日志

D. 施工发生了重大质量事故的

【答案】　A

【例6-10】 （2016年真题）工程暂停施工原因消失，具备复工条件时，关于复工审批或指令的说法，正确的是（　　）。

A. 施工单位提出复工申请的，专业监理工程师应签发工程复工令

B. 施工单位提出复工申请的，建设单位应及时签发工程复工令

C. 施工单位提出复工申请的，总监理工程师可指令施工单位恢复施工

D. 施工单位未提出复工申请的，建设单位应及时指令施工单位恢复施工

【答案】　C

【例6-11】 （2014年真题）根据《建设工程监理规范》（GB/T 50319—2013），施工单位未经批准擅自施工的，总监理工程师应（　　）。

A. 及时签发监理通知单

B. 立即报告建设单位

C. 及时签发工程暂停令

D. 立即报告政府主管部门

【答案】　C

（四）工程质量控制的统计分析方法

1. 统计分析相关概念

在统计分析方法中，常用的概念包括总体、样本、统计推断工作过程及质量数据。

（1）总体：即全体研究对象，也称作母体，由 N 个个体组成，N 是有限的数值时，称为有限总体。N 是无限的数值时，称为无限总体。实践中一般把从每件产品检测得到的某一质量数据（强度、几何尺寸、质量等），即质量特性值视为个体，产品的全部质量数据的集合即为总体。

（2）样本：样本也称子样，是从总体中随机抽取出来，并根据对其研究结果推断总体质量特征的那部分个体。被抽中的个体称为样品，样品的数目称为样本容量，用 n 表示。

（3）统计推断工作过程：质量统计推断工作是运用质量统计方法在生产过程中或一批产品中随机抽取样本，通过对样品进行检测和整理加工，从中获得样本质量数据信息，并以此为依据，以概率数理统计为理论基础，对总体的质量状况作出分析和判断。

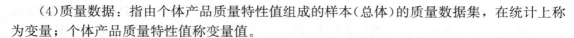

(4)质量数据：指由个体产品质量特性值组成的样本(总体)的质量数据集，在统计上称为变量；个体产品质量特性值称变量值。

2. 质量数据的收集

质量数据的收集方法包括全数检验和抽样检验两种。

全数检验是对总体中的全部个体逐一观察、测量、计数、登记，从而获得对总体质量水平评价结论的方法。

抽样检验是按照随机抽样的原则，从总体中抽取部分个体组成样本，根据对样品进行检测的结果，推断总体质量水平的方法。

抽样检验抽取样品不受检验人员主观意愿的支配，每一个体被抽中的概率都相同，从而保证了样本在总体中的分布比较均匀，有充分的代表性；同时，它还具有节省人力、物力、财力、时间和准确性高的优点；抽样检验抽取样品又可用于破坏性检验和生产过程的质量监控，完成全数检测无法进行的检测项目，具有广泛的应用空间。

抽样的具体方法见表 6-6。

表 6-6　抽样方法

序号	方法	内容
1	简单随机抽样(纯随机抽样、完全随机抽样)	对总体不进行任何加工，直接进行随机抽样，获取样本
2	分层抽样(分类抽样、分组抽样)	将总体按与研究目的有关的某一特性分为若干组，然后在每组内随机抽取样品组成样本
3	等距抽样(机械抽样、系统抽样)	将个体按某一特性排队编号后均分为 n 组，这时每组有 $K(K=N/n$，即抽样距离)个个体，然后在第一组内随机抽取第一件样品，以后每隔一定距离抽选出其余样品组成样本的方法
4	整群抽样	将总体按自然存在的状态分为若干群，并从中抽取样品群组成样本，然后在中选群内进行全数检验
5	多阶段抽样(多级抽样)	当总体很大时，很难一次抽样完成预定的目标。多阶段抽样是将各种单阶段抽样方法结合使用，通过多次随机抽样来实现的抽样方法

3. 质量数据的分析

(1)质量数据的分类。根据质量数据的特点，可以将其分为计量值数据和计数值数据。

1)计量值数据是可以连续取值的数据，通常由测量得到，如质量、强度、几何尺寸、标高、位移等，属于连续型变量。其特点是在任意两个数值之间都可以取精度较高一级的数值。此外，一些属于定性的质量特性，可由专家主观评分、划分等级而使之数量化，得到的数据也属于计量值数据。

2)计数值数据是只能按 0，1，2，…数列取值计数的数据，属于离散型变量。它一般由计数得到。计数值数据又可分为计件值数据和计点值数据。

①计件值数据表示具有某一质量标准的产品个数。如总体中合格品数、一级品数。

②计点值数据表示个体(单件产品、单位长度、单位面积、单位体积等)上的缺陷数、质量问题点数等。如检验钢结构构件涂料涂装质量时，构件表面的焊渣、焊疤、油污、毛刺数量等。

（2）质量数据的特征值。样本数据的特征值是由样本数据计算的描述样本质量数据波动规律的指标。统计推断就是根据这些样本数据特征值来分析、判断总体的质量状况。常用的有描述数据分布集中趋势的算术平均数、中位数和描述数据分布离中趋势的极差、标准偏差、变异系数等。

1）描述数据集中趋势的特征值。

①算术平均数。算术平均数又称均值，是消除了个体之间个别偶然的差异，显示出所有个体共性和数据一般水平的统计指标，它由所有数据计算得到，是数据的分布中心，对数据的代表性好。

②样本中位数。样本中位数是将样本数据按数值大小有序排列后，位置居中的数值。当样本数 n 为奇数时，数列居中的一位数即为中位数；当样本数 n 为偶数时，取居中两个数的平均值作为中位数。

2）描述数据离中趋势的特征值。

①极差。极差是数据中最大值与最小值之差，是用数据变动的幅度来反映其分散状况的特征值。极差计算简单、使用方便，但粗略，数值仅受两个极端值的影响，损失的质量信息多，不能反映中间数据的分布和波动规律，仅适用小样本。

②标准偏差。标准偏差简称标准差或均方差，是个体数据与均值离差平方和的算术平均数的算术根，是大于 0 的正数。总体的标准差用 σ 表示；样本的标准差用 S 表示。标准差值小说明分布集中程度高，离散程度小，均值对总体（样本）的代表性好；标准差的平方是方差，有鲜明的数理统计特征，能确切说明数据分布的离散程度和波动规律，是最常用的反映数据变异程度的特征值。

（3）质量数据的分布特征。质量数据具有个体数值的波动性和总体（样本）分布的规律性。

由于人、材料、机械设备、方法、环境等因素的影响，即使在生产过程稳定、正常的情况下，同一总体的个体产品，其质量特性也互不相同，反映在质量数据上便呈现出波动性。质量特性值的变化在质量标准允许范围内波动称为正常波动，其是由偶然性原因引起的；若是超越了质量标准允许范围的波动则称为异常波动，其是由系统性原因引起的。

对于每件产品来说，在产品质量形成的过程中，单个影响因素对其影响的程度和方向是不同的，也是在不断改变的。众多因素交织在一起，共同起作用的结果，往往是使各因素引起的差异大多互相抵消，最终表现出来的误差具有随机性。对于在正常生产条件下的大量产品，误差接近零的产品数目要多些，具有较大正负误差的产品要相对少，偏离很大的产品就更少了，同时正负误差绝对值相等的产品数目非常接近。于是，就形成了一个能反映质量数据规律性的分布，即以质量标准为中心的质量数据分布，它可用一个"中间高、两端低、左右对称"的几何图形表示，即一般服从正态分布，如图 6-17 所示。

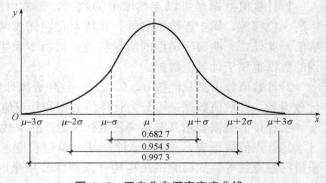

图 6-17　正态分布概率密度曲线

4. 质量状况的判断方法

质量状况的判断方法包括统计调查表法、分层法、排列图法、因果分析图法、直方图法、控制图法和相关图法。

(1)统计调查表法。统计调查表法又称统计调查分析法，它是利用专门设计的统计表对质量数据进行收集、整理和粗略分析质量状态的一种方法。在质量控制活动中，利用统计调查表收集数据，简便灵活，便于整理，实用有效。此法没有固定格式，可以根据需要和具体情况设计出不同的格式。

统计调查表法与分层法结合起来应用效果更好。

(2)分层法。分层法又称分类法，是将调查收集的原始数据，根据不同的目的和要求，按某一性质进行分组、整理的分析方法。分层的结果使数据各层间的差异凸显出来，层内的数据差异减少了。在此基础上再进行层间、层内的比较分析，可以更深入地发现和认识质量问题的原因。由于产品质量是多方面因素共同作用的结果，因而对同一批数据，可以按不同性质分层，使我们能从不同角度来考虑、分析产品存在的质量问题和影响因素。

分层法是质量控制统计分析中最基本的方法，与排列图法、直方图法、控制图法、相关图法等配合应用更方便快捷。

(3)排列图法。排列图法是利用排列图寻找影响质量主次因素的一种有效方法，它由两个纵坐标、一个横坐标、几个连起来的长方形和一条曲线组成，可以形象、直观地反映主次因素。

(4)因果分析图法。因果分析图法是利用因果分析图来系统整理分析某个质量问题(结果)与其产生原因之间关系的有效工具。因果分析图也称特性要因图，又因其形状常被称为树枝图或鱼刺图。因果分析图由质量特性(质量结果指某个质量问题)、要因(产生质量问题的主要原因)、枝干(指一系列箭线表示不同层次的原因)、主干(指较粗的直接指向质量结果的水平箭线)等组成。

(5)直方图法。直方图法即频数分布直方图法，它是将收集到的质量数据进行分组整理，绘制成频数分布直方图，用以描述质量分布状态的一种分析方法，所以又称质量分布图法。通过直方图的观察与分析，可了解产品质量的波动情况，掌握质量特性的分布规律，以便对质量状况进行分析判断。同时可通过质量数据特征值的计算，估算施工生产过程中总体的不合格率、评价过程能力等。

(6)控制图法。控制图又称管理图，目前已经成为质量控制常用的统计分析工具。控制图法的用途如下：

1)动态地反映质量特征值的变化。频数分布直方图法是质量控制的静态分析法，反映的是质量在某一段时间内的静止状态。但是，每一项工程都是在动态的生产施工过程中形成的，因此，在质量控制中单用静态分析法是不够的，还必须用动态分析法。控制图法就是典型的动态分析法，便于对生产施工进行动态控制。

2)作为施工调控的依据。采用这种方法，可以随时了解生产过程中各个时间点的质量变化情况，一旦发生影响质量的情况，就便于操作者及时采取措施，消除其中不利因素的影响，使生产施工始终处于稳定状态。

3)防止两类错误的发生。在生产施工中，在对产品质量进行判定时，操作者常容易出现两类错误：第一类是将合格品判为不合格品；第二类是将不合格品判为合格品。这两类错误在工程中都是不允许的，都要尽量避免发生。而控制图法可以动态地、宏观地对质量进行控制，从而起到防止两类错误发生的作用。

（7）相关图法。相关图又称散布图，可以用来分析研究两种数据之间是否存在相关关系，借助相关图进行相关分析，可以进一步弄清楚影响质量特性的主要因素，尽量避免不利因素的影响，从而达到质量控制的目的。

第七节　工程项目竣工后的目标控制

工程项目竣工后的目标控制主要指投资控制——竣工决算。

竣工决算是由建设单位编制的反映建设项目实际造价和投资效果的文件，是竣工验收报告的重要组成部分。所有竣工验收的项目应在办理手续之前，对所有建设项目的财产和物资进行认真清理，及时而正确地编报竣工决算，它对于总结分析建设过程的经验教训，提高工程投资控制管理水平和积累技术经济资料，为有关部门制定类似工程的建设计划与修订概预算定额指标提供资料和经验，都具有重要的意义。

一、竣工决算的内容

建设项目竣工决算应包括从筹划到竣工投产全过程的全部实际费用，即工程建设费用、安装工程费用、设备及工器具购置费用和工程建设其他费用以及预备费和投资方向调节税支出费用等。按照国家有关规定，竣工决算的内容包括竣工财务决算说明书、竣工财务决算报表、工程建设竣工图和工程造价对比分析四个部分。

1. 竣工财务决算说明书

竣工财务决算说明书主要包括建设项目概况；会计财务的处理、财产物资情况及债权债务的清偿情况；资金节余、基建结余资金等的上交、分配情况；主要技术经济指标的分析、计算情况；基本建设项目管理及决算中存在的问题、建议；需说明的其他事项。

2. 竣工财务决算报表

建设项目竣工财务决算报表按大、中型建设项目和小型建设项目分别制定，应包含的内容见表 6-7。

表 6-7　建设项目竣工财务决算报表的内容

序号	项目	内容
1	大、中型建设项目竣工财务决算报表	（1）建设项目竣工财务决算审批表； （2）大、中型建设项目概况表； （3）大、中型建设项目竣工财务决算表； （4）大、中型建设项目交付使用资产总表； （5）建设项目交付使用资产明细表
2	小型建设项目竣工财务决算报表	（1）建设项目竣工财务决算审批表； （2）小型建设项目竣工财务决算总表； （3）建设项目交付使用资产明细表

3. 工程建设竣工图

工程建设竣工图是真实地记录各种地上、地下建筑物、构筑物等情况的技术文件，是工程进行交工验收、维护、改建和扩建的依据，是国家的重要技术档案。按照规定，各项新建、扩建、改建的基本工程建设，特别是基础、地下建筑、管线、结构、井巷、硐室、桥梁、隧道、港口、水坝以及设备安装等隐蔽部位，都要编制竣工图。为确保竣工图质量，必须在施工过程中（不能在竣工后）及时做好隐蔽工程检查记录，整理好设计变更文件。

4. 工程造价对比分析

经批准的概算、预算是考核实际工程建设造价的依据，在分析时，可将决算报表中所提供的实际数据和相关资料与批准的概算、预算指标进行对比，以反映出竣工项目总造价和单方造价是节约还是超支，在比较的基础上，总结经验教训，找出原因，以利改进。

要考核概算、预算执行情况，正确核实工程建设造价，首先，应积累概算、预算动态变化资料；其次，考查竣工工程实际造价节约或超支的数额。为了便于进行比较分析，可先对比整个项目的总概算，然后对比单项工程的综合概算和其他工程费用概算，最后对比分析单位工程概算，并分别将建筑安装工程费用、设备及工器具购置费用和其他工程费用逐一与竣工决算的实际工程造价对比分析，找出节约和超支的具体内容和原因。

二、竣工决算的编制

竣工决算是由建设单位在整个建设项目竣工后，以建设单位自身开支和自营工程决算及承包工程单位在每项单位工程完工后向建设单位办理工程结算的资料为依据进行编制的。通过编制竣工决算，可以全面清理基本建设财务，做到工完账清，便于及时总结基本建设经验，积累各项技术经济资料，提高基建管理水平和投资效果。竣工决算的资料来源有两个方面：一是建设单位自身开支和自营工程决算；二是发包工程单位（建筑装饰施工单位）在每项单位工程完工后向建设单位办理的工程结算。

1. 竣工决算的编制依据

(1)经批准的可行性研究报告及其投资估算书。

(2)经批准的初步设计或扩大初步设计及其概算或修正概算书。

(3)经批准的施工图设计及其施工图预算书。

(4)设计交底或图纸会审会议纪要。

(5)招标投标的标底、承包合同、工程结算资料。

(6)施工记录或施工签证单及其他施工发生的费用记录，如索赔报告与记录、停(复)工报告等。

(7)竣工图及各种竣工验收资料。

(8)历年基建资料、历年财务决算及批复文件。

(9)设备、材料调价文件和调价记录。

(10)有关财务核算制度、办法和其他有关资料、文件等。

2. 竣工决算的编制步骤

(1)收集、整理、分析原始资料。

(2)对照、核实工程变动情况，重新核实各单位工程、单项工程造价。

(3)经审定的待摊投资、其他投资、待核销基建支出和非经营项目的转出投资，按照国家的有关规定，严格划分核定后，分别计入相应的基建支出(占用)栏目。

（4）编制竣工财务决算说明书。

（5）认真填报竣工财务决算报表。

（6）认真做好工程造价对比分析。

（7）清理、装订好竣工图。

（8）按国家规定上报审批、存档。

三、保修和保修费用的处理

(一)保修和保修期

1. 保修

保修是指施工单位按照国家或行业现行的有关技术标准、设计文件及合同中对质量的要求，对已竣工验收的工程建设在规定的保修期限内，进行维修、返工等工作。

为了使建设项目达到最佳状态，确保工程质量，降低生产或使用费用，发挥最大的投资效益，监理工程师应督促设计单位、施工单位、设备材料供应单位认真做好保修工作，并加强保修期间的投资控制。

2. 保修期

《建设工程质量管理条例》规定工程建设实行质量保修制度。工程建设承包单位在向建设单位提交工程竣工验收报告时，应当向建设单位出具质量保修书。质量保修书应当明确工程建设的保修范围、保修期限和责任等。该条例还明确规定，在正常使用条件下，工程建设的最低保修期如下：

（1）基础设施工程、房屋建筑的地基基础工程和主体结构工程，为设计文件规定的该工程的合理使用年限。

（2）屋面防水工程、有防水要求的卫生间、房屋和外墙面的防渗漏，为5年。

（3）供热与供冷系统，为2个采暖期、供冷期。

（4）电气管线、给水排水管道、设备安装和装修工程，为2年。

其他项目的保修期限由发包方与承包方约定。工程建设的保修期，自竣工验收合格之日起计算。

(二)保修费用的处理

保修费用是指对工程建设在保修期限和保修范围内所发生的维修、返工等各项费用支出。保修费用应按合同和有关规定合理确定和控制。保修费用一般可参照建筑安装工程造价的确定程序和方法计算，也可以按照建筑安装工程造价或承包合同价的一定比例计算，一般为5%。

保修费用的处理应按照国家有关规定和合同要求与有关单位共同商定进行：

（1）勘察、设计原因造成的保修费用处理。勘察、设计方面的原因造成的质量缺陷，由勘察、设计单位负责并承担经济责任，由施工单位负责维修或处理。按照相关法律规定，勘察、设计单位应当继续完成勘察、设计，减收或免收勘察、设计费并赔偿损失。

（2）施工原因造成的保修费用处理。施工单位未按国家有关规范、标准和设计要求施工，造成质量缺陷的，由施工单位负责无偿返修并承担经济责任。

(3)设备、材料、构配件不合格造成的保修费用处理。因设备、建筑材料、构配件质量不合格引起的质量缺陷，属于施工单位采购的或经其验收同意的，由施工单位承担经济责任；属于建设单位采购的，由建设单位承担经济责任。施工单位、建设单位与设备、材料、构配件供应单位或部门之间的经济责任，应按其设备、材料、构配件的采购供应合同处理。

(4)用户使用原因造成的保修费用处理。因用户使用不当造成的质量缺陷，由用户自行负责。

(5)不可抗力原因造成的保修费用处理。因地震、洪水、台风等不可抗力造成的质量问题，施工单位和设计单位都不承担经济责任，由建设单位负责处理。

本章小结

工程建设项目目标控制是一项系统工程。所谓控制，就是按照计划目标和组织系统，对系统各个部分进行跟踪检查，以保证协调地实现总体目标。本章内容包括工程建设目标控制理论基础，工程建设目标控制系统，工程建设项目决策阶段、设计阶段、招标投标阶段、施工阶段及项目竣工后的目标控制。其中，工程建设项目各阶段的目标控制是本章学习的重点。

思考与练习

一、填空题

1. 按照控制措施制定的出发点，控制可分为_____和_____。

2. 工程建设的每一个控制过程都包括_____、_____、_____、_____、_____五个环节。

3. 设计概算分为三级概算，即_____、_____。

4. 工程建设项目总进度计划包括_____、_____、_____、_____及_____。

5. 标底价格的审定采用的计价方法有_____、_____。

6. _____是由建设单位编制的反映建设项目实际造价和投资效果的文件，是竣工验收报告的重要组成部分。

7. _____是指对工程建设在保修期限和保修范围内所发生的维修、返工等各项费用支出。

二、选择题

1. 工程建设项目的三大目标控制不包括(   )。

A. 投资控制   B. 进度控制   C. 安全控制   D. 质量控制

2. 工程建设进度控制的方法不包括(   )。

A. 规划   B. 控制   C. 管理   D. 协调

3. 标底审定时，对结构不太复杂的中、小型工程招标标底应在(   )天内审定完毕，对结构复杂的大型工程招标标底应在( )天内审定完毕。

    A. 7，14   B. 7，15   C. 5，14   D. 5，15

    4. 在双方确认计量结果后( )天内，发包方应向承包方支付工程进度款。

    A. 14   B. 15   C. 10   D. 5

    5. 由于工程质量不合格和质量缺陷，必须进行返修、加固或报废处理，由此造成直接经济损失低于( )元的称为质量问题，( )元以上的称为工程质量事故。

    A. 15 000   B. 2 500   C. 5 000   D. 10 000

三、简答题

1. 工程建设目标控制的前提工作主要包括哪两项？

2. 工程建设投资控制的目标可能表现为哪几种情况？

3. 项目目标管理的程序大体可划分为哪几个阶段？

4. 影响工程建设进度的因素有哪些？

5. 工程建设项目质量控制原则有哪些？

6. 工程建设项目设计阶段的特点主要表现在哪几个方面？

7. 监理工程师在工程建设设计阶段投资控制的主要任务是什么？

8. 根据 FIDIC 合同条件的规定，一般可按照哪些方法进行计量？

9. 根据不同情况，我国现行工程价款的结算方式有哪些？

10. 影响工程建设施工进度的因素有很多，主要包括哪几个方面？

第七章 工程建设风险管理

教学内容	第一节 风险管理概述 第二节 工程建设风险识别 第三节 工程建设风险评估 第四节 工程建设风险响应 第五节 工程建设风险控制	学时	4
教学目标	(1)了解工程建设风险的类型，熟悉工程建设风险管理的过程，掌握工程建设风险管理的重要性和目标。 (2)了解工程建设风险识别原则，熟悉工程建设风险识别过程，掌握工程建设风险识别的方法。 (3)掌握工程建设风险评估的内容、步骤，掌握工程建设风险程度分析方法。 (4)掌握工程建设风险响应方法。 (5)掌握工程建设风险控制方法		
关键词	风险管理 专家调查法 财务报表法 流程图法 初始风险清单法 经验数据法 风险调查法 风险评估 专家评分比较法 风险相关性评价法 期望损失法 风险状态图法 风险规避 风险减轻 风险转移 风险自留		
重点	风险识别的方法，风险程度分析方法		
能力目标	(1)能够知晓工程建设风险管理的重要性和目标。 (2)能够进行工程建设风险识别。 (3)能够进行工程建设风险评估和风险程度分析。 (4)能够进行有效的风险响应。 (5)能够进行风险控制		
素质目标	(1)"百年大计，质量第一"，在施工阶段具有防风险意识，以动态控制为主，事前预防为辅的管理办法。 (2)具有良好的职业道德，为业主提供放心的服务，履行合同，维护业主的合法利益		

导入案例

某工程实施过程中发生如下事件：

事件1：总监理工程师安排的部分监理职责分工如下：

(1)总监理工程师代表组织审查(专项)施工方案；

(2)专业监理工程师处理工程索赔；

(3)专业监理工程师编制监理实施细则；

(4)监理员检查进场工程材料、构配件和设备的质量；

(5)监理员复核工程计量有关数据。

事件2：项目监理机构分析工程建设有可能出现的风险因素，分别从风险回避、损失控制、风险转移和风险自留四种风险对策方面，向建设单位提出了应对措施建议，见表7-1。

表7-1　风险因素及应对措施表

代码	风险因素	风险应对措施
A	人工费和材料费波动比较大	签订总价合同
B	采用新技术较多，施工难度大	变更设计，采用成熟技术
C	场地内可能有残留地下障碍物	设立专项基金
D	工程所在地风灾频发	购买工程保险
E	工程投资失控	完善投资计划，强化动态监控

事件3：工程开工后，监理单位变更了不称职的专业监理工程师，并口头告知建设单位。监理单位因工作需要调离原总监理工程师并任命新的总监理工程师后，书面通知建设单位。

事件4：工程竣工验收前，施工单位提交的工程质量保修书中确定的保修期限如下：

(1)地基基础工程为5年；

(2)屋面防水工程为2年；

(3)供热系统为2个采暖期；

(4)装修工程为2年。

【讨论】

1.针对事件1，逐项指出总监理工程师安排的监理职责分工是否妥当。

2.逐项指出表7-1中的风险应对措施分别属于哪一种风险对策。

3.事件3中，监理单位的做法有何不妥？写出正确做法。

4.针对事件4，逐条指出施工单位确定的保修期限是否妥当，不妥之处说明理由。

【分析】

1.针对事件1，总监理工程师安排的监理职责分工是否妥当的判断如下：

(1)总监理工程师代表组织审查(专项)施工方案，不妥。

理由：组织审查施工组织设计、(专项)施工方案属于总监理工程师的职责，总监理工程师不得将该项工作委托给总监理工程师代表。

(2)专业监理工程师处理工程索赔，不妥。

理由：调解建设单位与施工单位的合同争议，处理工程索赔属于总监理工程师的职责。

(3)专业监理工程师编制监理实施细则，妥当。

理由：参与编制监理规划，负责编制监理实施细则属于专业监理工程师的职责。

(4)监理员检查进场工程材料、构配件和设备的质量，不妥。

理由：检查进场的工程材料、构配件、设备的质量属于专业监理工程师的职责。

(5)监理员复核工程计量有关数据，妥当。

理由：复核工程计量有关数据属于监理员的职责。

2. 风险应对措施分别属于的风险对策如下：

(1)签订总价合同属于风险转移。

(2)变更设计、采用成熟技术属于风险回避。

(3)设立专项基金属于风险自留。

(4)购买工程保险属于风险转移。

(5)完善投资计划，强化动态监控属于损失控制。

3. 事件3中，监理单位的做法是否妥当的判断及正确的做法如下：

(1)工程开工后，监理单位变更了不称职的专业监理工程师，并口头告知建设单位，不妥。

正确的做法：调换专业监理工程师时，总监理工程师应书面通知建设单位。

(2)监理单位因工作需要调离原总监理工程师并任命新的总监理工程师后，书面通知建设单位，不妥。

正确的做法：工程监理单位调换总监理工程师，应征得建设单位书面同意。

4. 针对事件4，施工单位确定的保修期限是否妥当的判断及理由如下：

(1)地基基础工程保修期限为5年，不妥。

理由：基础设施工程、房屋建筑的地基基础工程和主体结构工程的保修期限，为设计文件规定的该工程合理使用年限。

(2)屋面防水工程保修期限为2年，不妥。

理由：屋面防水工程的保修期限，为5年。

(3)供热系统保修期限为2个采暖期，妥当。

理由：供热与供冷系统的保修期限，为2个采暖期、供冷期。

(4)装修工程保修期限为2年，妥当。

理由：电气管道、给水排水管道、设备安装和装修工程的保修期限，为2年。

第一节　风险管理概述

风险是指一种客观存在的、损失的发生具有不确定性的状态。工程项目中的风险则是指在工程项目的筹划、设计、施工建造以及竣工后投入使用各个阶段可能遭受的风险。

风险在任何项目中都存在。风险会造成项目实施的失控现象，如工期延长、成本增加、计划修改等，最终导致工程经济效益降低，甚至项目失败。

工程建设风险具有形式多样、存在范围广、影响面大等特点。

一、工程建设风险的类型

工程建设项目投资巨大、工期漫长、参与者众多，因此，整个过程都存在着各种各样的风险。风险按不同的标准可划分为不同的类型，见表7-2。

表7-2　风险的类型

序号	划分标准	类别及其释义
1	按风险造成的后果分	(1)纯风险：指只会造成损失而不会带来收益的风险。其后果只有两种，即损失或无损失，不会带来收益。 (2)投机风险：指那些既存在造成损失的可能性，也存在获得收益的可能性的风险。其后果有造成损失、无损失和收益三种结果，即存在三种不确定状态
2	按风险产生的根源分	(1)经济风险：指在经济领域中各种导致企业的经营遭受厄运的风险。即在经济实力、经济形势及解决经济问题的能力等方面潜在的不确定因素构成的经营方面的可能后果。 (2)政治风险：指政治方面的各种事件和原因带来的风险，包括战争和动乱、国际关系紧张、政策多变、政府管理部门的腐败和专制等。 (3)技术风险：指工程所处的自然条件(包括地质、水文、气象等)和工程项目的复杂程度给承包商带来的不确定性。 (4)管理风险：指人们在经营过程中，因不能适应客观形势的变化或因主观判断失误或对已经发生的事件处理不当而造成的威胁，包括施工企业对承包项目的控制和服务不力；项目管理人员水平低，不能胜任自己的工作；投标报价时具体工作的失误；投标决策失误等
3	从风险控制的角度分	(1)不可避免又无法弥补损失的风险：如天灾人祸(地震、水灾、泥石流、战争、暴动等)。 (2)可避免或可转移的风险：如技术难度大且自身综合实力不足时，可放弃投标达到避免风险的目的，可组成联合体承包以弥补自身不足，也可采用保险对风险进行转移。 (3)有利可图的投机风险

【例7-1】 (2017年真题)按风险影响范围分类，建设工程风险可划分为(　　)。

A. 社会风险和政治风险　　　　　B. 监理单位风险和施工单位风险

C. 局部风险和总体风险　　　　　D. 可管理风险和不可管理风险

【答案】　C

二、工程建设风险管理的重要性

风险管理是指人们对潜在的意外损失进行辨识、评估，并根据具体情况采取相应的措施进行处理的管理过程，即在主观上尽可能做到有备无患，或在客观上无法避免时也能寻求切实可行的补救措施，从而减少意外损失或化解风险并形成机会。

工程建设风险管理是指参与工程项目的各方，包括发包方、承包方和勘察、设计、监理单位等在工程项目的筹划、设计、施工建造以及竣工后投入使用等各阶段，对项目风险进行辨识、评估，并采取相应措施和方法对风险进行处理的管理过程。

工程建设风险管理的重要性主要体现：风险管理事关工程项目各方的生死存亡；风险管理直接影响企业的经济效益；风险管理有助于项目建设顺利进行，化解各方可能发生的纠纷；风险管理是业主、承包商和设计、监理单位等在日常经营、重大决策过程中必须认真对待的工作。

三、工程建设风险管理的目标

风险管理是一项有目的的管理活动，只有目标明确，才能起到有效的作用。否则，风险管理就会流于形式，没有实际意义，也无法评价其效果。

工程建设风险管理的目标如下：

(1)实际投资不超过计划投资。

(2)实际工期不超过计划工期。

(3)实际质量满足预期的质量要求。

(4)建设过程安全。

四、工程建设风险管理的过程

工程建设风险管理的过程主要包括以下内容：

(1)风险识别，即确定项目风险的种类，也就是可能有哪些风险发生。

(2)风险评估，即评估风险发生的概率及风险事件对项目的影响。

(3)风险响应，即制定风险应对措施。

(4)风险控制，即采取各种措施和方法，对风险进行控制。

第二节　工程建设风险识别

风险识别是进行风险管理的第一步，也是一项重要的工作。风险识别具有个别性、主观性、复杂性及不确定性。

一、风险识别的原则

1. 由粗及细，由细及粗

由粗及细是指对风险因素进行全面分析，并通过多种途径对工程风险进行分解，逐渐细化，以获得对工程风险的广泛认识，从而得到工程初始风险清单。

由细及粗是指从工程初始风险清单的众多风险中，根据同类工程建设的经验及对拟建工程建设具体情况的分析和风险调查，确定那些对建设工程目标实现有较大影响的工程风险，将其作为主要风险，即作为风险评价及风险对策决策的主要对象。

2. 严格界定风险内涵并考虑风险因素之间的相关性

对各种风险的内涵要严加界定，不能出现重复和交叉现象。另外，还要尽可能考虑各种风险因素之间的主次关系、因果关系、互斥关系、正相关关系、负相关关系等相关性。但在风险识别阶段考虑风险因素之间的相关性有一定的难度，因此，至少应做到严格界定风险内涵。

3. 先怀疑，后排除

对于所遇到的问题都要考虑其是否存在不确定性，不要轻易否定或排除某些风险，要通过认真的分析进行确认或排除。

4. 排除与确认并重

对于肯定可以排除和确认的风险应尽早予以排除和确认。对于一时既不能排除又不能确认的风险应再做进一步的分析，予以排除或确认。最后，对于肯定不能排除但又不能肯定予以确认的风险按确认考虑。

5. 必要时可进行实验论证

对于某些按常规方式难以判定其是否存在，也难以确定其对工程建设目标影响程度的风险，尤其是技术方面的风险，必要时可进行实验论证，如抗震实验、风洞实验等。这样做的结论可靠，但要以付出费用为代价。

二、风险识别的过程

工程建设自身及其外部环境的复杂性，给工程风险的识别带来了许多具体的困难，同时也要求明确工程建设风险识别的过程。

工程建设风险的识别往往是通过对经验数据的分析、风险调查、专家咨询以及实验论证等方式，在对工程建设风险进行多维分解的过程中，认识工程风险，建立工程风险清单。

工程建设风险识别的过程如图 7-1 所示。

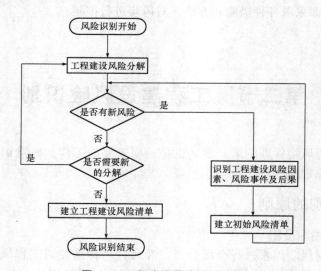

图 7-1　工程建设风险识别过程

由图 7-1 可知，风险识别的结果是建立工程建设风险清单。在工程建设风险识别过程中，核心工作是"工程建设风险分解"和"识别工程建设风险因素、风险事件及后果"。

三、风险识别的方法

工程建设风险的识别可以根据其自身特点，采用相应的方法，即专家调查法、财务报表法、流程图法、初始风险清单法、经验数据法和风险调查法。

1. 专家调查法

专家调查法分为两种方式：一种是召集有关专家开会，让专家各抒己见，充分发表意见，起到集思广益的作用；另一种是采用问卷式调查，各专家不知道其他专家的意见。

采用专家调查法时，所提出的问题应具体，并具有指导性、代表性和一定的深度。对专家发表的意见要由风险管理人员加以归纳分类、整理分析，有时可能要排除个别专家的个别意见。

2. 财务报表法

财务报表法有助于确定一个特定企业或特定的工程建设可能遭受到的损失，以及在何种情况下遭受这些损失。通过分析资产负债表、现金流量表、营业报表及有关补充资料，可以识别企业当前的所有资产、责任及人身损失风险。将这些报表与财务预测、预算结合起来，可以发现企业或工程建设未来的风险。

采用财务报表法进行风险识别，要对财务报表中所列的各项会计科目做深入的分析研究，并提出分析研究报告，以确定可能产生的损失，还应通过一些实地调查及其他信息资料来补充财务记录。由于工程财务报表与企业财务报表不尽相同，因而对工程建设进行风险识别时需要结合工程财务报表的特点。

3. 流程图法

流程图法是指将一项特定的生产或经营活动按步骤或阶段顺序以若干个模块形式组成一个流程图，在每个模块中都标出各种潜在的风险因素或风险事件，从而给决策者一个清晰的总体印象。一般来说，对流程图中各步骤或各阶段的划分比较容易，关键在于找出各步骤或各阶段不同的风险因素或风险事件。

由于流程图的篇幅限制，因此采用这种方法所得到的风险识别结果较粗。

4. 初始风险清单法

如果对每一个工程建设风险的识别都从头做起，至少有三个方面的缺陷：第一，耗费时间和精力多，风险识别工作的效率低；第二，由于风险识别的主观性，可能导致风险识别的随意性，其结果缺乏规范性；第三，风险识别成果资料不便积累，对今后的风险识别工作缺乏指导作用。因此，为了避免以上三个方面的缺陷，有必要建立初始风险清单。

初始风险清单只能便于人们较全面地认识风险的存在，而不至于遗漏重要的工程风险，并不是风险识别的最终结论。在初始风险清单建立后，还需要结合特定工程建设的具体情况进一步识别风险，从而对初始风险清单做一些必要的补充和修正。为此，需要参照同类工程建设风险的经验数据或针对具体工程建设的特点进行风险调查。

5. 经验数据法

经验数据法也称为统计资料法，即根据已建各类工程建设与风险有关的统计资料来识别拟建工程建设的风险。不同的风险管理主体都应有自己关于工程建设风险的经验数据或统计资料。在工程建设领域，可能有工程风险经验数据或统计资料的风险管理主体，包括咨询公司(含设计单位)、承包商及长期有工程项目的业主(如房地产开发商)。由于这些不同的风险管理主体所处的角度不同、数据或资料来源不同，其各自的初始风险清单一般有些差异。但是，工程建设风险本身是客观事实，有客观的规律性，当经验数据或统计资料足够多时，这种差异性就会大大减小。何况，风险识别只是对工程建设风险的初步认识，还是一种定性分析，因此，这种基于经验数据或统计资料的初始风险清单可以满足对工程建设风险识别的需要。

6. 风险调查法

风险调查法是工程建设风险识别的重要方法。风险调查应当从分析具体工程建设的特点入手：一方面对通过其他方法已识别出的风险(如初始风险清单所列出的风险)进行鉴别和确认；另一方面，通过风险调查有可能发现此前尚未识别出的重要的工程风险。

通常，风险调查可以从组织、技术、自然及环境、经济、合同等方面分析拟建工程的特点以及相应的潜在风险。

由于风险管理是一个系统的、完整的循环过程，因而风险调查并不是一次性的，应该在工程建设实施全过程中不断地进行，这样才能了解不断变化的条件对工程风险状态的影响。

【例 7-2】（2019 年真题）下列风险识别方法中，属于专家调查法的有（　　　）。

A. 访谈法　　　　B. 德尔菲法　　　　C. 流程图法　　　　D. 经验数据法

E. 头脑风暴法

【答案】　ABE

【例 7-3】（2018 年真题）下列关于风险识别方法的说法，正确的是（　　　）。

A. 流程图法不仅分析流程本身，也可显示发生问题的损失值或损失发生的概率

B. 分析初始清单是项目分析管理的检验总结，可以作为项目风险识别的最终结论

C. 经验数据法根据已建各类建设工程与风险有关的统计数据来识别拟建工程风险

D. 专家调查法是从分析具体工程特点入手，对已经识别出的风险进行鉴别和确认

【答案】　C

【例 7-4】（2017 年真题）风险识别的最主要成果是（　　　）。

A. 风险量和损失值　　　　　　　　B. 风险清单

C. 风险度量值与概率　　　　　　　D. 风险度量值

【答案】　B

第三节　工程建设风险评估

风险评估是对风险的规律性进行研究和量化分析。工程建设中存在的每一个风险都有自身的规律和特点、影响范围和影响量，通过分析可以将它们的影响统一成成本目标的形式，按货币单位来度量，并对每一个风险进行评估。

一、风险评估的内容

1. 风险因素发生的概率

风险发生的可能性可用概率表示。风险的发生有一定的规律性，但也有不确定性。既然被视为风险，则它必然在必然事件（概率＝1）和不可能事件（概率＝0）之间。风险发生的概率需要利用已有数据资料和相关专业方法进行估计。

2. 风险损失量的估计

风险损失量是个非常复杂的问题，有的风险造成的损失较小，有的风险造成的损失很大，可能引起整个工程的中断或报废。风险之间通常是有联系的，某个工程活动因受到干扰而拖延，则可能影响它后面的许多活动。

工程建设风险损失包括投资风险、进度风险、质量风险和安全风险。

(1)投资风险导致的损失可以直接用货币形式来表现，即法规、价格、汇率和利率等的变化或资金使用安排不当等风险事件引起的实际投资超出计划投资的数额。

(2)进度风险导致的损失包括以下几种：

1)货币的时间价值。进度风险的发生可能会对现金流动造成影响，在利率的作用下，引起经济损失。

2)为赶上计划进度所需的额外费用。其包括加班的人工费、机械使用费和管理费等一切因追赶进度所发生的非计划费用。

3)延期投入使用的收入损失。这方面损失的计算相当复杂，不仅仅是延误期间内的收入损失，还可能由于产品投入市场过迟而失去商机，从而大大降低市场份额，因而这方面的损失有时是相当巨大的。

(3)质量风险导致的损失包括事故引起的直接经济损失，以及修复和补救等措施发生的费用及第三者责任损失等，可分为以下几个方面：

1)建筑物、构筑物或其他结构倒塌所造成的直接经济损失；

2)复位纠偏、加固补强等补救措施和返工的费用；

3)造成工期延误的损失；

4)永久性缺陷对于建设工程使用造成的损失；

5)第三者责任损失。

(4)安全风险导致的损失如下：

1)受伤人员的医疗费用和补偿费；

2)财产损失，包括材料、设备等财产的损毁或被盗；

3)引起工期延误带来的损失；

4)为恢复工程建设正常实施所发生的费用；

5)第三者责任损失，即在工程建设实施期间，对因意外事故可能导致的第三者的人身伤亡和财产损失所作的经济赔偿以及必须承担的法律责任。

由以上四方面风险的内容可知，投资增加可以直接用货币来衡量；进度的拖延则属于时间范畴，同时，也会导致经济损失；而质量事故和安全事故既会产生经济影响又可能导致工期延误和第三者责任，显得更加复杂。而第三者责任除了法律责任之外，一般都是以经济赔偿的形式来实现的。因此，这四个方面的风险最终都可以归纳为经济损失。

3. 风险等级评估

风险因素涉及各个方面，但人们并不是对所有的风险都十分重视，否则将大大提高管理费用，干扰正常的决策过程。所以，组织应根据风险因素发生的概率和损失量确定风险程度，进行等级评估。

通常对一个具体的风险，它如果发生，则损失为 R_H，发生的可能性为 E_w，则风险的期望值 R_w 为

$$R_w = R_H \cdot E_w$$

引用物理学中位能的概念，损失期望值高的，则风险位能高。可以在二维坐标上做等位能线（即损失期望值相等）（图7-2），则具体项目中的任何一个风险都可以在图上找到一个表示它位能的点。

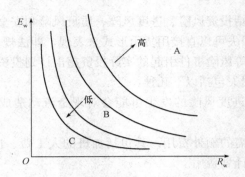

图 7-2 风险等位能线

不同位能的风险可分为不同的类别，用 A、B、C 表示：

（1）A 类：高位能，即损失期望值很大的风险。通常发生的可能性很大，而且一旦发生损失也很大。

（2）B 类：中位能，即损失期望值一般的风险。通常发生的可能性不大，损失也不大，或发生的可能性很大但损失极小，或损失比较大但可能性极小。

（3）C 类：低位能，即损失期望值极小的风险。发生的可能性极小，即使发生，损失也很小。

在工程项目风险管理中，A 类是重点，B 类要顾及，C 类可以不考虑。

另外，也可用Ⅰ级、Ⅱ级、Ⅲ级、Ⅳ级、Ⅴ级表示风险类型，见表 7-3。

表 7-3 风险等级评估表

风险等级后果可能性	轻度损失	中度损失	重大损失
极大	Ⅱ	Ⅳ	Ⅴ
中等	Ⅱ	Ⅱ	Ⅳ
极小	Ⅰ	Ⅱ	Ⅱ
注：表中Ⅰ为可忽略风险；Ⅱ为可容许风险；Ⅲ为中度风险；Ⅳ为重大风险；Ⅴ为不容许风险。			

【例 7-5】（2019 年真题）关于风险评定的说法，正确的是（   ）。

A. 风险等级为小的风险因素是可忽略的风险

B. 风险等级为中等的风险因素可按接受的风险

C. 风险等级为大的风险因素是不可能接受的风险

D. 风险等级为很大的风险因素是不希望有的风险

【答案】 C

二、风险评估分析的步骤

1. 收集信息

风险评估分析时必须收集的信息包括承包商类似工程的经验和积累的数据；与工程有关的资料、文件等；对上述信息来源的主观分析结果。

2. 整理加工信息

根据收集的信息和主观分析加工，列出项目所面临的风险，并将发生的概率和损失的后果列成一个表格，风险因素、发生概率、损失后果、风险程度——对应，见表 7-4。

表 7-4　风险程度分析

风险因素	发生概率 $P/\%$	损失后果 $C/$万元	风险程度 $R/$万元
物价上涨	10	50	5
地质特殊处理	30	100	30
恶劣天气	10	30	3
工期拖延罚款	20	50	10
设计错误	30	50	15
业主拖欠工程款	10	100	10
项目管理人员不胜任	20	300	60
合计	—	—	133

3. 评价风险程度

风险程度是风险发生的概率和风险发生后的损失后果严重性的综合结果。其表达式为

$$R = \sum_{i=1}^{n} R_i = \sum_{i=1}^{n} (P_i \times C_i)$$

式中　R——风险程度；

　　　R_i——每一风险因素引起的风险程度；

　　　P_i——每一风险发生的概率；

　　　C_i——每一风险发生的损失后果。

4. 提出风险评估报告

风险评估分析结果必须用文字、图表进行表达说明，作为风险管理的文档，即以文字、表格的形式编制风险评估报告。评估分析结果不仅作为风险评估的成果，而且应作为风险管理的基本依据。

风险评估报告中所用表的内容可以按照分析的对象进行编制。在项目目标设计和可行性研究中分析的风险及对项目总体产生的风险（如通货膨胀影响、产品销路不畅、法律变化、合同风险等），可以按风险的结构进行分析研究。

三、风险程度分析方法

风险程度分析主要应用在项目决策和投标阶段，常用的方法包括专家评分比较法、风险相关性评价法、期望损失法和风险状态图法。

1. 专家评分比较法

专家评分比较法主要是找出各种潜在的风险并对风险后果做出定性估计。对那些风险很难在较短时间内用统计方法、实验分析方法或因果关系论证得到的情形特别适用。该方法的具体步骤如下：

（1）由投标小组成员及有投标和工程施工经验的成员组成专家小组，共同就某一项目可能遇到的风险因素进行分类、排序。

（2）列出表格，见表 7-5。确定每个风险因素的权重 W，W 表示该风险因素在众多因素中影响程度的大小，所有风险因素权重之和为 1。

表 7-5　专家评分比较法分析风险表

可能发生的风险因素	权重 W	风险因素发生的概率 P					风险因素得分 W×P
		很大	比较大	中等	较小	很小	
		1.0	0.8	0.6	0.4	0.2	
物价上涨	0.15		√				0.12
报价漏项	0.10				√		0.04
竣工拖期	0.10			√			0.06
业主拖欠工程款	0.15	√					0.15
地质特殊处理	0.20				√		0.08
分包商违约	0.10			√			0.06
设计错误	0.15					√	0.03
违反扰民规定	0.05				√		0.02
合计							0.56

（3）确定每个风险因素发生的概率等级值 P，按发生概率很大、比较大、中等、较小、很小五个等级，分别以 1.0、0.8、0.6、0.4、0.2 给 P 值打分。

（4）每一个专家或参与的决策人，分别按上表判断概率等级。判断结果画"√"表示，计算出每一风险因素的 $W \times P$，合计得出 $\sum(W \times P)$。

（5）根据每位专家和参与的决策人的工程承包经验、对投标项目的了解程度、投标项目的环境及特点、知识的渊博程度，确定其权威性，即权重值 k。k 可取 0.5～1.0。再确定投标项目的最后风险度值。风险度值的确定采用加权平均值的方法，见表 7-6。

表 7-6　风险因素得分汇总表

决策人或专家	权威性权重 k	风险因素得分 W×P	风险度(W×P)×(k/∑k)
决策人	1.0	0.58	0.176
专家甲	0.5	0.65	0.098
专家乙	0.6	0.55	0.100
专家丙	0.7	0.55	0.117
专家丁	0.5	0.55	0.083
合计	3.3	—	0.574

（6）根据风险度判断是否投标。一般风险度在 0.4 以下可视为风险很小，可较乐观地参加投标；0.4～0.6 可视为风险属中等水平，报价时不可预见费也可取中等水平；0.6～0.8 可看作风险较大，不仅投标时不可预见费取上限值，还应认真研究主要风险因素的防范；超过 0.8 时风险很大，应采用回避此风险的策略。

2. 风险相关性评价法

风险之间的关系可以分为三种，即两种风险之间没有必然联系；一种风险出现，另一种风险一定会发生；一种风险出现后，另一种风险发生的可能性增加。

后两种情况的风险是相互关联的，有交互作用。设某项目中可能会遇到 i 个风险，$i=1,2,\cdots$，P_i 表示各种风险发生的概率（$0 \leqslant P_i \leqslant 1$），$R_i$ 表示第 i 个风险一旦发生给项目造成的损失值。其评价步骤如下：

（1）找出各种风险之间相关概率 P_{ab}。设 P_{ab} 表示一旦风险 a 发生后风险 b 发生的概率（$0 \leqslant P_{ab} \leqslant 1$）。$P_{ab}=0$，表示风险 a、b 之间无必然联系；$P_{ab}=1$，表示风险 a 出现必然会引起风险 b 发生。根据各种风险之间的关系，可以找出各风险之间的 P_{ab}（表 7-7）。

表 7-7　风险相关概率分析表

风险		1	2	3	…	i	…
1	P_1	1	P_{12}	P_{13}	…	P_{1i}	…
2	P_2	P_{21}	1	P_{23}	…	P_{2i}	…
⋮	⋮	⋮	⋮	⋮	⋮	⋮	⋮
i	P_i	P_{i1}	P_{i2}	P_{i3}	…	1	…
⋮	⋮	⋮	⋮	⋮	⋮	⋮	⋮

（2）计算各风险发生的条件概率 $P(b/a)$。已知风险 a 发生概率为 P_a，风险 b 的发生概率为 P_b，则在 a 发生情况下 b 发生的条件概率 $P(b/a)=P_a \cdot P_{ab}$（表 7-8）。

表 7-8　风险发生的条件概率分析表

风险	1	2	3	…	i	…
1	P_1	$P(2/1)$	$P(3/1)$	…	$P(i/1)$	…
2	$P(1/2)$	P_2	$P(3/2)$	…	$P(i/2)$	…
⋮	⋮	⋮	⋮	⋮	⋮	⋮
i	$P(1/i)$	$P(2/i)$	$P(3/i)$	…	P_i	…
⋮	⋮	⋮	⋮	⋮	⋮	⋮

（3）计算出各种风险损失情况 R_i。

$$R_i = 风险\ i\ 发生后的工程成本 - 工程的正常成本$$

（4）计算各风险损失期望值 W。

$$W = \begin{bmatrix} P_1 & P(2/1) & P(3/1) & \cdots & P(i/1) & \cdots \\ P(1/2) & P_2 & P(3/2) & \cdots & P(i/2) & \cdots \\ \vdots & \vdots & \vdots & \vdots & \vdots & \vdots \end{bmatrix} \times \begin{bmatrix} R_1 \\ R_2 \\ \vdots \\ R_i \\ \vdots \end{bmatrix} = \begin{bmatrix} W_1 \\ W_2 \\ \vdots \\ W_i \\ \vdots \end{bmatrix}$$

其中，$W_i = \sum [P(j/i) \cdot R_i]$。

（5）将损失期望值按从大到小的顺序进行排列，并计算出各期望值在总损失期望值中所占百分率。

（6）计算累计百分率并分类。损失期望值累计百分率在 80% 以下的风险为 A 类风险，是主要风险；累计百分率在 80%～90% 的风险为 B 类风险，是次要风险；累计百分率在 90%～100% 的风险为 C 类风险，是一般风险。

3. 期望损失法

风险的期望损失指的是风险发生的概率与风险发生造成的损失的乘积。期望损失法首先要辨识出工程面临的主要风险；其次推断每种风险发生的概率以及损失后果，求出每种风险的期望损失值；最后将期望损失值累计，求出总和并分析每种风险的期望损失占总价的百分比、占总期望损失的百分比。

4. 风险状态图法

工程建设项目风险有时会有不同的状态，根据其各种状态的概率累计，可画出风险状态曲线，从风险状态曲线上可以反映出风险的特性和规律，如风险的可能性、损失的大小及风险的波动范围等。

第四节 工程建设风险响应

对分析出来的风险应有响应，即确定针对风险的对策。风险响应是通过将风险转移给另一方或将风险自留等方式，对风险进行管理，包括风险规避、风险减轻、风险转移、风险自留及其组合等策略。

一、风险规避

风险规避是指承包商设法远离、躲避可能发生的风险的行为和环境，从而避免风险的发生，其具体做法有以下三种。

1. 拒绝承担风险

承包商拒绝承担风险大致有以下几种情况：

(1)对某些存在致命风险的工程拒绝投标。

(2)利用合同保护自己，不承担应该由业主承担的风险。

(3)不与实力差、信誉不佳的分包商和材料、设备供应商合作。

(4)不委托道德水平低下或综合素质不高的中介组织或个人。

2. 承担小风险，回避大风险

在项目决策时要注意放弃明显可能导致亏损的项目。对于风险超出自己的承受能力，成功把握不大的项目，不参与投标，不参与合资。甚至有时在工程进行到一半时，预测后期风险很大，必然会有更大的亏损，不得不采取中断项目的措施。

3. 为了避免风险而损失一定的较小利益

利益可以计算，但风险损失是较难估计的，在特定情况下，采用此种做法。例如，在建材市场有些材料价格波动较大时，承包商与供应商提前订立购销合同并付一定数量的定金，从而避免因涨价带来的风险；采购生产要素时应选择信誉好、实力强的供应商，虽然价格略高于市场平均价，但供应商违约的风险减小了。

规避风险虽然是一种风险响应策略，但应该承认这是一种消极的防范手段。因为规避风险固然可以避免损失，但同时也失去了获利的机会。如果企业想谋生存、图发展，又想回避其预测的某种风险，最好的办法是采用除规避以外的其他策略。

二、风险减轻

承包商的实力越强，市场占有率越高，抵御风险的能力也就越强，一旦出现风险，其造成的影响就相对显得小些。如承包商只承担一个项目，一旦出现风险就会面临巨大的危机；若承包若干个工程，一旦在某个项目上出现了风险损失，还可以有其他项目的成功加以弥补，这样，承包商的风险压力就会减轻。

在分包合同中，通常要求分包商接受建设单位合同文件中的各项合同条款，使分包商分担一部分风险。有的承包商直接把风险比较大的部分分包出去，将建设单位规定的误期损失赔偿费如数写入分包合同，将这项风险分散。

三、风险转移

风险转移是指承包商不能回避风险的情况下，将自身面临的风险转移给其他主体来承担。风险的转移并非转嫁损失，因为有些承包商无法控制的风险因素，其他主体却可以控制。

1. 转移给分包商

工程风险中的很大一部分可以分散给若干分包商和生产要素供应商。例如，对待业主拖欠工程款的风险，可以在分包合同中规定在业主支付给总包方后若干日内向分包方支付工程款。

承包商在项目中投入的资源越少越好，以便一旦遇到风险，可以进退自如。可以通过租赁或指令分包商自带设备等措施来减少自身资金、设备损失。

2. 工程保险

工程保险是指业主和承包商为了工程项目的顺利实施，向保险人（公司）支付保险费，保险人根据合同约定对在工程建设中可能发生的财产和人身伤害承担赔偿保险金责任。购买保险是一种非常有效的转移风险的手段，可以将自身面临的很大一部分风险转移给保险公司来承担。

3. 工程担保

工程担保是指担保人（一般为银行、担保公司、保险公司以及其他金融机构、商业团体或个人）应工程合同一方（申请人）的要求向另一方（债权人）做出的书面承诺。工程担保是工程风险转移的一项重要措施，它能有效地保障工程建设的顺利进行。许多国家政府都在法规中要求进行工程担保，在标准合同中也含有关于工程担保的条款。

【例7-6】 （2019年真题）关于风险非保险转移对策的说法，错误的是（　　）。

A. 建设单位可通过合同责任条款将风险转移给对方当事人

B. 施工单位可通过工程分包将专业技术风险转移给分包人

C. 非保险转移风险的代价会小于实际发生的损失，对转移者有利

D. 当事人一方可向对方提供第三方担保，担保方承担的风险仅限于合同责任

【答案】 C

四、风险自留

风险自留是指承包商将风险留给自己承担，不予转移。这种手段有时是无意识的，即当初并不曾预测的，不曾有意识地采取种种有效措施，以致最后只好由自己承受；但有时也可以是主动的，即经营者有意识、有计划地将若干风险主动留给自己。

决定风险自留必须符合以下条件之一：

（1）自留费用低于保险公司所收取的费用。

(2)企业的期望损失低于保险人的估计。

(3)企业有较多的风险单位，且企业有能力准确地预测其损失。

(4)企业的最大潜在损失或最大期望损失较小。

(5)短期内企业有承受最大潜在损失或最大期望损失的经济能力。

(6)风险管理目标可以承受年度损失的重大差异。

(7)费用和损失支付分布于很长的时间里，因而导致很大的机会成本。

(8)投资机会很好。

(9)内部服务或非保险人服务优良。

如果实际情况不符合以上条件，则应放弃风险自留的决策。

【例 7-7】 (2019 年真题)下列关于风险自留的说法，正确的有(　　)。

A. 计划性风险自留是有计划的选择

B. 风险自留区别于其他风险对策，应单独运用

C. 风险自留主要通过采取内部控制措施来化解风险

D. 非计划性风险自留是由于没有识别到某些风险以至于风险发生后被迫自留

E. 风险自留往往可以化解较大的建设工程风险

【答案】 ACD

【例 7-8】 (2017 年真题)关于计划性风险自留的说法，正确的有(　　)。

A. 计划性风险自留是有计划的选择　　　B. 风险自留一般单独运用效果较好

C. 应保证重大风险已有对策后才使用　　D. 在风险管理人员正确识别和评价风险后使用

E. 通过采用外部控制措施来化解风险

【答案】 ACD

第五节　工程建设风险控制

在整个工程建设风险控制过程中，应收集和分析与项目风险相关的各种信息，获取风险信号，预测未来的风险并提出预警，纳入项目进展报告。同时还应对可能出现的风险因素进行监控，根据需要制定应急计划。

一、风险预警

要做好工程建设项目过程中的风险管理，就要建立完善的项目风险预警系统，通过跟踪项目风险因素的变动趋势，测评风险所处状态，尽早地发出预警信号，及时向业主、项目监管方和施工方发出警报，为决策者掌握和控制风险争取更多的时间，以便决策者尽早采取有效措施防范和化解项目风险。

在工程建设过程中，捕捉风险前奏信号的途径包括天气预测警报；股票信息；各种市场行情、价格动态；政治形势和外交动态；各投资者企业状况报告；在工程中通过工期和进度、成本的跟踪分析，合同监督，各种质量监控报告、现场情况报告等手段，了解工程

风险；在工程的实施状况报告中应包括风险状况报告。

二、风险监控

在工程建设项目推进过程中，各种风险在性质和数量上都是在不断变化的，因此，在项目整个生命周期中，需要时刻监控风险的发展与变化情况，并确定随着某些风险的消失而带来的新的风险。

风险监控的目的是监视风险的状况，例如，风险是已经发生、仍然存在还是已经消失；检查风险的对策是否有效，监控机制是否在运行；不断识别新的风险并制定对策。

风险监控的任务主要包括在项目进行过程中跟踪已识别风险，监控残余风险并识别新风险；保证风险应对计划的执行并评估风险应对计划执行效果，评估的方法可以是项目周期性回顾、绩效评估等；对突发的风险或"接受"风险采取适当的措施。

风险监控常用的方法主要有风险审计、偏差分析和比较技术指标三种。

1. 风险审计

专人检查监控机制是否得到执行，并定期进行风险审核。例如，在大的阶段点重新识别风险并进行分析，对没有预计到的风险制定新的应对计划。

2. 偏差分析

与基准计划比较，分析成本和时间上的偏差。例如，未能按期完工、超出预算等都是潜在的问题。

3. 比较技术指标

比较原定技术指标和实际技术指标的差异。例如，测试未能达到性能要求、缺陷数大大超过预期等。

【例 7-9】 （2017 年真题）风险管理计划实施后，对风险的发展必然会产生的相应效果是（   ）。

A. 风险评估工具

B. 风险控制措施

C. 风险数据采集

D. 风险跟踪检查

【答案】 B

三、风险应急计划

在工程建设项目实施过程中必然会遇到大量未曾预料到的风险因素，或风险因素的后果比预料的更严重，使事先编制的计划不能奏效，所以，必须重新研究应对措施，即编制附加的风险应急计划。

风险应急计划应当清楚地说明当发生风险事件时要采取的措施，以便可以快速有效地对这些事件做出响应。

1. 风险应急计划的编制要求

风险应急计划的编制要求应符合下列文件的规定：

(1)中华人民共和国国务院令第 549 号《特种设备安全监察条例》(2009 修订)。

(2)《职业健康安全管理体系　要求及使用指南》(GB/T 45001—2020)。

(3)《环境管理体系　要求及使用指南》(GB/T 24001—2016)和《环境管理体系　通用实施指南》(GB/T 24004—2017)。

(4)《施工企业安全生产评价标准》(JGJ/T 77—2010)。

2. 风险应急计划的编制程序

(1)成立预案编制小组。

(2)制定编制计划。

(3)现场调查，收集资料。

(4)环境因素或危险源的辨识和风险评价。

(5)控制目标、能力与资源的评估。

(6)编制应急预案文件。

(7)应急预案评估。

(8)应急预案发布。

3. 风险应急计划的编制内容

(1)应急预案的目标。

(2)参考文献。

(3)适用范围。

(4)组织情况说明。

(5)风险定义及其控制目标。

(6)组织职能(职责)。

(7)应急工作流程及其控制。

(8)培训。

(9)演练计划。

(10)演练总结报告。

本章小结

　　风险是指一种客观存在的、损失的发生具有不确定性的状态。工程项目中的风险则是指在工程项目的筹划、设计、施工建造以及竣工后投入使用各个阶段可能遭受的风险。本章主要介绍了风险管理概述、工程建设风险识别、工程建设风险评估、工程建设风险响应和工程建设风险控制。学习过程中应重点掌握风险识别方法、风险评估内容、风险程度分析方法、风险响应策略和风险控制内容。

思考与练习

一、填空题

1. 风险按造成的后果分为_____、_____。

2. 风险识别是进行风险管理的第一步，也是一项重要的工作。风险识别具有_____、

_____、_____及_____。

3. 工程建设风险管理的过程主要包括_____、_____、_____、_____。

4. 工程建设风险的识别可以根据其自身特点，采用相应的方法，即_____、_____、_____、_____和_____。

5. 风险程度分析常用的方法包括_____、_____、_____和_____。

6. _____是指的是风险发生的概率与风险发生造成的损失的乘积。

7. _____是指承包商设法远离、躲避可能发生的风险的行为和环境，从而避免风险的发生。

8. _____是指承包商在不能回避风险的情况下，将自身面临的风险转移给其他主体来承担。

9. _____是指承包商将风险留给自己承担，不予转移。

10. 风险监控常用的方法主要有_____、_____和_____三种。

二、选择题

1. 风险识别的初始清单法是指有关人员利用所掌握的丰富知识设计而成的初始风险清单表，尽可能详细地列举建设工程所有的风险类别，按照（　　）的要求去识别风险。

A. 标准化、程序化　　　　　　　B. 科学化、规范化

C. 职能化、标准化　　　　　　　D. 系统化、规范化

2. 在建设工程风险初始清单中，关于技术风险内容，包括的是（　　）。

A. 施工工艺落后，施工技术和方案不合理

B. 原材料、半成品、成品和设备供货不足或拖延

C. 通货膨胀或紧缩

D. 设计人员、监理人员、施工人员的素质不高

3. 下列最常见、最简单且易于应用的风险评价方法是（　　）。

A. 调查打分法　　　　　　　　　B. 蒙特卡洛模拟法

C. 德尔菲法　　　　　　　　　　D. 计划评审技术法

4. 在损失控制计划系统中，使因严重风险事件而中断的工程实施过程尽快全面恢复，并减少进一步的损失的计划是（　　）。

A. 应急计划　　　B. 恢复计划　　　C. 灾难计划　　　D. 预防计划

三、简答题

1. 什么是工程建设风险管理？工程建设风险管理的重要性主要体现在哪些方面？

2. 简述工程风险识别的过程。

3. 什么是风险评估？风险评估的内容包括哪些？

4. 简述风险评估分析的步骤。

5. 风险规避的具体做法有哪三种？

第八章　工程建设信息管理

教学目标与考核重点

教学内容	第一节　工程建设项目信息管理基础 第二节　工程建设监理文件资料管理 第三节　工程建设监理系统 第四节　建筑信息建模（BIM）	学时	4
教学目标	（1）了解工程建设项目信息的分类、特点与作用，熟悉工程建设项目信息管理流程，掌握工程建设项目信息的构成及管理环节。 （2）熟悉工程建设监理基本表式及其应用说明、建设工程监理文件资料管理职责和要求；掌握建设工程监理主要文件资料分类及编制要求。 （3）了解工程建设监理系统的构成、作用及应用模式		
关键词	工程建设项目信息　监理信息收集　监理信息的加工　整理监理日志　监理例会　监理月报　监理信息系统　工程管理信息化　BIM		
重点	监理信息的收集及加工，建设工程监理主要文件资料编制		
能力目标	（1）掌握工程建设项目信息的构成，能够对工程建设项目信息进行管理。 （2）能管理工程建设监理主要文件档案		
素质目标	（1）善于学习、勤于思考、擅长总结、勇于创新、不断提高。 （2）加强自身修养，有意识地陶冶自己，具有心怀坦荡、高风亮节的高尚情操和博大胸怀		

导入案例

某工程实施过程中发生如下事件：

事件1：总监理工程师对项目监理机构的部分工作做出如下安排：

（1）总监理工程师代表负责审核监理实施细则，进行监理人员的绩效考核，调换不称职监理人员；

（2）专业监理工程师全权处理合同争议和工程索赔。

事件2：施工单位向项目监理机构提交了分包单位资格报审材料，包括营业执照、特殊行业施工许可证、分包单位业绩及拟分包工程的内容和范围。项目监理机构审核时发现，分包单位资格报审材料不全，要求施工单位补充提交相应材料。

事件3：深基坑分项工程施工前，施工单位项目经理审查该分项工程的专项施工方案后，即向项目监理机构报送，在项目监理机构审批该方案过程中就组织队伍进场施工，并安排质量员兼任安全生产管理员对现场施工安全进行监督。

事件4：项目监理机构在整理归档监理文件资料时，总监理工程师要求将需要归档的监理文件直接移交本监理单位和城建档案管理机构保存。

【讨论】

1. 事件1中，总监理工程师对工作安排有哪些不妥之处？分别写出正确做法。

2. 事件2中，施工单位还应补充提交哪些材料？

3. 事件3中，施工单位项目经理的做法有哪些不妥之处？分别写出正确做法。

4. 事件4中，指出总监理工程师对监理文件归档要求的不妥之处，写出正确做法。

【分析】

1. 事件1中，总监理工程师对工作安排的不妥之处及正确做法：

(1)不妥之处：总监理工程师代表负责审核监理实施细则。

正确做法：由总监理工程师负责审核监理实施细则。

(2)不妥之处：总监理工程师代表调换不称职监理人员。

正确做法：由总监理工程师进行监理人员的调配，调换不称职的监理人员。

(3)不妥之处：专业监理工程师全权处理合同争议和工程索赔。

正确做法：由总监理工程师负责处理合同争议、处理索赔。

2. 事件2中，施工单位还应补充提交的材料：

(1)企业资质等级证书、国外(境外)企业在国内承包工程许可证；

(2)专职管理人员和特种作业人员的资格证、上岗证。

3. 事件3中，施工单位项目经理做法的不妥之处及正确做法：

(1)不妥之处：深基坑分项工程施工前，施工单位项目经理审查该分项工程的专项施工方案后，即向项目监理机构报送。

正确做法：报送施工单位技术部门，施工单位技术负责人审查该分项工程的专项施工方案，并附具安全验算结果，施工单位还应当组织专家对该分项工程的专项施工方案进行专家论证、审查后，向项目监理机构报送。

(2)不妥之处：在项目监理机构审批该方案过程中就组织队伍进场施工。

正确做法：专项施工方案经总监理工程师签字后实施。

(3)不妥之处：安排质量员兼任安全生产管理员对现场施工安全进行监督。

正确做法：应该由专职安全生产管理人员进行现场安全监督。

4. 事件4中，总监理工程师对监理文件归档要求的不妥之处及正确做法：

不妥之处：将需要归档的监理文件直接移交城建档案管理机构保存。

正确做法：项目监理机构向监理单位移交归档，监理单位将归档的监理文件移交建设单位，由建设单位收集和汇总后，移交城建档案管理机构保存。

第一节　工程建设项目信息管理基础

工程建设项目信息管理就是信息的收集、整理、处理、存储、传递与应用等一系列工作的总称。其目的是通过有组织的工程建设项目信息流通，使监理工程师能及时、准确、完整地获得相应的信息，以做出科学的决策。

一、工程建设项目信息的作用

监理行业属于信息产业，监理工程师是信息工作者，生产的是信息，使用和处理的是信息，主要体现监理成果的也是各种信息。工程建设项目信息对监理工程师开展监理工作，进行决策具有重要的作用。

工程建设项目信息对监理工作的作用表现在以下几个方面。

1. 信息是监理决策的依据

决策是工程建设项目监理的首要职能，它的正确与否，直接影响工程项目建设总目标的实现及监理单位的信誉。工程建设项目监理决策正确与否，取决于多种因素，其中最重要的因素就是信息。没有可靠、充分、系统的信息作为依据，就不可能做出正确的决策。

2. 信息是监理工程师实施控制的基础

控制的主要任务是将计划执行情况与计划目标进行比较，找出差异，对比较的结果进行分析，排除和预防产生差异的原因，使总体目标得以实现。

为了进行有效的控制，监理工程师必须得到充分、可靠的信息。为了进行比较分析及采取措施来控制工程项目投资目标、质量目标及进度目标，监理工程师首先应掌握有关项目三大目标的计划值，它们是控制的依据；其次监理工程师还应了解三大目标的执行情况。只有对这两个方面的信息都充分掌握，监理工程师才能正确实施控制工作。

3. 信息是监理工程师进行工程项目协调的重要媒介

工程项目的建设过程涉及有关的政府部门和建设、设计、施工、材料设备供应、监理单位等，这些政府部门和企业单位对工程项目目标的实现都会有一定的影响，处理、协调好它们之间的关系，并对工程项目的目标实现起促进作用，就是依靠信息，把这些单位有机地联系起来。

二、工程建设项目信息的构成与特点

(一)工程建设项目信息的构成

工程建设项目信息的构成是指信息内容的载体，也就是各种各样的数据。在工程建设过程中，各种情况层出不穷，这些情况包含了各种各样的数据。这些数据可以是文字，可以是数字，可以是各种报表，也可以是图形、图像和声音等。

1. 文字数据

文字数据是工程建设项目信息的一种常见的表现形式。文件是最常见的用文字数据表现的信息。管理部门会下发很多文件，工程建设各方通常规定以书面形式进行交流，即使是口头上的指令，也要在一定时间内形成书面的文字，这也会形成大量的文件。这些文件包括国家、地区、部门行业、国际组织颁布的有关工程建设的法律法规文件，还包括国际、国家和行业等制定的标准规范。具体到每一个工程项目，还包括合同及招标投标文件、工程承包(分包)单位的情况资料、会议纪要、监理月报、洽商及变更资料、监理通知、隐蔽及预检记录资料等。这些文件中包含了大量的信息。

2. 数字数据

数字数据也是工程建设项目信息常见的一种表现形式。在工程建设中，监理工作的科学性要求"用数字说话"，为了准确地说明各种工程情况，必然有大量数字数据产生，各种计算成果，各种试验检测数据，反映着工程项目的质量、投资和进度等情况。

3. 各种报表

报表是工程建设项目信息的另一种表现形式，工程建设各方常用这种直观的形式传播信息。承包商需要提供反映工程建设状况的多种报表，如开工申请单、施工技术方案申报表、进场原材料报验单、进场设备报验单、施工放样报验单、分包申请单、付款申请表、索赔申请书、索赔损失计算清单、延长工期申报表、复工申请、事故报告单、工程验收申请单、竣工报验单等。监理组织内部常采用规范化的表格来作为有效控制的手段，如工程开工令、工程变更通知、工程暂停指令、复工指令、工程验收证书、工程验收记录、竣工证书等。监理工程师向发包人反映工程情况，也往往用报表形式传递工程信息，如工程质量月报表、项目月支付总表、工程进度月报表、进度计划与实际完成报表、施工计划与实际完成情况表、监理月报表等。

4. 图形、图像和声音等

这些信息包括工程项目立面、平面及功能布置图形、项目位置及项目所在区域环境实际图形或图像等，对每一个项目，还包括分专业隐检部位图形、分专业设备安装部位图形、分专业预留预埋部位图形、分专业管线平(立)面走向及跨越伸缩缝部位图形、分专业管线系统图形、质量问题和工程进度形象图像，在施工中还有设计变更图等。图形、图像信息还包括工程录像、照片等，这些信息能直观、形象地反映工程情况，特别是能有效地反映隐蔽工程的情况。声音信息主要包括会议录音、电话录音及其他讲话录音等。

(二)工程建设项目信息的特点

工程建设项目信息是在整个工程建设监理过程中发生的、反映工程建设状态和规律的信息。它具有一般信息的特征，同时也有其自身的特点。

1. 信息量大

因为监理的工程项目管理涉及多部门、多专业、多环节、多渠道，而且工程建设中的情况多变化，处理的方式多样化，因此信息量也特别大。

2. 信息系统性强

由于工程项目往往是一次性的(或单件性的)，即使是同类型的项目，也往往因为地点、施工单位或其他情况的变化而变化，因此，虽然信息量大，但都集中于所管理的项目对象上，这就为信息系统的建立和应用创造了条件。

3. 信息传递中的障碍多

信息传递中的障碍来自地区的间隔、部门的分散、专业的隔阂，或传递手段的落后，或对信息的重视程度或理解能力、经验、知识的限制。

4. 信息的滞后现象

信息往往是在项目建设和管理过程中产生的，信息反馈一般要经过加工、整理、传递以后才能到达决策者手中，因此是滞后的。倘若信息反馈不及时，容易影响信息作用的发挥而造成失误。

三、工程建设项目信息的分类

为了有效地管理和应用工程建设项目信息，需将信息进行分类。按照不同的分类标准，工程建设项目信息可分为不同的类型。

1. 按照工程建设监理职能划分

按照工程建设监理职能，工程建设项目信息可划分为投资控制信息、质量控制信息、进度控制信息、合同管理信息和行政事务管理信息。

投资控制信息包括各种投资估算指标，类似工程造价，物价指数，概、预算定额，建设项目投资估算，设计概、预算，合同价，工程进度款支付单，竣工结算与决算，原材料价格，机械台班费、人工费、运杂费，投资控制的风险分析等。

质量控制信息包括国家有关的质量政策及质量标准、项目建设标准、质量目标的分解结果、质量控制工作流程、质量控制工作制度、质量控制的风险分析、质量抽样检查结果等。

进度控制信息包括工期定额、项目总进度计划、进度目标分解结果、进度控制工作流程、进度控制工作制度、进度控制的风险分析、某段时间的施工进度记录等。

合同管理信息包括国家有关法律规定、工程建设招标投标管理办法、工程建设施工合同管理办法、工程建设监理合同、工程建设勘察设计合同、工程建设施工承包合同、土木工程施工合同条件、合同变更协议、工程建设招标文件、投标书和中标通知书等。

行政事务管理信息包括上级主管部门、设计单位、承包商、发包人的来函文件及有关技术资料等。

2. 按照工程建设项目信息来源划分

按照工程建设项目信息来源，工程建设项目信息可划分为工程建设内部信息和工程建设外部信息。

工程建设内部信息取自建设项目本身，如工程概况、可行性研究报告、设计文件、施工组织设计、施工方案、合同文件、信息资料的编码系统、会议制度、监理组织机构、监理工作制度、监理委托合同、监理规划、项目的投资目标、项目的质量目标、项目的进度目标等。

工程建设外部信息指来自建设项目外部环境的信息，如国家有关的政策及法规、国内及国际市场上原材料及设备价格、物价指数、类似工程的造价、类似工程的进度、投标单位的实力、投标单位的信誉、毗邻单位的有关情况等。

3. 按照工程建设项目稳定程度划分

按照工程建设项目稳定程度，工程建设项目信息可划分为固定信息和流动信息。

固定信息是指那些具有相对稳定性的信息，或者在一段时间内可以在各项监理工作中重复使用而不发生质的变化的信息，它是工程建设监理工作的重要依据。这类信息有以下几项：

（1）定额标准信息：这类信息内容很广，主要是指各类定额和标准，如概、预算定额，施工定额，原材料消耗定额，投资估算指标，生产作业计划标准，监理工作制度等。

（2）计划合同信息：指计划指标体系、合同文件等。

（3）查询信息：指国家标准、行业标准、部颁标准、设计规范、施工规范、监理工程师的人事卡片等。

流动信息即作业统计信息，是反映工程项目建设实际进程和实际状态的信息，随着工程项目的进展而不断更新。这类信息时间性较强，一般只有一次使用价值，如项目实施阶段的质量、投资及进度统计信息就是反映在某一时刻项目建设的实际进程及计划完成情况，再如项目实施阶段的原材料消耗量、机械台班数、人工工日数等。及时收集这类信息，并与计划信息进行对比分析，是实施项目目标控制的重要依据，是不失时机地发现、克服薄弱环节的重要手段。在工程建设监理过程中，这类信息的主要表现形式是统计报表。

4. 按照工程建设监理活动层次划分

按照工程建设监理活动层次，工程建设项目信息可划分为总监理工程师所需信息、各专业监理工程师所需信息和监理检查员所需信息。

总监理工程师所需信息包括有关工程建设监理的程序和制度、监理目标和范围、监理组织机构的设置状况、承包商提交的施工组织设计和施工技术方案、建设监理委托合同、施工承包合同等。

各专业监理工程师所需信息包括工程建设的计划信息、实际进展信息、实际进展与计划的对比分析结果等。监理工程师通过掌握这些信息，可以及时了解工程建设是否达到预期目标并指导其采取必要措施，以实现预定目标。

监理检查员所需信息主要是工程建设实际进展信息，如工程项目的日进展情况。这类信息较具体、详细，精度较高，使用频率也高。

5. 按照工程建设监理阶段划分

按照工程建设监理阶段，工程建设项目信息可划分为设计阶段信息、施工招标阶段信息和施工阶段信息。

设计阶段信息包括"可行性研究报告"及"设计任务书"、工程地质和水文地质勘察报告、地形测量图、气象和地震烈度等自然条件资料、矿藏资源报告、规定的设计标准、国家或地方有关的技术经济指标和定额、国家和地方的监理法规等。

施工招标阶段信息包括国家批准的概算，有关施工图纸及技术资料，国家规定的技术经济标准、定额及规范，投标单位的实力，投标单位的信誉，国家和地方颁布的招标投标管理办法等。

施工阶段信息包括施工承包合同，施工组织设计、施工技术方案和施工进度计划，工程技术标准，工程建设实际进展情况报告，工程进度款支付申请，施工图纸及技术资料，工程质量检查验收报告，工程建设监理合同，国家和地方的监理法规等。

四、工程建设项目信息管理流程

工程建设是一个由多个单位、多个部门组成的复杂系统，这是工程建设的复杂性决定的。参加建设的各方要能够实现随时沟通，必须规范相互之间的信息流程，组织合理的信息流程。

1. 工程建设信息流程的组成

工程建设的信息流程由建设各方各自的信息流程组成，监理单位的信息系统作为工程建设系统的一个子系统，监理的信息流程仅仅是其中一部分，工程建设的信息流程如图 8-1 所示。

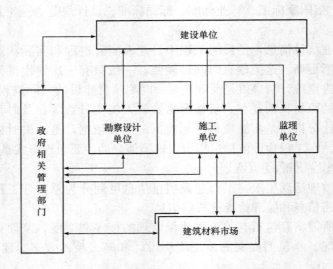

图 8-1　工程建设参建各方信息关系流程图

2. 监理单位及项目监理部信息流程的组成

作为监理单位内部，也有一个信息流程，监理单位的信息系统更偏重于公司内部管理和对所监理的工程建设项目监理部的宏观管理，对具体的某个工程项目监理部，也要组织必要的信息流程，加强项目数据和信息的微观管理，相应的流程图如图 8-2 和图 8-3 所示。

图 8-1～图 8-3 的图标：

▢处理；▢系统外部实体；→、↔数据和信息流向（单向/双向）。

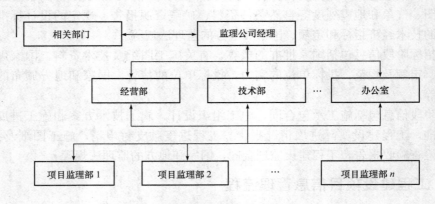

图 8-2　监理单位信息流程图

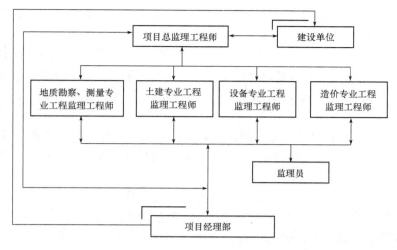

图 8-3　项目监理部信息流程图

五、工程建设项目信息管理的基本环节

(一)监理信息的收集

1. 监理信息收集的基本原则

(1)主动及时。监理工程师要取得对工程控制的主动权,就必须积极主动地收集信息,善于及时发现、取得、加工各类工程信息。只有工作主动,获得信息才会及时。监理工作的特点和监理信息的特点都决定了收集信息要主动、及时。监理是一个动态控制的过程,实时信息量大、时效性强、稍纵即逝,工程建设又具有投资大、工期长、项目分散、管理部门多、参与建设的单位多等特点,如果不能及时得到工程中大量发生的变化极大的数据,不能及时把不同的数据传递给需要相关数据的不同单位、部门,势必影响各部门工作,影响监理工程师做出正确的判断,影响监理的质量。

(2)全面系统。监理信息贯穿工程项目建设的各个阶段及全部过程。各类监理信息都是监理内容的反映或表现。所以,收集监理信息不能挂一漏万,以点代面,把局部当成整体,或者不考虑事物之间的联系。同时,工程建设不是杂乱无章的,而是有着内在的联系。因此,收集信息不仅要注意全面性,而且要注意系统性和连续性。全面系统就是要求收集到的信息具有完整性,以防止决策失误。

(3)真实可靠。收集信息的目的在于对工程项目进行有效的控制。由于工程建设中人们的经济利益关系、工程建设的复杂性、信息在传输中会发生失真现象等主、客观原因,难免产生不能真实反映工程建设实际情况的虚假信息。因此,必须严肃认真地进行收集工作,并将收集到的信息进行严格核实、检测、筛选,去伪存真。

(4)重点选择。收集信息要全面系统和完整,不等于不分主次、缓急和价值大小,胡子眉毛一把抓。必须有针对性,坚持重点收集的原则。针对性首先是指有明确的目的或目标;其次是指有明确的信息源和信息内容;最后还要做到适用,即所取信息符合监理工作的需要,能够应用并产生好的监理效果。所谓重点选择,是指根据监理工作的实际需要,根据监理的不同层次、不同部门、不同阶段对信息需求的侧重点,从大量的信息中选择使用价值大的主要信息，如发包人委托施工阶段监理，就以施工阶段为重点进行收集。

2. 不同阶段的信息收集

监理信息的收集，可在施工准备期、施工实施期、竣工保修期三个阶段分别进行。

（1）施工准备期是指从工程建设合同签订到项目开工阶段。在施工招标投标阶段监理未介入时，本阶段是施工阶段监理信息收集的关键阶段，监理工程师应该从以下几点入手收集信息：

1）监理大纲，施工图设计及施工图预算，特别要掌握结构特点，掌握工程难点、要点，掌握工程的工艺流程特点、设备特点，了解工程预算体系（按单位工程、分部分项工程分解），了解施工合同。

2）施工单位项目经理部组成，进场人员资质；进场设备的规格型号、保修记录；施工场地的准备情况；施工单位质量保证体系及施工单位的施工组织设计，特殊工程的技术方案，施工进度网络计划图表；进场材料、构件管理制度；安全保安措施；数据和信息管理制度；监测和检验、试验程序和设备；承包单位和分包单位的资质等施工单位信息。

3）工程建设场地的地质、水文、测量、气象数据；地上、地下管线，地下硐室，地上原有建筑物及周围建筑物、树木、道路；建筑红线、标高、坐标；水、电、气管道的引入标志；地质勘察报告、地形测量图及标桩等环境信息。

4）施工图的会审和交底记录；开工前的监理交底记录；对施工单位提交的施工组织设计按照项目监理部要求进行修改的情况；施工单位提交的开工报告及实际准备情况。

5）本工程需遵循的相关建筑法律、法规、规范和规程，有关质量检验、控制的技术法规和质量验收标准。

（2）施工实施期收集的信息应该分类并由专门的部门或专人分级管理，项目监理工程师可从以下方面收集信息：

1）施工单位人员，设备，水、电、气等能源的动态信息。

2）施工期气象情况的中、长期趋势及同期历史数据，每天不同时段的动态信息，特别是在气候对施工质量影响较大的情况下，更要加强收集气象数据。

3）建筑原材料、半成品、成品、构配件等工程物资的进场、加工、保管、使用等信息。

4）项目经理部管理程序；质量、进度、投资的事前、事中、事后控制措施；数据采集来源及采集、处理、存储、传递方式；工序间交接制度；事故处理制度；施工组织设计及技术方案执行情况；工地文明施工及安全措施等。

5）施工中需要执行的国家和地方规范、规程、标准；施工合同执行情况。

6）施工中发生的工程数据，如地基验槽及处理记录、工序之间的交接记录、隐蔽工程检查记录等。

7）建筑材料测试项目有关信息，如水泥、砖、砂石、钢筋、外加剂、混凝土、防水材料、回填土、饰面板、玻璃幕墙等。

8）设备安装的试运行和测试项目有关的信息，如电气接地电阻、绝缘电阻测试，管道通水、通气、通风试验，电梯施工试验，消防报警、自动喷淋系统联动试验等。

9）施工索赔相关信息，如索赔程序、索赔依据、索赔证据、索赔处理意见等。

（3）竣工保修期阶段收集的信息包括以下几项：

1）工程准备阶段文件，如立项文件，建设用地、征地、拆迁文件，开工审批文件等。

2)监理文件，如监理规划、监理实施细则、有关质量问题和质量事故的相关记录、监理工作总结以及监理过程中各种控制和审批文件等。

3)施工资料，分建筑安装工程和市政基础设施工程两大类分别收集。

4)竣工图，分建筑安装工程和市政基础设施工程两大类分别收集。

5)竣工验收资料，如工程竣工总结、竣工验收备案表、电子档案等。

6)在竣工保修期，监理单位按照现行《建设工程文件归档规范（2019 年版）》(GB/T 50328—2014)收集监理文件，并协助建设单位督促施工单位完善全部资料的收集、汇总和归类整理。

(二)监理信息的加工整理

监理信息的加工整理是对收集来的大量原始信息进行筛选、分类、排序、压缩、分析、比较、计算等过程。

信息的加工整理作用很大。

(1)通过加工，将信息聚同分类，使之标准化、系统化。收集来的信息，往往是原始的、零乱的和孤立的，信息资料的形式也可能不同，只有经过加工后，使之成为标准的、系统的信息资料，才能进入使用、存储及提供检索和传递。

(2)经过收集的资料，真实和准确程度都比较低，甚至还混有一些错误，经过对它们进行分析、比较、鉴别，乃至计算、校正，使获得的信息准确、真实。

(3)原始状态的信息，一般不便于使用和存储、检索、传递，经加工后，可以使信息浓缩，以便于进行以上操作。

(4)信息在加工过程中，通过对信息的综合、分解、整理、增补，可以得到更多有价值的新信息。

信息加工整理要本着标准化、系统化、准确性、时间性和适用性等原则进行。为了适应信息用户使用和交换，应当遵守已制定的标准，使来源和形态各异的信息标准化。要按监理信息的分类，系统、有序地加工整理，符合信息管理系统的需要。要对收集的监理信息进行校正、剔除，使之准确、真实地反映工程建设状况。要及时处理各种信息，特别是那些时效性较强的信息。要使加工后的监理信息符合实际监理工作的需要。

监理信息的储存和传递。经过加工处理后的监理信息，按照一定的规定，记录在相应的信息载体上，并把这些记录信息的载体，按照一定特征和内容性质，组织成为系统的、有机的供人们检索的集合体，这个过程称为监理信息的储存。

信息的储存可汇集信息，建立信息库，有利于进行检索，可以实现监理信息资源的共享，促进监理信息的重复利用，便于信息的更新和剔除。监理信息储存的主要载体是文件、报告报表、图纸、音像材料等。监理信息的储存，主要就是将这些材料按不同的类别，进行详细的登录并存放，建立资料归档系统。该系统应简单和易于保存，但内容应足够详细，以便很快查出任何已归档的资料。

监理信息的传递，是指监理信息借助于一定的载体(如纸张、软盘等)从信息源传递到使用者的过程。

【例 8-1】（2016 年真题)关于建设工程信息管理的说法，正确的是( )。

A. 工程监理人员对于数据和信息的加工要从鉴别开始

B. 信息检索需要建立在一定的分级管理制度上

C. 工程参建各方应分别确定各自的数据存储与编码体系

D. 尽可能以网络数据库形式存储数据，以实现数据共享

E. 需要信息的部门和人员有权在第一时间得到所需要的信息

【答案】　ABDE

第二节　工程建设监理文件资料管理

一、工程建设监理基本表式及其应用说明

(一)基本表式

根据《建设工程监理规范》(GB/T 50319—2013)，建设工程监理基本表式分为三大类，即：A类表——工程监理单位用表(共8个表)；B类表——施工单位报审、报验用表(共14个表)；C类表——通用表(3个表)。

1. 工程监理单位用表(A类表)

(1)总监理工程师任命书(表A.0.1)。建设工程监理合同签订后，工程监理单位法定代表人要通过《总监理工程师任命书》委派有类似建设工程监理经验的注册监理工程师担任总监理工程师。《总监理工程师任命书》需要由工程监理单位法定代表人签字，并加盖单位公章。

(2)工程开工令(表A.0.2)。建设单位代表在施工单位报送的《工程开工报审表》上签字同意开工后，总监理工程师可签发《工程开工令》，指令施工单位开工。《工程开工令》需要由总监理工程师签字，并加盖执业印章。《工程开工令》中应明确具体开工日期，并作为施工单位计算工期的起始日期。

(3)监理通知单(表A.0.3)。《监理通知单》是项目监理机构在日常监理工作中常用的指令性文件。项目监理机构在建设工程监理合同约定的权限范围内，针对施工单位出现的各种问题所发出的指令、提出的要求等，除另有规定外，均应采用《监理通知单》。监理工程师现场发出的口头指令及要求，也应采用《监理通知单》予以确认。

施工单位发生下列情况时，项目监理机构应发出监理通知：

1)在施工过程中出现不符合设计要求、工程建设标准、合同约定的情况；

2)使用不合格的工程材料、构配件和设备；

3)在工程质量、造价、进度等方面存在违规等行为。

《监理通知单》可由总监理工程师或专业监理工程师签发，对于一般问题可由专业监理工程师签发，对于重大问题应由总监理工程师或经其同意后签发。

(4)监理报告(表A.0.4)。当项目监理机构对工程存在安全事故隐患发出《监理通知单》《工程暂停令》而施工单位拒不整改或不停止施工时，项目监理机构应及时向有关主管部门报送《监理报告》。项目监理机构报送《监理报告》时，应附相应《监理通知单》或《工程暂停令》等证明监理人员履行安全生产管理职责的相关文件资料。

(5)工程暂停令(表 A.0.5)。建设工程施工过程中出现《建设工程监理规范》(GB/T 50319—2013)规定的停工情形时，总监理工程师应签发《工程暂停令》。《工程暂停令》中应注明工程暂停的原因、部位和范围、停工期间应进行的工作等。《工程暂停令》需要由总监理工程师签字，并加盖执业印章。

(6)旁站记录(表 A.0.6)。项目监理机构监理人员对关键部位、关键工序的施工质量进行现场跟踪监督时，需要填写《旁站记录》。关键部位、关键工序的施工情况应记录所旁站部位(工序)的施工作业内容、主要施工机械、材料、人员和完成的工程数量等内容及监理人员检查旁站部位施工质量的情况；发现的问题及处理情况应说明旁站所发现的问题及其采取的处置措施。

(7)工程复工令(表 A.0.7)。当导致工程暂停施工的原因消失、具备复工条件时，建设单位代表在《工程复工报审表》上签字同意复工后，总监理工程师应签发《工程复工令》指令施工单位复工；或者工程具备复工条件而施工单位未提出复工申请的，总监理工程师应根据工程实际情况直接签发《工程复工令》指令施工单位复工。《工程复工令》需要由总监理工程师签字，并加盖执业印章。

(8)工程款支付证书(表 A.0.8)。项目监理机构收到经建设单位签署审批意见的《工程款支付报审表》后，总监理工程师应向施工单位签发《工程款支付证书》，同时抄报建设单位。《工程款支付证书》需要由总监理工程师签字，并加盖执业印章。

【例 8-2】(2019 年真题)下列行为中，项目监理机构应发出监理通知的有(   )。

A. 使用检验不合格工程材料的

B. 违反工程建设强制性标准的

C. 未经批准擅自施工的

D. 未按审查通过的工程设计文件施工的

【答案】 A

【例 8-3】(2017 年真题)项目监理机构应签发《监理通知单》的情形有(   )。

A. 未按审查通过的工程设计文件施工的

B. 未经批准擅自组织施工的

C. 在工程质量方面存在违反行为的

D. 在工程进度方面存在违反行为的

E. 使用不合格的工程材料的

【答案】 CDE

【例 8-4】(2015 年真题)《工程款支付证书》需要由(   )签字，并加盖执业印章。

A. 总监理工程师   B. 专业监理工程师

C. 技术负责人   D. 法定代表人

【答案】 A

2. 施工单位报审、报验用表(B 类表)

(1)施工组织设计或(专项)施工方案报审表(表 B.0.1)。施工单位编制的施工组织设计、施工方案、专项施工方案经其技术负责人审查后，需要连同《施工组织设计或(专项)施工方案报审表》一起报送项目监理机构。先由专业监理工程师审查后，再由总监理工程师审核签署意见。《施工组织设计或(专项)施工方案报审表》需要由总监理工程师签字，并加盖执业印章。对于超过一定规模的危险性较大的分部分项工程专项施工方案，还需要报送建设单位审批。

（2）工程开工报审表（表B.0.2）。单位工程具备开工条件时，施工单位需要向项目监理机构报送《工程开工报审表》。同时具备下列条件时，由总监理工程师签署审查意见，并报建设单位批准后，总监理工程师方可签发《工程开工令》：

1）设计交底和图纸会审已完成；

2）施工组织设计已由总监理工程师签认；

3）施工单位现场质量、安全生产管理体系已建立，管理及施工人员已到位，施工机械具备使用条件，主要工程材料已落实；

4）进场道路及水、电、通信等已满足开工要求。

《工程开工报审表》需要由总监理工程师签字，并加盖执业印章。

（3）工程复工报审表（表B.0.3）。当导致工程暂停施工的原因消失、具备复工条件时，施工单位需要向项目监理机构报送《工程复工报审表》。总监理工程师签署审查意见，并报建设单位批准后，总监理工程师方可签发《工程复工令》。

（4）分包单位资格报审表（表B.0.4）。施工单位按施工合同约定选择分包单位时，需要向项目监理机构报送《分包单位资格报审表》及相关证明材料。《分包单位资格报审表》由专业监理工程师提出审查意见后，由总监理工程师审核签认。

（5）施工控制测量成果报验表（表B.0.5）。施工单位完成施工控制测量并自检合格后，需要向项目监理机构报送《施工控制测量成果报验表》及《施工控制测量依据和成果表》。专业监理工程师审查合格后予以签认。

（6）工程材料、构配件、设备报审表（表B.0.6）。施工单位在对工程材料、构配件、设备自检合格后，应向项目监理机构报送《工程材料、构配件、设备报审表》及相关质量证明材料和自检报告。专业监理工程师审查合格后予以签认。

（7）_____报验、报审表（表B.0.7）。该表主要用于隐蔽工程、检验批、分项工程的报验，也可用于为施工单位提供服务的试验室的报审。专业监理工程师审查合格后予以签认。

（8）分部工程报验表（表B.0.8）。分部工程所包含的分项工程全部自检合格后，施工单位应向项目监理机构报送《分部工程报验表》及分部工程质量控制资料。在专业监理工程师验收的基础上，由总监理工程师签署验收意见。

（9）监理通知回复单（表B.0.9）。施工单位在收到《监理通知单》后，按要求进行整改、自查合格后，应向项目监理机构报送《监理通知回复单》。项目监理机构收到施工单位报送的《监理通知回复单》后，一般可由原发出《监理通知单》的专业监理工程师进行核查，认可整改结果后予以签认。重大问题可由总监理工程师进行核查签认。

（10）单位工程竣工验收报审表（表B.0.10）。单位（子单位）工程完成后，施工单位自检符合竣工验收条件后，应向项目监理机构报送《单位工程竣工验收报审表》及相关附件，申请竣工验收。总监理工程师在收到《单位工程竣工验收报审表》及相关附件后，应组织专业监理工程师进行审查并签署预验收意见。《单位工程竣工验收报审表》需要由总监理工程师签字，并加盖执业印章。

（11）工程款支付报审表（表B.0.11）。该表适用施工单位工程预付款、工程进度款、竣工结算款等的支付申请。项目监理机构对施工单位的申请事项进行审核并签署意见，经建设单位批准后方可作为总监理工程师签发《工程款支付证书》的依据。

(12)施工进度计划报审表(表B.0.12)。该表适用施工总进度计划、阶段性施工进度计划的报审。《施工进度计划报审表》在专业监理工程师审查的基础上，经建设单位审批同意后，由总监理工程师审核签认。

(13)费用索赔报审表(表B.0.13)。施工单位索赔工程费用时，需要向项目监理机构报送《费用索赔报审表》。项目监理机构对施工单位的申请事项进行审核并签署意见，经建设单位批准后方可作为支付索赔费用的依据。《费用索赔报审表》需要由总监理工程师签字，并加盖执业印章。

(14)工程临时延期或最终延期报审表(表B.0.14)。施工单位申请工程延期时，需要向项目监理机构报送《工程临时或最终延期报审表》。项目监理机构对施工单位的申请事项进行审核并签署意见，经建设单位批准后方可延长合同工期。《工程临时或最终延期报审表》需要由总监理工程师签字，并加盖执业印章。

【例8-5】 (2019年真题)根据《建设工程监理规范》(GB/T 50319—2013)，总监理工程师签认《工程开工报审表》应满足的条件有(　　　)。

A. 设计交底和图纸会审已完成

B. 施工组织设计已经编制完成

C. 管理及施工人员已到位

D. 进场道路及水、电、通信等已满足开工要求

E. 施工许可证已经办理

【答案】 ACD

【例8-6】 (2018年真题)总监理工程师组织专业监理工程师审查施工单位报送的工程开工报审表及相关资料时，不属于审查内容的是(　　　)。

A. 设计交底和图纸会审是否完成

B. 施工许可证是否已办理

C. 施工单位质量管理体系是否已建立

D. 施工组织设计是否已经由总监理工程师审查签认

【答案】 B

【例8-7】 (2017年真题)下列报审、报验表中，最终可由专业监理工程师签认的表式是(　　　)。

A. 施工控制测量成果报验表　　　B. 施工进度计划报审表

C. 分包单位资格报审表　　　D. 分部工程报验表

【答案】 A

3. 通用表(C类表)

(1)工作联系单(表C.0.1)。该表用于项目监理机构与工程建设有关方(包括建设、施工、监理、勘察、设计等单位和上级主管部门)之间的日常工作联系。有权签发《工作联系单》的负责人有建设单位现场代表、施工单位项目经理、工程监理单位项目总监理工程师、设计单位本工程设计负责人及工程项目其他参建单位的相关负责人等。

(2)工程变更单(表C.0.2)。施工单位、建设单位、工程监理单位提出工程变更时，应

填写《工程变更单》，由建设单位、设计单位、监理单位和施工单位共同签认。

(3)索赔意向通知书(表 C.0.3)。施工过程中发生索赔事件后，受影响的单位依据法律法规和合同约定，向对方单位声明或告知索赔意向时，需要在合同约定的时间内报送《索赔意向通知书》。

【例 8-8】 (2019 年真题)下列表式中，属于 C 类通用表式的有(　　　)。

A. 工程开工报审表
B. 工程变更单
C. 索赔意向通知单
D. 费用索赔报审表
E. 单位工程竣工验收报审表

【答案】 BC

(二)基本表式应用说明

1. 基本要求

(1)应依照合同文件、法律法规及标准等规定的程序和时限签发、报送、回复各类表。

(2)应按有关规定，采用碳素墨水、蓝黑墨水书写或黑色碳素印墨打印各类表，不得使用易褪色的书写材料。

(3)应使用规范语言，法定计量单位，公历年、月、日填写各类表。各类表中相关人员的签字栏均须由本人签署。由施工单位提供附件的，应在附件上加盖骑缝章。

(4)各类表在实际使用中，应分类建立统一编码体系。各类表式应连续编号，不得重号、跳号。

(5)各类表中施工项目经理部用章的样章应在项目监理机构和建设单位备案，项目监理机构用章的样章应在建设单位和施工单位备案。

2. 由总监理工程师签字并加盖执业印章的表式

下列表式应由总监理工程师签字并加盖执业印章：

(1)《工程开工令》(表 A.0.2)。

(2)《工程暂停令》(表 A.0.5)。

(3)《工程复工令》(表 A.0.7)。

(4)《工程款支付证书》(表 A.0.8)。

(5)《施工组织设计或(专项)施工方案报审表》(表 B.0.1)。

(6)《工程开工报审表》(表 B.0.2)。

(7)《单位工程竣工验收报审表》(表 B.0.10)。

(8)《工程款支付报审表》(表 B.0.11)。

(9)《费用索赔报审表》(表 B.0.13)。

(10)《工程临时或最终延期报审表》(表 B.0.14)。

3. 需要建设单位审批同意的表式

下列表式需要建设单位审批同意：

(1)《施工组织设计或(专项)施工方案报审表(仅对超过一定规模的危险性较大的分部分项工程专项施工方案)》(表 B.0.1)。

(2)《工程开工报审表》(表 B.0.2)。

(3)《工程复工报审表》(表 B.0.3)。

(4)《施工进度计划报审表》(表 B.0.12)。

(5)《费用索赔报审表》(表 B.0.13)。

(6)《工程临时或最终延期报审表》(表 B.0.14)。

4. 需要工程监理单位法定代表人签字并加盖工程监理单位公章的表式

只有《总监理工程师任命书》(表 A.0.1)需要由工程监理单位法定代表人签字,并加盖工程监理单位公章。

5. 需要由施工项目经理签字并加盖施工单位公章的表式

《工程开工报审表》(表 B.0.2)、《单位工程竣工验收报审表》(表 B.0.10)必须由项目经理签字并加盖施工单位公章。

6. 其他说明

对于涉及工程质量方面的基本表式,由于各行业、各部门的专业要求不同,各类工程的质量验收应按相关专业验收规范及相关表式要求办理。如没有相应表式,工程开工前,项目监理机构应根据工程特点、质量要求、竣工及归档组卷要求,与建设单位、施工单位进行协商,定制工程质量验收相应表式。项目监理机构应事前使施工单位、建设单位明确定制各类表式的使用要求。

二、建设工程监理主要文件资料分类及编制要求

(一)建设工程监理主要文件资料分类

建设工程监理主要文件资料包括以下几项:

(1)勘察设计文件、建设工程监理合同及其他合同文件。

(2)监理规划、监理实施细则。

(3)设计交底和图纸会审会议纪要。

(4)施工组织设计、(专项)施工方案、施工进度计划报审文件资料。

(5)分包单位资格报审会议纪要。

(6)施工控制测量成果报验文件资料。

(7)总监理工程师任命书,工程开工令、暂停令、复工令,开工或复工报审文件资料。

(8)工程材料、构配件、设备报验文件资料。

(9)见证取样和平行检验文件资料。

(10)工程质量检验报验资料及工程有关验收资料。

(11)工程变更、费用索赔及工程延期文件资料。

(12)工程计量、工程款支付文件资料。

(13)监理通知单、工程联系单与监理报告。

(14)第一次工地会议、监理例会、专题会议等会议纪要。

(15)监理月报、监理日志、旁站记录。

(16)工程质量或安全生产事故处理文件资料。

(17)工程质量评估报告及竣工验收监理文件资料。

(18)监理工作总结。

【例 8-9】 (2019 年真题)根据《建设工程监理规范》(GB/T 50319—2013),监理文件资料应包括的主要内容有(   )。

A. 监理规划,监理实施细则

B. 施工控制测量成果报验文件资料

C. 施工安全教育培训证书

D. 施工设备租赁合同

E. 见证取样文件资料

【答案】 ABE

(二)建设工程监理文件资料编制要求

《建设工程监理规范》(GB/T 50319—2013)明确规定了监理规划、监理实施细则、监理月报、监理日志和监理工作总结及工程质量评估报告等的编制内容和要求,其中,监理规划与监理实施细则的编制已在第五章详细阐述,故此处不再赘述。

1. 监理日志

监理日志是项目监理机构在实施建设工程监理过程中,每日对建设工程监理工作及施工进展情况所做的记录,由总监理工程师根据工程实际情况指定专业监理工程师负责记录。每天填写的监理日志内容必须真实、力求详细,主要反映监理工作情况。如涉及具体文件资料,应注明相应文件资料的出处和编号。

监理日志的主要内容包括:天气和施工环境情况;当日施工进展情况,包括工程进度情况、工程质量情况、安全生产情况等;当日监理工作情况,包括旁站、巡视、见证取样、平行检验等情况;当日存在的问题及协调解决情况;其他有关事项。

2. 监理例会会议纪要

监理例会是履约各方沟通情况、交流信息、研究解决合同履行中存在的各方面问题的主要协调方式。会议纪要由项目监理机构根据会议记录整理,主要内容包括以下几项:

(1)会议地点及时间。

(2)会议主持人。

(3)与会人员姓名、单位、职务。

(4)会议主要内容、决议事项及其负责落实单位、负责人和时限要求。

(5)其他事项。

对于监理例会上意见不一致的重大问题,应将各方的主要观点,特别是相互对立的意见记入"其他事项"中。会议纪要的内容应真实准确,简明扼要,经总监理工程师审阅,与会各方代表会签,发至有关各方并应有签收手续。

3. 监理月报

监理月报是项目监理机构每月向建设单位和监理单位提交的建设工程监理工作及建设工程实施情况等分析总结报告。监理月报既要反映建设工程监理工作及建设工程实施情况,也能确保建设工程监理工作可追溯。监理月报由总监理工程师组织编写、签认后报送建设单位和监理单位。报送时间由监理单位与建设单位协商确定,一般在收到施工单位报送的工程进度,汇总本月已完工程量和本月计划完成工程量的工程量表、工程款支付申请表等相关资料后,在协商确定的时间内提交。

监理月报应包括以下主要内容:

(1)本月工程实施情况。

1)工程进展情况。实际进度与计划进度的比较,施工单位人、机、料进场及使用情况,本期在施部位的工程照片等。

2)工程质量情况。分部分项工程验收情况，工程材料、设备、构配件进场检验情况，主要施工、试验情况，本月工程质量分析。

3)施工单位安全生产管理工作评述。

4)已完工程量与已付工程款的统计及说明。

(2)本月监理工作情况。

1)工程进度控制方面的工作情况；

2)工程质量控制方面的工作情况；

3)安全生产管理方面的工作情况；

4)工程计量与工程款支付方面的工作情况；

5)合同及其他事项管理工作情况；

6)监理工作统计及工作照片。

(3)本月工程实施的主要问题分析及处理情况。

1)工程进度控制方面的主要问题分析及处理情况；

2)工程质量控制方面的主要问题分析及处理情况；

3)施工单位安全生产管理方面的主要问题分析及处理情况；

4)工程计量与工程款支付方面的主要问题分析及处理情况；

5)合同及其他事项管理方面的主要问题分析及处理情况。

(4)下月监理工作重点。

1)工程管理方面的监理工作重点；

2)项目监理机构内部管理方面的工作重点。

4. 工程质量评估报告

(1)工程质量评估报告编制的基本要求。

1)工程质量评估报告的编制应文字简练、准确、重点突出、内容完整。

2)工程竣工预验收合格后，由总监理工程师组织专业监理工程师编制工程质量评估报告，编制完成后，由项目总监理工程师及监理单位技术负责人审核签认并加盖监理单位公章后报建设单位。工程质量评估报告应在正式竣工验收前提交给建设单位。

(2)工程质量评估报告的主要内容。

1)工程概况；

2)工程参建单位；

3)工程质量验收情况；

4)工程质量事故及其处理情况；

5)竣工资料审查情况；

6)工程质量评估结论。

5. 监理工作总结

当监理工作结束时，项目监理机构应向建设单位和工程监理单位提交监理工作总结。监理工作总结由总监理工程师组织项目监理机构监理人员编写，由总监理工程师审核签字，并加盖工程监理单位公章后报建设单位。

监理工作总结应包括以下内容：

(1)工程概况。工程概况包括以下内容：

1)工程名称、等级、建设地址、建设规模、结构形式及主要设计参数；

2)工程建设单位、设计单位、勘察单位、施工单位(包括重点的专业分包单位)、检测单位等；

3)工程项目主要的分部、分项工程施工进度和质量情况；

4)监理工作的难点和特点。

(2)项目监理机构。监理过程中如有变动情况，应予以说明。

(3)建设工程监理合同履行情况。建设工程监理合同履行情况包括监理合同目标控制情况、监理合同履行情况、监理合同纠纷的处理情况等。

(4)监理工作成效。项目管理机构提出的合理化建议并被建设、设计、施工等单位采纳；发现施工中的差错，通过监理工作避免了工程质量事故、生产安全事故；累计核减工程款及建设单位节约工程建设投资等事项的数据。

(5)监理工作中发现的问题及其处理情况。监理过程中产生的监理通知单、监理报告、工作联系单及会议纪要等提出问题的简要统计；由工程质量、安全生产等问题所引起的今后工程合理、有效使用的建议等。

(6)说明与建议。

【例 8-10】 (2018 年真题)根据《建设工程监理规范》(GB/T 50319—2013)，监理工作总结应包括的内容有(　　)。

A. 项目监理目标　　　　　　　　B. 项目监理工作内容

C. 项目监理机构　　　　　　　　D. 监理工作成效

E. 监理工作程序

【答案】 CD

【例 8-11】 (2018 年真题)项目监理机构编制的工作质量评估报告，包括的内容有(　　)。

A. 工程参建单位

B. 工程质量验收情况

C. 竣工验收情况

D. 监理工作经验与教训

E. 工程质量事故处理情况

【答案】 ABE

【例 8-12】 (2014 年真题)关于工程质量评估报告的说法，正确的是(　　)。

A. 工程质量评估报告应在正式竣工验收前提交建设单位

B. 工程质量评估报告应由施工单位组织编制并经总监理工程师签认

C. 工程质量评估报告是工程竣工验收后形成的主要验收文件之一

D. 工程质量评估报告由专业监理工程师组织编制并经总监理工程师签认

【答案】 A

三、建设工程监理文件资料管理职责和要求

(一)管理职责

建设工程监理文件资料应以施工及验收规范、工程合同、设计文件、工程施工质量验

收标准、建设工程监理规范等为依据填写，并随工程进度及时收集、整理，认真书写，项目齐全、准确、真实，无未了事项。表格应采用统一格式，特殊要求需增加的表格应统一归类，按要求归档。

根据《建设工程监理规范》(GB/T 50319—2013)，项目监理机构文件资料管理的基本职责如下：

(1)应建立和完善监理文件资料管理制度，宜设专人管理监理文件资料。

(2)应及时、准确、完整地收集、整理、编制、传递监理文件资料，宜采用信息技术进行监理文件资料管理。

(3)应及时整理、分类汇总监理文件资料，并按规定组卷，形成监理档案。

(4)应根据工程特点和有关规定，保存监理档案，并应向有关单位。部门移交需要存档的监理文件资料。

(二)管理要求

建设工程监理文件资料的管理要求体现在建设工程监理文件资料管理全过程，包括监理文件资料/收发文与登记、传阅、分类存放、组卷归档、验收与移交等。

1. 建设工程监理文件资料收文与登记

项目监理机构所有收文应在收文登记表上按监理信息分类分别进行登记，应记录文件名称、文件摘要信息、文件发放单位(部门)、文件编号以及收文日期，必要时应注明接收文件的具体时间，最后由项目监理机构负责收文人员签字。

在监理文件资料有追溯性要求的情况下，应注意核查所填内容是否可追溯。如工程材料报审表中是否明确注明使用该工程材料的具体工程部位，以及该工程材料质量证明原件的保存处等。

当不同类型的监理文件资料之间存在相互对照或追溯关系(如监理通知与监理通知回复单)时，在分类存放的情况下，应在文件和记录上注明相关文件资料的编号和存放处。

项目监理机构文件资料管理人员应检查监理文件资料的各项内容填写和记录是否真实完整，签字认可人员应为符合相关规定的责任人员，并且不得以盖章和打印代替手写签认。建设工程监理文件资料以及存储介质的质量应符合要求，所有文件资料必须符合文件资料归档要求，如用碳素墨水填写或打印生成，以满足长期保存的要求。

对于工程照片及声像资料等，应注明拍摄日期及所反映的工程部位等摘要信息。收文登记后应交给项目总监理工程师或由其授权的监理工程师进行处理，重要文件内容应记录在监理日志中。

涉及建设单位的指令、设计单位的技术核定单及其他重要文件等，应将其复印件公布在项目监理机构专栏中。

2. 建设工程监理文件资料传阅与登记

建设工程监理文件资料需要由总监理工程师或其授权的监理工程师确定是否需要传阅。对于需要传阅的，应确定传阅人员名单和范围，并在文件传阅纸(图8-4)上注明，将文件传阅纸随同文件资料一起进行传阅。也可按文件传阅纸样式刻制方形图章，盖在文件资料空白处，代替文件传阅纸。

每一位传阅人员阅后应在文件传阅纸上签名，并注明日期。文件资料传阅期限不应超过该文件资料的处理期限。传阅完毕后，文件资料原件应交还信息管理人员存档。

文件名称			
收/发文日期			
责任人		传阅期限	
传阅人员			( )
			( )
			( )
			( )
			( )

图 8-4　文件传阅纸样式

3. 建设工程监理文件资料发文与登记

建设工程监理文件资料发文应由总监理工程师或其授权的监理工程师签名，并加盖项目监理机构图章。若为紧急处理的文件，应在文件资料首页标注"急件"字样。

所有建设工程监理文件资料应要求进行分类编码，并在发文登记表上进行登记。登记内容包括文件资料的分类编码、文件名称、摘要信息、接收文件的单位（部门）名称、发文日期（强调时效性的文件应注明发文的具体日期）。收件人收到文件后应签名。

发文应留有底稿，并附一份文件传阅纸，信息管理人员根据文件签发人指示确定文件责任人和相关传阅人员。在文件传阅过程中，每位传阅人员阅后应签名并注明日期。发文的传阅期限不应超过其处理期限。重要文件的发文内容应记录在监理日志中。

项目监理机构的信息管理人员应及时将发文原件归入相应的资料柜（夹），并在文件资料目录中予以记录。

4. 建设工程监理文件资料分类存放

建设工程监理文件资料经收/发文、登记和传阅工作程序后，必须经科学的分类后进行存放。这样既可以满足工程项目实施过程中查阅、求证的需要，又便于工程竣工后文件资料的归档和移交。项目监理机构应备有存放监理文件资料的专用柜和用于监理文件资料分类存放的专用资料夹。大、中型工程项目监理信息应采用计算机进行辅助管理。

建设工程监理文件资料的分类原则应根据工程特点及监理与相关服务内容确定，工程监理单位的技术管理部门应明确本单位文件档案资料管理的基本原则，以便统一管理并体现建设工程监理企业的特色。建设工程监理文件资料应保持清晰，不得随意涂改记录，保存过程中应保持记录介质的清洁和不破损。

建设工程监理文件资料的分类应根据工程项目的施工顺序、施工承包体系、单位工程的划分以及工程质量验收程序等，并结合项目监理机构自身的业务工作开展情况进行，原则上可按施工单位、专业施工部位、单位工程等进行分类，以保证建设工程监理文件资料检索和归档工作的顺利进行。

项目监理机构信息管理部门应注意建立适宜的文件资料存放地点，防止文件资料受潮霉变或虫害侵蚀。

资料夹装满或工程项目某一分部工程或单位工程结束时，相应的文件资料应转存至档案袋，袋面应以相同编号予以标识。

5. 建设工程监理文件资料组卷归档

建设工程监理文件资料归档内容、组卷方式及建设工程监理档案验收、移交和管理工作，应根据《建设工程监理规范》(GB/T 50319—2013)、《建设工程文件归档规范(2019年版)》(GB/T 50328—2014)以及工程所在地有关部门的规定执行。

(1)组卷的质量要求。组卷前应保证基建文件、监理资料和施工资料齐全、完整，并符合相关规程要求。编绘的竣工图应反差明显、图面整洁、线条清晰、字迹清楚，能满足微缩和计算机扫描的要求。文字材料和图纸不满足质量要求的一律返工。

(2)组卷的基本原则。建设工程文件档案资料组卷的基本原则如下：

1)建设项目应按单位工程组卷。

2)工程资料应按照不同的收集、整理单位及资料类别，按基建文件、监理资料、施工资料和竣工图分别进行组卷。

3)卷内资料排列顺序应依据卷内资料构成而定，一般顺序为封面、目录、资料部分、备考表和封底。组成的案卷应美观、整齐。

4)卷内若存在多类工程资料时，同类资料按自然形成的顺序和时间排序，不同资料之间的排列顺序按相关规定执行。

5)案卷不宜过厚，一般不超过40 mm。案卷内不应有重复资料。

(3)组卷的具体要求。建设工程文件档案资料组卷的具体要求如下：

1)基建文件组卷。基建文件可根据类别和数量的多少组成一卷或多卷，如工程决策立项文件卷，征地拆迁文件卷，勘察、测绘与设计文件卷，工程开工文件卷，商务文件卷，工程竣工验收与备案文件卷。同一类基建文件还可根据数量多少组成一卷或多卷。

2)监理资料组卷。监理资料可根据资料类别和数量多少组成一卷或多卷。

3)施工资料组卷。施工资料组卷应按照专业、系统划分，每一专业、系统再按照资料类别依顺序排列，并根据资料数量多少组成一卷或多卷。

对于专业化程度高、施工工艺复杂的工程，通常由专业分包施工的子分部(分项)工程应分别单独组卷，如支护土方、地基(复合)、桩基础、预应力、钢结构、木结构、网架(索膜)、幕墙、供热锅炉、变配电室和智能建筑工程的各系统，应单独组卷子分部(分项)工程并按照顺序排列，并根据资料数量的多少组成一卷或多卷。

4)竣工图组卷。竣工图应按专业进行组卷。可分为工艺平面布置竣工图卷、建筑竣工图卷、结构竣工图卷、给水排水及采暖竣工图卷、建筑电气竣工图卷、智能建筑竣工图卷、通风空调竣工图卷、电梯竣工图卷、室外工程竣工图卷等，每一专业可根据图纸数量多少组成一卷或多卷。

5)向城建档案馆报送的工程档案应按《建设工程文件归档规范(2019年版)》(GB/T 50328—2014)的要求进行组卷。

6)文字材料和图纸材料原则上不能混装在一个装具内；如资料材料较少，需放在一个装具内时，文字材料和图纸材料必须混合装订，其中文字材料排前，图纸材料排后。

7)单位工程档案总案卷数超过20卷的，应编制总目录卷。

(4)组卷的常用方法。项目归档文件的组卷通常采用以下方法：

1)工程文件可按建设程序划分为工程准备阶段的文件、监理文件、施工文件、竣工图、竣工验收文件五部分。

2)工程准备阶段文件可按单位工程、分部工程、专业、形成单位等组卷。

3)监理文件可按单位工程、分部工程、专业、阶段等组卷。

4)施工文件可按单位工程、分部工程、专业、阶段等组卷。

5)竣工图可按单位工程、专业等组卷。

6)竣工验收文件可按单位工程、专业等组卷。

(5)案卷页号的编写。

1)编写页号应以独立卷为单位。卷内资料材料排列顺序确定后，均以有书写内容的页面编写页号。

2)每卷从阿拉伯数字1开始，用打号机或钢笔一次逐张连续标注页号，钢笔采用黑色、蓝色油墨或墨水。案卷封面、卷内目录和卷内备案表不编写页号。

3)页号编写位置：单面书写的文字材料页号编写在右下角，双面书写的文字材料页号正面编写在右下角，背面编写在左下角。

4)图纸折叠后无论何种形式，页号一律编写在右下角。

(6)案卷封面与目录。

1)工程资料封面与目录。

①工程资料案卷封面。其案卷封面包括名称、案卷题名、编制单位、技术主管、编制日期(以上由移交单位填写)、保管期限、密级、共×册第×册等(由档案接收部门填写)。

②名称。填写工程建设项目竣工后使用名称(或曾用名)。若本工程分为几个(子)单位工程，应在第二行填写(子)单位工程名称。

a. 案卷题名：填写本卷卷名。第一行按单位、专业及类别填写案卷名称；第二行填写案卷内主要资料内容提示。

b. 编制单位：本卷档案的编制单位，并加盖公章。

c. 技术主管：编制单位技术负责人签名或盖章。

d. 编制日期：填写卷内资料材料形成的起(最早)、止(最晚)日期。

e. 保管期限：由档案保管单位按照本单位的保管规定或有关规定填写。

f. 密级：由档案保管单位按照本单位的保密规定或有关规定填写。

③工程资料卷内目录。工程资料的卷内目录，内容包括序号、工程资料题名、原编字号、编制单位、编制日期、页次和备注。卷内目录内容应与案卷内容相符，排列在封面之后，原资料目录及设计图纸目录不能代替。

a. 序号：案卷内资料排列先后用阿拉伯数字从1开始依次标注。

b. 工程资料题名：填写文字材料和图纸名称，无标题的资料应根据内容拟写标题。

c. 原编字号：资料制发机关的发字号或图纸原编图号。

d. 编制单位：资料的形成单位或主要负责单位名称。

e. 编制日期：资料的形成时间(文字材料为原资料形成日期，竣工图为编制日期)。

f. 页次：填写每份资料在本案卷的页次或起止的页次。

g. 备注：填写需要说明的问题。

④分项目录。

a. 分项目录(一)。适用施工物资材料的编目，目录内容应包括资料名称、厂名、型号规格、数量、使用部位等；有进场见证试验的，应在备注栏中注明。

b. 分项目录(二)。适用施工测量记录和施工记录的编目,目录内容包括资料名称、施工部位和日期等。

资料名称:填写表格名称或资料名称。

施工部位:应填写测量、检查或记录的层、轴线和标高位置。

日期:填写资料正式形成的年、月、日。

c. 混凝土(砂浆)抗压强度报告目录。混凝土(砂浆)抗压强度报告目录应区分单位工程,按不同龄期汇总、编目。有见证试验应在备注栏中注明。

d. 钢筋连接试验报告目录。钢筋连接试验报告目录适用各种焊(连)接形式。有见证试验应在备注栏中注明。

e. 工程资料卷内备考表。内容包括卷内文字材料张数、图样材料张数、照片张数等,立卷单位的立卷人、审核人及接收单位的审核人、接收人应签字。

2)工程档案封面和目录。

①工程档案案卷封面。使用城市建设档案封面,注明工程名称、案卷题名、编制单位、技术主管、保存期限、档案密级等。

②工程档案卷内目录。使用城建档案卷内目录,内容包括顺序号、文件材料题名、原编字号、编制单位、编制日期、页次、备注等。

③工程档案卷内备案。使用城建档案案卷审核备考表,内容包括卷内文字材料张数、图样材料张数、照片张数及立卷单位的立卷人、审核人及接收单位的审核人、接收人签字。城建档案案卷审核备考表的下栏部分由城建档案馆根据案卷的完整及质量情况标明审核意见。

3)案卷脊背编制。案卷脊背项目有档号、案卷题名,由档案保管单位填写。城建档案的案卷脊背由城建档案馆填写。

4)移交书。

①工程资料移交书。工程资料移交书是工程资料进行移交的凭证,应有移交日期和移交单位、接收单位的盖章。

②工程档案移交书。使用城市建设档案移交书,为竣工档案进行移交,应有移交日期和移交单位、接收单位的盖章。

③工程档案微缩品移交书。使用城市建设档案馆微缩品移交书,为竣工档案进行移交,应有移交日期和移交单位、接收单位的盖章。

④工程资料移交目录。工程资料移交,办理的工程资料移交书应附工程资料移交目录。

⑤工程档案移交目录。工程档案移交,办理的工程档案移交书应附城市建设档案移交目录。

(7)案卷规格、装具和装订。

1)案卷规格。卷内资料、封面、目录、备考表统一采用 A4 幅(197 mm×210 mm)尺寸,图纸分别采用 A0(841 mm×1 189 mm)、A1(594 mm×841 mm)、A2(420 mm×594 mm)、A3(297 mm×420 mm)、A4(297 mm×210 mm)幅面。小于 A4 幅面的资料要用 A4 白纸衬托。

2)案卷装具。案卷采用统一规格尺寸的装具。属于工程档案的文字、图纸材料一律采用城建档案馆监制的硬壳卷夹或卷盒,外表尺寸 310 mm(高)×220 mm(宽),卷盒厚度尺寸分别为 50 mm、30 mm 两种,卷夹厚度尺寸为 25 mm;少量特殊的档案也可采用外表尺寸为 310 mm(高)×430 mm(宽),厚度尺寸为 50 mm 的硬壳卷夹或卷盒。案卷软(内)卷皮尺寸为 297 mm(高)×210 mm(宽)。

3)案卷装订。

①文字材料必须装订成册,图纸材料可装订成册,也可散装存放。

②装订时要剔除金属物,装订线一侧根据案卷厚薄加垫草板纸。

③案卷用棉线在左侧三孔装订,棉线装订结打在背面。装订线距左侧 20 mm,上、下两孔分别距中孔 80 mm。

④装订时,需将封面、目录、备考表、封底与案卷一起装订。图纸散装在卷盒内时,需将案卷封面、目录、备考表三件用棉线在左上角装订在一起。

【例 8-13】(2019 年真题)关于建设工程监理文件资料组卷方法及要求的说法,正确的是( )。

A. 图纸按专业排列,同专业图纸按号顺序排列

B. 监理文件资料可按建设单位、设计单位、施工单位分别组卷

C. 既有文件材料又有图纸的案卷,应按图纸排前,文字材料排后

D. 一个建设工程由多个单位工程组成时,应按施工进度组卷

【答案】 A

【例 8-14】(2017 年真题)建设工程监理文件资料的组卷顺序是( )。

A. 分项工程、分部工程、单位工程

B. 单位工程、分部工程、专业、阶段

C. 单位工程、分部工程、检验批

D. 检验批、分部工程、单位工程

【答案】 B

6. 建设工程文件档案资料的验收、移交

(1)建设工程文件档案资料的验收。建设工程文件档案资料的验收应符合下列规定。

1)列入城建档案管理部门档案接收范围的工程,建设单位在组织工程竣工验收前,应提请城建档案管理部门对工程档案进行预验收。建设单位未取得城建档案管理部门出具的认可文件,不得组织工程竣工验收。

2)城建档案管理部门在进行工程档案预验收时,应重点验收以下内容:

①工程档案分类齐全、系统完整。

②工程档案的内容真实、准确地反映工程建设活动和工程实际状况。

③工程档案已整理立卷,立卷符合现行国家标准《建设工程文件归档规范(2019 年版)》(GB/T 50328—2014)的规定。

④竣工图绘制方法、图式及规格等符合专业技术要求,图面整洁,盖有竣工图章。

⑤文件的形成、来源符合实际,要求单位或个人签章的文件,其签章手续必须完备。

⑥文件材质、幅面、书写、绘图、用墨、托裱等符合要求。工程档案由建设单位进行验收,属于向地方城建档案管理部门报送工程档案的工程项目,还应同地方城建档案管理部门共同验收。

3)国家、省市重点工程项目或一些特大型、大型的工程项目的预验收和验收,必须有地方城建档案管理部门参加。

4)为确保工程档案的质量，各编制单位、地方城建档案管理部门、住房城乡建设管理部门等要对工程档案进行严格检查、验收。编制单位、制图人、审核人、技术负责人必须签字或盖章。对不符合技术要求的，一律退回编制单位改正、补齐，问题严重者可令其重做。不符合要求者，不能交工验收。

5)凡报送的工程档案，如验收不合格将其退回建设单位，由建设单位责令责任者重新编制，待达到要求后重新报送。检查验收人员应对接收的档案负责。

6)地方城建档案管理部门负责工程档案的最后验收，并对编制报送工程档案进行业务指导、督促和检查。

(2)建设工程文件档案资料的移交。建设工程文件档案资料的移交工作应符合下列规定：

1)列入城建档案管理部门接收范围的工程，建设单位在工程竣工验收后 3 个月内向城建档案管理部门移交一套符合规定的工程档案。

2)停建、缓建工程的工程档案，暂由建设单位保管。

3)对改建、扩建和维修工程，建设单位应当组织设计单位、监理单位、施工单位据实修改、补充和完善工程档案。对改变的部位，应当重新编写工程档案，并在工程竣工验收后三个月内向城建档案管理部门移交。

4)建设单位向城建档案管理部门移交工程档案时，应办理移交手续，填写移交目录，双方签字、盖章后交接。

5)施工单位、监理单位等有关单位应在工程竣工验收前将工程档案按合同或协议规定的时间、套数移交给建设单位，办理移交手续。

【例 8-15】（2017 年真题）对于列入城建档案管理部门接收档案的工程，负责移交工程档案资料的责任单位是（　　）。

A. 施工单位　　　　　　　　　　B. 监理单位
C. 建设单位　　　　　　　　　　D. 设计施工总承包单位

【答案】　C

【例 8-16】（2016 年真题）关于监理文件资料暂时保管单位的说法，正确的是（　　）。

A. 停建、缓建工程的监理文件资料暂由建设单位保管
B. 停建、缓建工程的监理文件资料暂由监理单位保管
C. 改建、扩建工程的监理文件资料由建设单位保管
D. 改建、扩建工程的监理文件资料由监理单位保管

【答案】　A

第三节　工程建设监理系统

监理信息系统是以计算机为手段，运用系统思维的方法，对各类监理信息进行收集、传递、处理、存储、分发的计算机辅助系统。

一、监理信息系统的构成

监理信息系统是一个由多个子系统构成的系统，整个系统由大量的单一功能的独立模块拼搭起来，配合数据库、知识库等组合起来，其目标是实现信息的全面管理、系统管理。

监理信息系统一般由两部分构成：一部分是决策支持系统，主要借助知识库及模型库，在数据库大量数据的支持下，运用知识和专家的经验来进行推理，提出监理各层次，特别是高层次决策时所需的决策方案及参考意见；另一部分是管理信息系统，主要完成数据的收集、处理、使用及存储，产生信息提供给监理各层次、各部门和各个阶段，起沟通作用。

二、监理信息系统的作用

监理信息系统为监理工程师提供标准化的、合理的数据来源，提供一定要求的、结构化的数据；提供预测、决策所需的信息以及数学、物理模型；提供编制计划、修改计划、调控计划的必要科学手段及应变程序；保证对随机性问题处理时，为监理工程师提供多个可供选择的方案。

监理信息系统主要具有以下作用。

1. 规范监理工作行为，提高监理工作标准化水平

监理工作标准化是提高监理工作质量的必由之路，监理信息系统通常是按标准监理工作程序建立的，带来了信息的规范化、标准化，使信息的收集和处理更及时、更完整、更准确、更统一。通过系统的应用，促使监理人员行为更规范。

2. 提高监理工作效率、工作质量和决策水平

监理信息系统实现办公自动化，使监理人员从单调烦琐的事务性作业中解脱出来，有更多的时间用在提高监理质量和效益方面；系统为监理人员提供有关监理工作的各项法律法规、监理案例、监理常识的咨询功能，能自动处理各种信息，快速生成各种文件和报表；系统为监理单位及外部有关单位的各层次收集、传递、存储、处理和分发各类数据和信息，使下情上报，上情下达，内外信息交流及时、畅通，沟通了与外界的联系渠道。这些都有利于提高监理工作效率、监理质量和监理水平。系统还提供了必要的决策及预测手段，有利于提高监理工程师的决策水平。

3. 便于积累监理工作经验

监理成果通过监理资料反映出来，监理信息系统能规范地存储大量监理信息，便于监理人员随时查看工程信息资料，积累监理工作经验。

三、工程建设信息管理系统的应用模式

（1）第一种模式是购买比较成熟的商品化软件，然后根据项目的实际情况进行二次开发和人员培训。

（2）第二种模式是根据所承担项目的实际情况开发的专有系统，一般由专业的工程建设咨询公司开发，基本上可以满足项目实施阶段的各种目标控制需要。经过适当改进，这些专有系统也可以用于其他项目。

（3）第三种模式是购买商品软件与自行开发相结合，将多个专用系统集成起来，也可以满足项目目标控制的需要。

四、基于互联网的工程建设项目信息管理系统

基于互联网的工程建设项目信息管理系统的基本功能包括通知与桌面管理、日历和任务管理、文档管理、项目通信与协同工作、工作流管理、网站管理与报告。基于互联网的工程建设项目信息管理系统的扩展功能包括多媒体的信息交互、在线项目管理、电子商务功能。

1. 基于互联网的工程建设项目信息管理系统的特点

(1)以 Extranet 作为信息交换工作的平台,其基本形式是项目主题网。与一般的网站相比,它对信息的安全性有较高的要求。

(2)用户在客户端只需要安装一个浏览器即可。浏览器界面是用户通往全部授权项目信息的唯一入口,项目参与各方可以不受时间和空间的限制,通过定制来获得所需要的项目信息。

(3)基于互联网的工程建设项目信息管理系统的主要功能是项目信息的共享和传递。

(4)通过信息的集中管理和门户设置为项目参与各方提供一个开放、协同、个性化的信息沟通环境,对虚拟项目组织协同工作和知识管理提供有力支持。

2. 基于互联网的工程建设项目信息管理系统的结构

基于互联网的工程建设项目信息管理系统的结构有八个层次:基于 Internet 技术标准的信息集成平台;项目信息分类层;项目信息搜索层;项目信息发布与传递层;工作流支持层;项目协同工作层;个性化设置层;数据安全层。

【例 8-17】 (2018 年真题)建设工程信息管理系统可以为项目监理机构提供的支持是( )。

A. 标准化、结构化的数据　　　　B. 预测、决策所需的信息及分析模型
C. 工程目标动态控制的分析报告　D. 工程变更的优化设计方案
E. 解决工程监理问题的备选方案

【答案】 ABCE

【例 8-18】 (2015 年真题)建设工程信息管理系统的功能有( )。

A. 实现监理信息的及时收集和可靠存储
B. 实现监理信息收集的标准化、结构化
C. 提供预测、决策所需要的信息及分析模型
D. 提供建设工程目标动态控制的分析报告
E. 提供解决建设工程监理问题的多个备选方案

【答案】 CDE

五、工程管理信息化

信息化指的是信息资源的开发和利用,以及信息技术的开发和应用。工程管理信息化的意义如下:

(1)工程管理信息资源的开发和信息资源的充分利用,可吸取类似项目的正反两方面的经验和教训,许多有价值的组织信息、管理信息、经济信息、技术信息和法规信息将有助于项目决策期多种可能方案的选择,有利于项目实施期的项目目标控制,也有利于项目建

成后的运行。

（2）通过信息技术在工程管理中的开发和应用能实现：信息存储数字化和存储相对集中；信息处理和变换的程序化；信息传输的数字化和电子化；信息获取便捷；信息透明度提高及信息流扁平化。

（3）信息技术在工程管理中的开发和应用的意义如下：

1）信息存储数字化和存储相对集中有利于项目信息的检索和查询，有利于数据和文件版本的统一，并有利于项目的文档管理。

2）信息处理和变换的程序化有利于提高数据处理的准确性，并可提高数据处理的效率。

3）信息传输的数字化和电子化可提高数据传输的抗干扰能力，使数据传输不受距离限制并可提高数据传输的保真度和保密性。

4）"信息获取便捷""信息透明度提高"以及"信息流扁平化"有利于项目参与方之间的信息交流和协同工作。

5）工程管理信息化有利于提高工程建设项目的经济效益和社会效益，以达到为项目建设增值的目的。

第四节　建筑信息建模（BIM）

BIM 是利用数字模型对工程进行设计、施工和运营的过程。BIM 以多种数字技术为依托，可以实现建设工程全寿命期集成管理。在建设工程实施阶段，借助于 BIM 技术，可以进行设计方案比选，实际施工模拟，在施工之前就能发现施工阶段会出现的各种问题，以便能提前处理，从而可提供合理的施工方案，合理配置人员、材料和设备，在最大范围内实现资源的合理运用。

一、BIM 的特点

BIM 具有可视化、协调性、模拟性、优化性、可出图性等特点。

1. 可视化

可视化即"所见即所得"。对于建筑业而言，可视化的作用非常大。目前，在工程建设中所用的施工图纸只是将各个构件信息用线条来表达，其真正的构造形式需要工程建设参与人员去自行想象。但对于现代建筑而言，形式各异、造型复杂，光凭人脑去想象，不太现实。BIM 技术可将以往的线条式构件形成一种三维的立体实物图形展示在人们面前。

应用 BIM 技术，不仅可以用来展示效果，还可以生成所需要的各种报表。更重要的是在工程设计、建造、运营过程中的沟通、讨论、决策都能在可视化状态下进行。

2. 协调性

协调是工程建设实施过程中的重要工作。在通常情况下，工程实施过程中一旦遇到问题，就需将各有关人员组织起来召开协调会，找出问题发生的原因及解决办法，然后采取相应补救措施。应用 BIM 技术，可以将事后协调转变为事先协调。如在工程设计阶段，可应用 BIM 技术协调解决施工过程中建筑物内设施的碰撞问题。在工程施工阶段，可以通过模拟施工，事先发现施工过程中存在的问题。此外，还可对空间布置、防火分区、管道布置等问题进行协调处理。

3. 模拟性

应用 BIM 技术，在工程设计阶段可对节能、紧急疏散、日照、热能传导等进行模拟；在工程施工阶段可根据施工组织设计将 3D 模型加施工进度(4D)模拟实际施工，从而通过确定合理的施工方案指导实际施工，还可进行 5D 模拟(基于 3D 模型的造价控制)，实现造价控制(通常被称为"虚拟施工")；在运营阶段，可对日常紧急情况的处理进行模拟，如地震人员逃生模拟及消防人员疏散模拟等。

4. 优化性

应用 BIM 技术，可提供建筑物实际存在的信息，包括几何信息、物理信息、规则信息等，并能在建筑物变化后自动修改和调整这些信息。现代建筑物越来越复杂，在优化过程中需处理的信息量已远远超出人脑的能力极限，需借助其他手段和工具来完成，BIM 技术与其配套的各种优化工具为复杂工程项目进行优化提供了可能。目前，基于 BIM 技术的优化可完成以下工作：

(1)设计方案优化。将工程设计与投资回报分析结合起来，可以实时计算设计变化对投资回报的影响。这样，建设单位对设计方案的选择就不会仅仅停留在对形状的评价上，可以知道哪种设计方案更适合自身需求。

(2)特殊项目的设计优化。有些工程部位往往存在不规则设计，如裙楼、幕墙、屋顶、大空间等处。这些工程部位通常也是施工难度较大、施工问题比较多的地方，对这些部位的设计和施工方案进行优化，可以缩短施工工期、降低工程造价。

5. 可出图性

应用 BIM 技术对建筑物进行可视化展示、协调、模拟、优化后，还可输出有关图纸或报告：

(1)综合管线图(经过碰撞检查和设计修改，消除了相应错误)；

(2)综合结构留洞图(预埋套管图)；

(3)碰撞检查侦错报告和建议改进方案。

【例 8-19】 (2017 年真题)建筑信息建模(BIM)技术的基本特点有(   )。

A. 协调性　　　　B. 模拟性　　　　C. 经济性　　　　D. 优化性

E. 可出图性

【答案】　ABDE

二、BIM 在工程项目管理中的应用

1. 应用目标

工程监理单位应用 BIM 的主要任务是通过借助 BIM 理念及其相关技术搭建统一的数字化工程信息平台，实现工程建设过程中各阶段数据信息的整合及其应用，进而更好地为建设单位创造价值，提高工程建设效率和质量。目前，建设工程监理过程中应用 BIM 技术期望实现如下目标：

（1）可视化展示。应用 BIM 技术可实现建设工程完工前的可视化展示，与传统单一的设计效果图等表现方式相比，由于数字化工程信息平台包含了工程建设各阶段所有的数据信息，基于这些数据信息制作的各种可视化展示将更准确、更灵活地表现工程项目，并辅助各专业、各行业之间的沟通交流。

（2）提高工程设计和项目管理质量。BIM 技术可帮助工程项目各参建方在工程建设全过程中更好地沟通协调，为做好设计管理工作，进行工程项目技术、经济可行性论证，提供了更为先进的手段和方法，从而可提升工程项目管理的质量和效率。

（3）控制工程造价。通过数字化工程信息模型，确保工程项目各阶段数据信息的准确性和唯一性，进而在工程建设早期发现问题并予以解决，减少施工过程中的工程变更，大大提高对工程造价的控制力。

（4）缩短工程施工周期。借助 BIM 技术，实现对各重要施工工序的可视化整合，协助建设单位、设计单位、施工单位更好地沟通协调与论证，合理优化施工工序。

2. 应用范围

在现阶段，工程监理单位运用 BIM 技术提升服务价值，仍处于初级阶段，其应用范围主要包括以下几个方面：

（1）可视化模型建立。可视化模型的建立是应用 BIM 的基础，包括建筑、结构、设备等各专业工种。BIM 模型在工程建设中的衍生路线就像一棵大树，其源头是设计单位在设计阶段培育的种子模型；其生长过程伴随着工程进展，由施工单位进行二次设计和重塑，以及建设单位、工程监理单位等多方审核。后端衍生的各层级应用如同果实一样。它们之间相互维系，而维系的血脉就是带有种子模型基因的数据信息，数据信息如同新陈代谢随着工程进展不断进行更新维护。

（2）管线综合。随着建筑业的快速发展，对协同设计与管线综合的要求越发强烈。但是，由于缺乏有效的技术手段，不少设计单位都没有能够很好地解决管线综合问题，各专业设计之间的冲突严重地影响了工程质量、造价、进度等。BIM 技术的出现，可以很好地实现碰撞检查，尤其对于建筑形体复杂或管线约束多的情况是一种很好的解决方案。此类服务可使建设工程监理服务价值得到进一步提升。

（3）4D 虚拟施工。当前，绝大部分工程项目仍采用横道图进度计划，用直方图表示资源计划，无法清晰描述施工进度以及各种复杂关系，难以准确表达工程施工的动态变化过程，更不能动态地优化分配所需要的各种资源和施工场地。将 BIM 技术与进度计划软件（如 MSProject、P6 等）数据进行集成，可以按月、按周、按天看到工程施工进度并根据现场情况进行实时调整，分析不同施工方案的优劣，从而得到最佳施工方案。此外，还可对工程项目的重点或难点部分进行可施工性模拟。通过对施工进度和资源的动态管理及优化控制，以及施工过程的模拟，可以更好地提高工程项目的资源利用率。

（4）成本核算。对于工程项目而言，预算超支现象是极其普遍的。而缺乏可靠的成本数据是造成工程造价超支的重要原因。BIM 是一个包含丰富数据、面向对象、具有智能和参数特点的建筑数字化标识。借助这些信息，计算机可以快速对各种构件进行统计分析，完成成本核算。通过将工程设计和投资回报分析相结合，实时计算设计变更对投资回报的影响，合理控制工程总造价。

由于工程项目本身的特殊性，工程建设过程中随时都可能出现无法预计的各类问题，而 BIM 技术的数字化手段本身也是一项全新技术。因此,在建设工程监理与项目管理服务过程中,使用 BIM 技术具有开拓性意义,同时,也对建设工程监理与项目管理团队带来极大的挑战,不仅要求建设工程监理与项目管理团队具备优秀的技术和服务能力,还需要强大的资源整合能力。

【例 8-20】（2017 年真题)对于工程项目而言,工程设计造价超出工程预算的原因之一是( )。

A. 缺乏可靠的成本数据　　　　　B. 项目质量要求高

C. 设计采用的标准高　　　　　　D. 设计选择新材料、新技术

【答案】 A

【例 8-21】（2015 年真题)建设工程实施过程中采用 BIM 技术的目标有( )。

A. 实现建设工程可视化展示　　　B. 提升建设工程项目管理质量

C. 加强建设工程全生产管理　　　D. 控制建设工程造价

E. 缩短建设工程施工周期

【答案】 ABDE

本章小结

工程建设监理信息是监理工程师进行目标控制的基础,是监理工程师进行科学决策的依据,是监理工程师进行组织协调的纽带。监理资料是工程建设监理的重要保障。本章内容包括工程建设项目信息管理基础、工程建设监理文件档案资料管理及工程建设监理系统。

思考与练习

一、填空题

1. 工程建设项目信息管理就是信息的＿＿＿＿＿＿、＿＿＿＿＿＿、＿＿＿＿＿＿、＿＿＿＿＿＿、＿＿＿＿＿＿与＿＿＿＿＿＿等一系列工作的总称。

2. 按照工程建设监理职能,工程建设项目信息可划分为＿＿＿＿＿＿、＿＿＿＿＿＿、＿＿＿＿＿＿和＿＿＿＿＿＿。

3. 按照工程建设项目信息来源,工程建设项目信息可划分为＿＿＿＿＿＿和＿＿＿＿＿＿。

4. 根据《建设工程监理规范》(GB/T 50319—2013),建设工程监理基本表式分为三大类,即＿＿＿＿＿＿、＿＿＿＿＿＿、＿＿＿＿＿＿。

5. ＿＿＿＿＿＿表用于项目监理机构与工程建设有关方(包括建设、施工、监理、勘察、设计等单位和上级主管部门)之间的日常工作联系。

6. 只有＿＿＿＿＿＿表需要由工程监理单位法定代表人签字,并加盖工程监理单位公章。

7. 建设工程监理文件资料需要由＿＿＿＿＿＿或＿＿＿＿＿＿确定是否需要传阅。

8. ＿＿＿＿＿＿是工程资料进行移交的凭证,应有移交日期和移交单位、接收单位的盖章。

二、简答题

1. 工程建设项目信息对监理工作的作用表现在哪几个方面？

2. 什么是工程建设项目信息的构成？

3. 工程建设项目信息具有哪些特点？

4. 简述工程建设项目信息管理的基本环节。

5. 监理日志的主要内容包括哪些？

6. 监理例会会议纪要主要内容包括哪些？

7. 根据《建设工程监理规范》(GB/T 50319—2013)，项目监理机构文件资料管理的基本职责有哪些？

8. 建设工程监理文件资料发文与登记有哪些要求？

9. 建设工程文件档案资料组卷的基本原则有哪些？

10. 监理信息系统主要具有哪些作用？

第九章　工程建设安全文明施工及职业健康管理

教学内容	第一节　工程建设安全文明施工管理 第二节　工程建设职业健康管理	学时	4
教学目标	(1)明确工程建设安全文明施工管理的工作内容，掌握安全文明施工管理措施。 (2)明确工程建设职业健康管理的内容		
关键词	安全文明施工管理　防止大气污染　防治水土污染　防治施工噪声污染		
重点	施工阶段的安全管理，环境保护		
能力目标	能进行工程建设安全文明施工及职业健康管理。		
素质目标	(1)具有坚定正确的政治方向，具有与时俱进的精神，爱岗敬业、奉献社会的道德风尚。 (2)加强检查、考核，树立正气、鼓励先进，必须有一个诚实守信、办事公道的职业氛围		

导入案例

某工程施工过程中发生如下事件：

事件 1：项目监理机构收到施工单位报送的施工控制测量成果报验表后，安排监理员检查、复核报验表所附的测量人员资格证书、施工平面控制网和临时水准点的测量成果，并签署意见。

事件 2：施工单位在编制搭设高度为 28 m 的脚手架工程专项施工方案的同时，项目经理即安排施工人员开始搭设脚手架，并兼任施工现场安全生产管理人员，总监理工程师发现后立即向施工单位签发了监理通知单要求整改。

事件 3：在脚手架拆除过程中，发生坍塌事故，造成施工人员 3 人死亡、5 人重伤、7 人轻伤。事故发生后，总监理工程师立即签发工程暂停令，并在 2 小时后向监理单位负责人报告了事故情况。

事件 4：由建设单位负责采购的一批钢筋进场后，施工单位发现其规格型号与合同约定不符，项目监理机构按程序对这批钢筋进行了处置。

【讨论】

1. 写出事件 1 中的不妥之处，说明理由。项目监理机构对施工控制测量成果的检查、复核还应包括哪些内容？

2. 指出事件 2 中施工单位做法的不妥之处，写出正确做法。

3. 指出事件 2 中总监理工程师做法的不妥之处，写出正确做法。

4. 按照《生产安全事故报告和调查处理条例》，确定事件 3 中的事故等级。指出总监理工程师做法的不妥之处，写出正确做法。

5. 事件 4 中，项目监理机构应如何处置该批钢筋？

【分析】

1. 事件 1 中：

(1)不妥之处：项目监理机构安排监理员检查、复核与签署监理意见。

理由：安排专业监理工程师检查、复核与签署监理意见。

(2)项目监理机构对施工控制测量成果的检查、复核还应包括的内容：①测量设备检定证书；②高程控制网及控制桩的保护措施。

2. 事件 2 中施工单位做法的不妥之处及正确做法如下：

(1)不妥之处：施工单位在编制搭设高度为 28 m 的脚手架工程专项施工方案的同时，项目经理即安排施工人员开始搭设脚手架。

正确做法：编制专项施工方案后，附具安全验算结果，经施工单位技术负责人、总监理工程师签字后才可安排搭建脚手架。

(2)不妥之处：项目经理兼任施工现场安全生产管理人员。

正确做法：施工单位应配备专职安全生产管理人员。

3. 事件 2 中总监理工程师做法的不妥之处：向施工单位签发监理通知单。

正确做法：总监理工程师签发工程暂停令，应事先征得建设单位同意。

4. 事件 3 中：

(1)坍塌事故造成施工人员 3 人死亡、5 人重伤、7 人轻伤，因此按照《生产安全事故报告和调查处理条例》，事件 3 中的事故等级属于较大事故。

(2)总监理工程师做法的不妥之处：事故发生后，总监理工程师立即签发工程暂停令，并在 2 小时后向监理单位负责人报告了事故情况。

正确做法：应在事故发生后立即向监理单位负责人报告。

5. 事件 4 中，项目监理机构对该批钢筋的处置方式：报告建设单位，经建设单位同意后与施工单位协商，能够用于本工程的，按程序办理相关手续；不能用于本工程的，要求限期清出现场。

第一节　工程建设安全文明施工管理

为加强工程建设项目施工现场的安全管理和文明施工管理，有效地控制事故发生，确保国家财产和劳动者的生命安全，实现施工现场的安全管理工作法制化、标准化、规范化和程序化，制定安全及文明施工管理规定。

一、安全文明施工管理工作内容

(1)安全及文明施工管理体系策划,具体包括策划安全保证体系;制定文明施工工作计划及管理网络。

(2)确定安全及文明施工管理目标。

(3)安全及文明施工交底,具体包括安全管理交底和文明施工管理交底。

(4)审查工作,具体包括各方安保体系审查、施工单位应急预案审查、专项安全施工方案审查和文明工地资格申报审查。

(5)施工过程检查,具体包括安全检查和文明工地检查。

(6)事故处理,具体包括一般事故处理和重大事故处理。

(7)安全及文明施工综合考评。

二、施工准备阶段的安全管理

1. 安全及文明施工交底

施工总承包单位及监理单位进场后,工程管理部组织相关部门对施工总承包单位、监理单位进行交底。交底工作完成后形成交底记录,参建各方签名、签字。

工程管理部的交底工作进行完毕后,施工总承包单位、监理单位组织对现场相关人员进行安全交底。

(1)安全工作交底内容主要包括施工过程中必须遵守的法律法规和文件清单。

(2)文明施工及综合治理交底内容主要包括文明工地管理实施细则;监理、施工总承包单位文明工地责任书;施工总承包单位文明工地责任书;现场管理和资料归档要求;创建文明工地工作意见;创建文明工地管理工作机构职责。

2. 各方安保体系审查

由工程管理部组织审查各方安全保证体系建立健全与履行情况,审查的内容包括安全生产责任制是否健全;专职安全管理人员配置(资质、数量)是否满足要求;安全检查制度是否完备;安全管理办法是否有效;安全奖惩办法是否可行;有没有对风险源进行识别并评价;施工组织设计、专项施工方案和专项安全措施是否可靠;对风险较大或专业性较强的施工过程、阶段或部位的活动有没有进行安全论证。

三、施工阶段的安全管理

1. 危险性较大的分部分项工程控制

施工前,施工总承包单位应提交本项目危险性较大的分部分项工程一览表、需经专家审核的危险性较大的分部分项工程一览表,经监理审核后报工程管理部确认。

针对危险性较大的分部分项工程,施工前,施工总承包单位需编制专项施工方案,并报监理审核,对于需经专家审核的施工方案,应提交专家意见;施工前,施工总承包单位应做好安全交底;监理单位编制相应的监理实施细则。

在危险性较大的分部分项工程施工期间,监理单位要加强巡视,每日至少巡视一次。

2. 大型机械、设备控制

各大中型机具设备、压力容器、机动车辆(包括外借设备)进场后,均要进行认真检查、验收，填写好验收记录，建立机械设备管理台账，经法定检测机构检测合格后方准投入使用，并应在机械设备投入使用前挂好相应的安全操作规程。

3. 安全设施检测

对安全设施（如高空作业用脚手架等），要有专项施工方案。使用前，构配件要经过检测；搭设完成，要经施工总承包单位上级部门或专业的检测机构验收，并挂牌。

4. 安全措施费管理

对安全措施费的使用，要制定计划。工程管理部、监理单位要进行检查，确保专款专用。

5. 安全及文明施工检查

工程管理部负责全体项目安全及文明施工情况检查的具体管理、监督、检查、督促工作，原则上每周进行一次。

安全检查内容包括施工总承包单位现场管理、内业台账、分包管理、大型机械设备、重大危险源控制、施工用电管理、宿舍管理等；结合实际情况，还要进行不定期安全专项检查，如雨期施工、汛期施工、消防等。检查工作以国家、省、市安全生产相关标准、规范性文件为标准，而且要填写施工现场安全生产检查表，填写完毕后由相关人员签字确认。

工程管理部负责文明工地检查工作，检查内容包括基础管理方面、安全管理方面、质量管理方面、环境保护方面、宣传教育方面、卫生防疫方面和内业资料方面。

施工总承包单位每个月要就文明工地管理工作进行自查自评，务必使各项工作符合文明工地要求；工程管理部每个月检查一次，填写文明工地检查评分表。

6. 教育培训

为配合工程建设要求，提高全线参建人员管理水平，加强参建人员安全质量意识，规范参建人员的管理行为，根据国家、省、市相关规定，工程管理部要编制年度教育培训计划，定期组织工程管理部相关人员实施安全教育培训，监理单位、施工总承包单位、工程管理部也应根据工程进度对相关人员进行安全及文明施工教育培训。

7. 事故处理

工程建设生产安全事故的调查、对事故责任单位和责任人的处罚与处理，按照有关法律法规的规定执行。

8. 安全及文明施工考核

对项目开展安全及文明施工流动红旗评比活动，工程管理部每月对施工总承包单位进行一次安全及文明施工考评，考核月度计算自上月26日至本月25日止。具体考评办法如下：

（1）由监督组和工程管理部联合组成考评小组，建立安全及文明施工评分表，内容覆盖安全及文明施工管理和现场安全及文明等各方面。

（2）每月进行援建工程安全及文明施工情况评比，并在月度讲评会时颁发流动红旗。

（3）考评根据月度考评小组的巡查情况进行考评，不在现场考评，月末由考评小组进行综合评分，形成考评意见，上报项目管理公司。

（4）根据安全及文明施工考评意见，每月取前五名为优胜项目部，颁发流动红旗，在次月5日前公布本月的评比结果。

第二节 工程建设职业健康管理

为保障作业人员的身体健康和生命安全，改善作业人员的工作环境与生活条件，保护生态环境，防止施工过程对环境造成污染和各类疾病的发生，应做好工程建设职业健康管理。

一、环境保护

1. 防止大气污染

（1）施工现场的主要道路必须进行硬化处理，土方应集中堆放。裸露的场地和集中堆放的土方应采取覆盖、固化或绿化等措施。

（2）拆除建筑物、构筑物时，应采用隔离、洒水等措施，并应在规定期限内将废弃物清理完毕。

（3）施工现场土方作业应采取防止扬尘措施。

（4）土方、渣土和施工垃圾的运输应采用密闭式运输车辆或采取覆盖措施；施工现场出入口处应采取保证车辆清洁的措施。

（5）施工现场的材料和大模板等存放地必须平整坚实。水泥和其他易飞扬的细颗粒建筑材料应密闭存放或采取覆盖等措施。

（6）施工现场混凝土搅拌场所应采取封闭、降尘措施。

（7）建筑物内施工垃圾的清运，必须采用相应容器或管道运输，严禁凌空抛掷。

（8）施工现场应设置密闭式垃圾站，施工垃圾、生活垃圾应分类存放，并应及时清运出场。

（9）城区、旅游景点、疗养区、重点文物保护地区及人口密集区的施工现场，应使用清洁能源。

（10）施工现场的机械设备、车辆的尾气排放，应符合国家环保排放标准的要求。

（11）施工现场严禁焚烧各类废弃物。

2. 防治水土污染

（1）施工现场应设置排水沟及沉淀池，施工污水经沉淀后方可排入市政污水管网或河流。

（2）施工现场存放的油料和化学溶剂等物品应设有专门的库房，地面应做防渗漏处理。废弃的油料和化学溶剂应集中处理，不得随意倾倒。

（3）食堂应设置隔油池，并应及时清理。

（4）厕所的化粪池应做抗渗处理。

（5）食堂、盥洗室、淋浴间的下水管线应设置过滤网，并应与市政污水管线连接，保证排水通畅。

3. 防治施工噪声污染

(1)施工现场应按照现行国家标准《建筑施工场界环境噪声排放标准》(GB 12523—2011)制定降噪措施,并可由施工企业自行对施工现场的噪声值进行监测和记录。

(2)施工现场的强噪声设备宜设置在远离居民区的一侧,并应采取降低噪声措施。

(3)对因生产工艺要求或其他特殊需要,确需在夜间进行超过噪声标准施工的,施工前建设单位应向有关部门提出申请,经批准后方可进行夜间施工。

(4)运输材料的车辆进入施工现场,严禁鸣笛,装卸材料应做到轻拿轻放。

二、环境卫生

1. 临时设施

(1)施工现场应设置办公室、宿舍、食堂、厕所、淋浴间、开水房、文体活动室、密闭式垃圾站(或容器)及盥洗设施等临时设施。临时设施所用建筑材料应符合环保、消防要求。

(2)办公区和生活区应设密闭式垃圾容器。

(3)办公室内布局应合理,文件资料宜归类存放,并应保持室内清洁卫生。

(4)施工现场应配备常用药及绷带、止血带、颈托、担架等急救器材。

(5)宿舍内应保证有必要的生活空间,室内净高不得小于 2.4 m,通道宽度不得小于0.9 m,每间宿舍居住人员不得超过 16 人。

(6)施工现场宿舍必须设置可开启式窗户,宿舍内的床铺不得超过 2 层,严禁使用通铺。

(7)宿舍内应设置生活用品专柜,有条件的宿舍宜设置生活用品储藏室。

(8)宿舍内应设置垃圾桶,宿舍外宜设置鞋柜或鞋架,生活区内应提供为作业人员晾晒衣物的场地。

(9)食堂应设置在远离厕所、垃圾站、有毒有害场所等污染源的地方。

(10)食堂应设置独立的制作间、储藏间,门扇下方应设不低于 0.2 m 的防鼠挡板。制作间灶台及其周边应贴瓷砖,所贴瓷砖高度不宜小于 1.5 m,地面应做硬化和防滑处理。粮食存放台距墙和地面应大于 0.2 m。

(11)食堂应配备必要的排风设施和冷藏设施。

(12)食堂的燃气罐应单独设置存放间,存放间应通风良好并严禁存放其他物品。

(13)食堂制作间的炊具宜存放在封闭的橱柜内,刀、盆、案板等炊具应生熟分开。食品应有遮盖,遮盖物品应有正反面标志。各种作料和副食应存放在密闭器皿内,并应有标志。

(14)食堂外应设置密闭式泔水桶,并应及时清运。

(15)施工现场应设置水冲式或移动式厕所,厕所地面应硬化,门窗应齐全。蹲位之间宜设置隔板,隔板高度不宜低于 0.9 m。

(16)厕所大小应根据作业人员的数量设置。高层建筑施工超过 8 层以后,每隔 4 层宜设置临时厕所。厕所应设专人负责清扫、消毒,化粪池应及时清掏。

(17)淋浴间内应设置满足需要的淋浴喷头,可设置储衣柜或挂衣架。

(18)盥洗设施应设置满足作业人员使用的盥洗池,并应使用节水龙头。

(19)生活区应设置开水炉、电热水器或饮用水保温桶;施工区应配备流动保温水桶。